普通高等院校"十四五"计算机类专业系列教材
湖南省普通高校"十三五"专业综合改革研究成果
湖 南 省 线 上 一 流 本 科 课 程 配 套 教 材

计算机系统导论

刘　强　童　启　袁　义 ◎ 主　编
唐柳春　陈芳勤　唐黎黎 ◎ 副主编
肖　哲　李　欣　侯　俐　周丽娟 ◎ 参　编
许赛华　言天舒　王　平

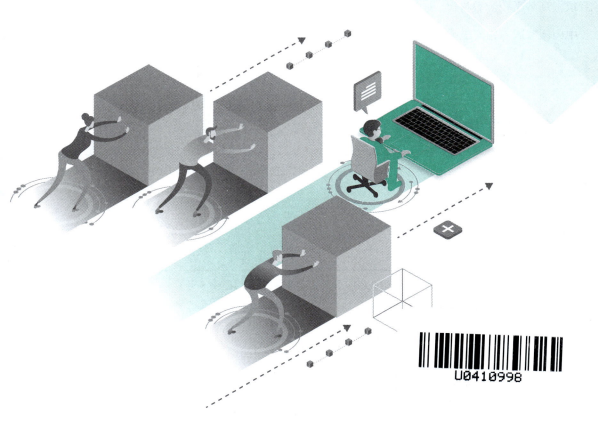

中国铁道出版社有限公司
CHINA RAILWAY PUBLISHING HOUSE CO., LTD.

内 容 简 介

本书根据教育部高等学校教学指导委员会制定的《普通高等学校本科专业类教学质量国家标准》及教育部高等学校计算机科学与技术教学指导委员会制定的《高等学校计算机科学与技术专业核心课程教学实施方案》相关要求编写，反映了高等学校计算机课程教学改革的最新成果。

本书是应用型高校计算机类专业本科学生的入门教材，从整体角度对计算机学科作了全面、完整、系统的介绍。全书分为11章，主要内容包括信息技术基础知识、信息数字化基础、计算机硬件、计算机软件、计算机网络与信息安全、网络软件与应用、算法与数据结构基础、程序设计基础、软件工程、人工智能基础、计算机文化与信息道德等，为学生提供了计算机学科的整体性知识，为后续课程学习提供指导，并为专业方向选择提供思路。

本书适合作为高等学校计算机类专业本科生"计算机导论""计算机系统导论"等课程的教材，也可以作为计算机爱好者的参考书。

图书在版编目（CIP）数据

计算机系统导论 / 刘强，童启，袁义主编． —北京：中国铁道出版社有限公司，2023.9（2024.8 重印）
普通高等院校"十四五"计算机类专业系列教材
ISBN 978-7-113-30513-0

Ⅰ．①计… Ⅱ．①刘…②童…③袁…Ⅲ．①计算机系统－高等学校－教材Ⅳ．① TP303

中国国家版本馆 CIP 数据核字（2023）第 162562 号

书　　名：计算机系统导论
作　　者：刘　强　童　启　袁　义

策　　划：曹莉群	编辑部电话：（010）63549501
责任编辑：贾　星	
编辑助理：闫钐汛	
封面设计：尚明龙	
责任校对：苗　丹	
责任印制：樊启鹏	

出版发行：中国铁道出版社有限公司（100054，北京市西城区右安门西街 8 号）
网　　址：https://www.tdpress.com/51eds/
印　　刷：天津嘉恒印务有限公司
版　　次：2023 年 9 月第 1 版　2024 年 8 月第 2 次印刷
开　　本：787 mm×1 092 mm　1/16　印张：17.75　字数：442 千
书　　号：ISBN 978-7-113-30513-0
定　　价：54.00 元

版权所有　侵权必究

凡购买铁道版图书，如有印制质量问题，请与本社教材图书营销部联系调换。电话：（010）63550836
打击盗版举报电话：（010）63549461

前言

党的二十大提出,要加快建设"网络强国、数字中国""构建新一代信息技术、人工智能、生物技术、新能源、新材料、高端装备、绿色环保等一批新的增长引擎"。计算机技术已经融入社会生活的方方面面,成为推动产业升级、社会变革、网络强国建设、数字中国建设的重要推动力。随着大数据时代的到来,云计算、物联网、数据挖掘、区块链、人工智能等新技术风起云涌。伴随着信息技术的发展,高等教育出现了 MOOC、SPOC、线上线下混合式教学等新的教学模式。所有这些,迫使我们不断更新教学内容,努力打造"一流课程"。

本书根据教育部高等学校教学指导委员会制定的《普通高等学校本科专业类教学质量国家标准》及高等学校计算机科学与技术教学指导委员会制定的《高等学校计算机科学与技术专业核心课程教学实施方案》的相关要求编写,反映了高等学校计算机课程教学改革的最新成果。全书以计算机技术发展为主线,内容涵盖了计算机技术的方方面面,包括物联网、大数据、云计算、人工智能等目前的热点领域,旨在为计算机及相关专业的本科新生提供一个关于计算机类专业的入门教材,使他们能对该类专业有一个整体的认识,了解该专业的学生应具有的基本知识和技能、在该领域工作应有的职业道德和应遵守的法律准则。

全书以信息技术发展为主线,内容涵盖物联网、大数据、云计算、人工智能等目前的热点领域,以应用为核心,内容全面、重点突出,兼顾原理与应用;在书中以浅显易懂的语言介绍了人工智能,力求学生对人工智能有一个全面的认识。通过对本书的学习,读者可掌握计算机技术的基本知识和基本技能,培养计算思维能力,了解人工智能知识,并可以为进一步学习计算机类课程打下坚实的基础。

全书共有 11 章,第 1 章为概述,主要介绍计算机技术的基础知识,重点介绍了计算、计算机的发展及其应用;第 2 章介绍了信息数字化基础知识,包括信息的存储、进制、各类信息的表示,以及数字化信息在计算机中的硬件实现;第 3 章介绍了计算机硬件知识,使读者了解计算机技术的硬件平台;第 4 章介绍了计算机软件,重点介绍了操作系统及数据库基础;第 5 章介绍了计算机网络与信息安全,包括计算机网络及信息安全相关知识;第 6 章介绍了网络软件及最新的网络技术应用;第 7 章介绍了算法及数据结构基础;第 8 章介绍了程序设计基础,并重点介绍了 Python 程序设计语言;第 9 章介绍了软件工程;第 10 章介绍了人工智能基础,使读者对人工智能有初步的认识;第 11 章介绍了计算机文化和信息道德,使读者了解计算机技术中的人文知识。

本书是国家级一流本科专业"计算机科学与技术"建设成果，是湖南省线上一流本科课程"计算机系统导论"（https://www.xueyinonline.com/detail/214167236）的配套教材，是湖南省普通高校"十三五"专业综合改革试点项目"计算机科学与技术"建设与研究成果。

为方便教学与学习，本书免费提供编者精心制作的电子教案（PPT 版本）等教学资料，提供教材所有电子版素材与习题参考答案，设知识点配套微视频及配套试题库。读者可以到湖南工业大学计算机基础教学网或者中国铁道出版社教育资源数字化平台免费下载，网址为http://www.tdpress.com/51eds/，也可直接联系作者，邮箱为 hutjsj@163.com。

本书由刘强、童启、袁义任主编，唐柳春、陈芳勤、唐黎黎任副主编，肖哲、李欣、侯俐、周丽娟、许赛华、言天舒、王平参与编写，全书由刘强统稿、定稿。本书在编写过程中得到了很多专家和任课教师的大力支持，在此表示衷心的感谢。

由于计算机技术发展迅速，加之编者水平有限，书中难免有疏漏和不妥之处，敬请广大读者批评指正。

编　者

2023 年 7 月

目 录

第 1 章　计算与计算机概述 1
1.1　计算概述 1
1.1.1　计算的本质 1
1.1.2　图灵机 2
1.1.3　冯·诺依曼模型 3
1.1.4　计算工具的发展 4
1.2　现代计算机 6
1.2.1　计算机概念及特点 6
1.2.2　计算机的发展阶段 7
1.2.3　计算机的分类 8
1.2.4　计算机的应用领域 10
1.2.5　计算机的发展趋势 12
1.2.6　未来新型计算机 14
1.3　信息与信息技术 15
1.3.1　信息与数据 15
1.3.2　信息技术 17
1.3.3　信息化社会 18
小结 19
习题 19

第 2 章　信息数字化 21
2.1　信息数字化基础 21
2.1.1　数据处理的基本单位 21
2.1.2　比特的存储 23
2.2　计算机中的数制 25
2.2.1　数制的概念 25
2.2.2　常用的数制 26
2.2.3　各种数制的转换 27
2.2.4　计算机为什么采用二进制 30
2.3　信息的存储与表示 30
2.3.1　数值的表示 30
2.3.2　字符的表示 33
2.3.3　汉字的表示 34
2.3.4　多媒体数据 36
2.4　计算与逻辑运算 39

2.4.1 无符号二进制数的算术运算 ... 39
2.4.2 带符号数的计算 ... 40
2.4.3 逻辑运算 ... 40
2.4.4 四则运算与逻辑运算 ... 41
2.5 数字电路基础 ... 42
2.5.1 逻辑门 ... 42
2.5.2 电路 ... 44
2.5.3 加法器 ... 45
2.5.4 触发器 ... 47
小结 ... 48
习题 ... 48

第3章 计算机硬件 ... 52

3.1 计算机系统概述 ... 52
3.1.1 计算机系统组成 ... 52
3.1.2 冯·诺依曼计算机体系结构 ... 53
3.2 计算机的工作原理 ... 54
3.2.1 指令系统及执行 ... 54
3.2.2 以运算器为核心的计算 ... 55
3.3 微型计算机及其硬件系统 ... 56
3.3.1 微型计算机系统组成及硬件结构原理 ... 56
3.3.2 中央处理器 ... 57
3.3.3 存储器 ... 58
3.3.4 输入设备 ... 61
3.3.5 输出设备 ... 62
3.3.6 外围设备与通信接口 ... 63
3.3.7 微型计算机的性能指标 ... 65
3.4 多媒体计算机 ... 65
3.4.1 多媒体技术概述 ... 65
3.4.2 多媒体计算机组成 ... 66
3.4.3 多媒体信息数字化 ... 67
3.4.4 多媒体数据压缩 ... 67
3.4.5 多媒体数据传输 ... 68
小结 ... 69
习题 ... 69

第4章 计算机软件 ... 71

4.1 计算机软件概述 ... 71
4.1.1 计算机软件的概念 ... 71
4.1.2 计算机软件的分类 ... 72
4.1.3 计算机软件与硬件的关系 ... 75

4.2 操作系统概述 75
4.2.1 操作系统的分类 75
4.2.2 操作系统的特征 77
4.2.3 操作系统的发展历史 77
4.2.4 操作系统的功能 80
4.3 数据库系统 87
4.3.1 数据管理技术及发展 87
4.3.2 数据库系统的结构与组成 89
4.3.3 数据模型 90
4.3.4 数据库设计与管理 95
4.3.5 SQL 语言概述 97
小结 103
习题 103

第 5 章 计算机网络与信息安全 105
5.1 计算机网络概述 105
5.1.1 计算机网络的概念 106
5.1.2 计算机网络的组成 106
5.1.3 计算机网络的体系结构 107
5.1.4 计算机网络的分类 109
5.2 局域网技术 111
5.2.1 局域网的发展与特点 111
5.2.2 局域网的基本组成 111
5.2.3 常用局域网 113
5.2.4 局域网的组建案例 113
5.3 Internet 基础 114
5.3.1 Internet 技术及组成 114
5.3.2 Internet 的工作方式 114
5.3.3 IP 地址 115
5.3.4 域名服务系统 117
5.3.5 Internet 信息服务 119
5.4 信息安全 121
5.4.1 信息安全威胁 122
5.4.2 信息安全策略 123
5.4.3 信息安全技术 123
小结 127
习题 128

第 6 章 网络软件与应用 130
6.1 网络软件概述 130
6.1.1 网络软件的概念和结构 130

6.1.2　网络中的软件 132
6.2　Web 开发基础 133
　　6.2.1　Web 基础 133
　　6.2.2　网络程序设计语言 134
6.3　信息检索基础 135
　　6.3.1　信息检索概述 135
　　6.3.2　信息检索的方法与技巧 135
　　6.3.3　数据库检索系统概述 139
　　6.3.4　信息资源综合利用实例 146
6.4　互联网应用新技术 149
　　6.4.1　移动互联网 150
　　6.4.2　物联网 150
　　6.4.3　云计算 151
　　6.4.4　大数据技术 153
　　6.4.5　数据挖掘 154
　　6.4.6　区块链技术 155
小结 156
习题 157

第 7 章　算法与数据结构基础 159
7.1　问题求解 159
7.2　算法的概念 161
　　7.2.1　算法的起源 161
　　7.2.2　算法的定义和特征 161
　　7.2.3　算法的描述 162
7.3　经典问题中的算法策略 164
　　7.3.1　穷举法 164
　　7.3.2　回溯法 165
　　7.3.3　递归 166
　　7.3.4　分治法 167
　　7.3.5　贪心法 171
7.4　数据结构 172
　　7.4.1　数据结构的概念 172
　　7.4.2　线性结构 172
　　7.4.3　非线性结构 176
小结 180
习题 180

第 8 章　程序设计基础 182
8.1　程序设计概述 182
　　8.1.1　程序设计语言的概念 182

8.1.2　程序设计方法 183
　　8.1.3　常用程序设计语言 184
8.2　Python 程序设计基础 186
　　8.2.1　Python 简介 186
　　8.2.2　Python 的开发环境 186
　　8.2.3　Python 的数据类型 188
　　8.2.4　IPO 程序编写方法 190
8.3　Python 的控制结构 191
　　8.3.1　顺序结构 191
　　8.3.2　选择结构 193
　　8.3.3　循环结构 196
8.4　Python 函数 198
　　8.4.1　函数的定义 198
　　8.4.2　函数的调用 199
8.5　Python 生态 199
　　8.5.1　内置函数 199
　　8.5.2　标准库 201
　　8.5.3　第三方库 204
小结 206
习题 206

第 9 章　软件工程 209

9.1　软件工程概述 209
　　9.1.1　软件危机 209
　　9.1.2　软件工程 210
　　9.1.3　软件生命周期 210
9.2　软件开发模型 212
9.3　结构化设计方法 213
9.4　软件设计基础及结构化设计方法 219
9.5　软件测试 220
9.6　软件项目管理 225
小结 225
习题 225

第 10 章　人工智能基础 227

10.1　智能及其本质 227
10.2　人工智能的概念 228
　　10.2.1　人工智能的定义 228
　　10.2.2　脑智能和群智能 229
　　10.2.3　人工智能分支领域 230

10.2.4 人工智能的三大学派 ... 231
10.3 人工智能的发展史 ... 232
    10.3.1 孕育时期 ... 232
    10.3.2 第一次繁荣期 ... 233
    10.3.3 萧条波折期 ... 234
    10.3.4 第二次繁荣时期 ... 234
    10.3.5 大数据驱动发展期 ... 235
10.4 人工智能研究的基本内容 ... 236
10.5 人工智能的研究领域 ... 238
10.6 人工智能应用举例——基于 Python 实现 ... 242
    10.6.1 手写数字识别 ... 242
    10.6.2 人脸识别 ... 246
小结 ... 252
习题 ... 253

第 11 章 计算机文化与信息道德 ... 255

11.1 计算机文化 ... 255
    11.1.1 计算机文化概述 ... 255
    11.1.2 计算机技术对社会的影响 ... 257
11.2 计算科学与计算思维 ... 258
    11.2.1 计算与计算科学 ... 258
    11.2.2 计算机科学与计算机学科 ... 259
    11.2.3 计算思维 ... 260
    11.2.4 新型交叉学科 ... 261
11.3 信息道德 ... 261
    11.3.1 信息道德的定义 ... 261
    11.3.2 网络道德 ... 262
    11.3.3 职业道德和计算机职业道德 ... 263
    11.3.4 计算机犯罪 ... 265
11.4 信息技术中的知识产权 ... 266
    11.4.1 知识产权基础 ... 266
    11.4.2 计算机著作权 ... 268
    11.4.3 网络知识产权 ... 270
11.5 信息技术中的法律与法规 ... 271
    11.5.1 信息安全法律法规 ... 271
    11.5.2 隐私保护的法律基础 ... 271
小结 ... 272
习题 ... 272

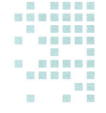

第 1 章
计算与计算机概述

人们早就希望制造一些计算工具来代替人类的脑力劳动,但直到 19 世纪 20 年代才实现突破,计算工具从手动机械进入自动机械阶段,进展缓慢的原因是没有思考计算的本质,从而没有研究计算模型。在本章中,我们将学习计算、计算机、信息技术相关内容,理解计算机本质、计算模型,以及计算自动化的实现,了解计算机的特点、分类、应用、发展及信息技术对社会的影响。

学习目标

◎ 理解计算的本质。
◎ 了解计算理论研究内容。
◎ 了解图灵机模型的工作原理及意义。
◎ 了解冯·诺依曼存储程序及程序控制的思想。
◎ 了解计算工具的发展规律。
◎ 了解计算机的特点和分类。
◎ 了解计算机的发展阶段以及计算机发展新技术。
◎ 了解信息技术相关知识及信息社会的特点。

1.1 计算概述

1.1.1 计算的本质

任何一门学科都有它的基础和基本问题,计算机科学的基础和基本问题诸如什么是计算、什么是能计算的、什么是不能计算的、什么是算法、如何评价算法、它的复杂度怎么计算、这些问题能否判定、有没有一个模型可以刻画出所有具体计算机的组成和工作原理,这些问题就是计算理论要讨论的问题。

计算理论(theory of computation)是关于计算和计算机械的数学理论,它研究计算的过程与功效。计算理论主要包括可计算性理论、自动机理论、算法与算法学、计算复杂性理论和形式语言理论等。而自动机、可计算性、复杂度刚好是计算的三个不同的方面:计算的模型、计算的界限、计算的代价。

计算理论是对计算的本质的理解和探索,广义的计算就是对信息的加工和处理。那么,计算的本质是什么?应该说人类对其已经有了一个基本的、清晰的认识,这就是递归论或可计算性理论中所揭示的基本内容,即计算就是符号串的变换。从一个已知的符号串开始,按照一定的规则一步一步地改变符号串,经过有限步骤,最后得到一个满足预先规定的符号串,这种变化过程就是计算。

例如:符号串 12+3 变换成 15 是一个加法计算;符号串 f 是 x^2,而符号串 g 是 $2x$,从 f 到 g 的计算就是微分;符号串 f 是 "CHINA",符号串 g 是 "中国",则 f 到 g 的计算就是翻译。

同样,排序、定理证明等都是计算。

1.1.2 图灵机

计算模型是刻画计算这一概念的一种抽象的形式系统或数学系统。在计算科学中,通常所说的计算模型指具有状态转换特征,能够对所处理的对象的数据或信息进行表示、加工、变换和输出的数学机器。

1936 年,英国科学家阿兰·麦席森·图灵(Alan Mathison Turing,1912—1954)发表的《论可计算数及其在判定问题中的应用》一文中,就计算模型问题进行了探索。论文提出了一种十分简单但运算能力很强的理想计算装置,并描述了一种假想的可实现通用计算的机器,这就是计算机史上著名的"图灵机"。

图灵的工作第一次把计算和自动机联系起来。图灵机不是一种具体的机器,而是一种计算模型,可制造一种十分简单但运算能力极强的计算装置,用来计算所有能想象到的可计算函数,图灵机被公认为现代计算机的原型,是理想的计算机数学模型,能模拟人类所能进行的任何计算过程。图灵机思想提出不到 10 年,世界上第一台电子计算机 ENIAC 诞生了。图灵对以后计算科学和人工智能的发展产生了巨大的影响,为纪念该文发表 30 周年,1966 年设立"图灵奖",以纪念这位计算机科学理论的奠基人。

图灵机由四个部分组成:一条无限长的纸带(tape)、一个读写头(head)、一套控制规则(table)、一个状态寄存器,如图 1.1 所示。图灵机的纸带被划分为一系列均匀的方格,读写头可以沿纸带方向左右移动,并可以在每个方格上进行读写。

图灵机可以描述为:

- 输入符号的集合,即机器的字母表,是一个有限的集合;
- 状态(或称为内部状态)的集合,即机器的状态表,是一个有限集合。其中有一个状态指定为开始状态,机器开始时处于这个状态;有一个状态指定为停机状态;机器到达这个状态时停机;

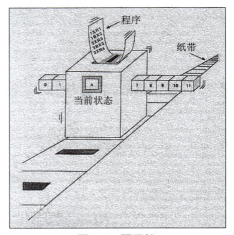

图 1.1 图灵机

第1章 计算与计算机概述

- 动作规则，根据当前所处的状态和读入的符号决定机器的当前动作和进入哪一个新状态。机器的当前动作包括：在当前的带单元上写一个新符号，读写头向前或者向后移动一格（或者保持不动）。

一个给定机器的程序认为是机器内的五元组（qi，Sj，Sk，R（或L、N），ql）形式的指令集。五元组定义了机器在一个特定状态下读入一个特定字符时所采取的动作，五个元素的含义如下：

① qi 表示机器当前所处的状态。
② Sj 表示机器从方格中读入的符号。
③ Sk 表示机器用来代替 S 写入方格中的符号。
④ R、L、N 分别表示向右移一格、向左移一格、不移动。
⑤ ql 表示下一步机器的状态。

例 1.1 设计负数补码的图灵机计算规则或五元组指令集。

解：设 b 表示空格，q1 表示机器的初始状态，q4 表示机器的结束状态。负数的补码是该数的原码除符号位外其他各位取反，末位加 1。因此，设计的计算规则如下：

q100Lq2
q111Lq2
q201Lq2
q210Lq2
q2bbRq3
q301Nq4
q310Nq4

可以验证一下，求解二进制数 bb11101101bb 的补码，初始状态 q1 指向最右边的数字 1，结束状态为 q4。可以得到结果是 bb10010011bb。

能够被图灵机完成的任务称为可计算的，或者可判断的；不能够被图灵机完成的任务称为不可计算的，或者不可判定的。也就是说，一个问题当且仅当能够写成一个计算机程序时，才被认为是可计算的。在图灵机概念出现之前，人们对于可计算性的理解是模糊的，什么是可计算的，什么是不可计算的，缺乏一种公认的标准。现在认为，凡是可计算的都是图灵机可计算的，这就是丘奇—图灵论题。因此可计算性与可以用图灵机模型计算是等同的概念。

尽管图灵机可模拟现代计算机的计算能力，并且蕴含了现代存储程序的思想。但是在实际计算机的研制中，还需要有具体的实现方法和实现技术。

1.1.3 冯·诺依曼模型

在图灵机的影响下，美籍匈牙利数学家约翰·冯·诺依曼（John von Neumann）等人发表了关于"电子计算装置逻辑结构设计"的报告，它被认为是现代电子计算机发展的里程碑式文献。该报告具体介绍了制造电子计算机和程序存储的新思想，明确给出了计算机系统结构以及实现方法，该方案具有开创性意义。后来人们把具有这种结构的机器统称为冯·诺依曼型计算机。世界上所有计算机不管其类型、规模如何，其结构体系均是冯·诺依曼体系结构，至今没有任何本质突破。冯·诺依曼是当之无愧的电子计算机之父。

冯·诺依曼计算机的体系结构主要有以下几个原则：

（1）数据以二进制表示

数据以二进制表示，并采用二进制进行运算。这种表示形式既简单又易于用数字电路实现。

视频
冯·诺依曼模型

（2）存储程序和程序控制

程序由指令组成，并和数据一起存放在存储器中，计算机一经启动，就能按照程序指定的逻辑顺序把指令从存储器中读取并逐条执行，自动完成指令规定的操作。

例如，利用计算机解算一个题目时，先确定分解的算法，编制计算的步骤，选取能实现相应操作的指令，并构成相应的程序。如果把程序和解算问题时所需的一些数据都以计算机能识别和接收的二进制代码形式预先按一定顺序存放到计算机的存储器中，计算机运行时就可从存储器中取出一条指令，实现一个基本操作。以后自动地逐条取出指令，执行所指的操作，最终便完成一个复杂的运算。这个原理就是存储程序的基本思想。根据存储程序的原理，计算机解题过程就是不断引用存储在计算机中的指令和数据的过程。只要事先存入不同的程序，计算机就可以实现不同的任务、解决不同的问题。

（3）计算机由五大部件组成

冯·诺依曼机模型是以运算器为中心的存储程序式的计算机模型，它由五大部分组成：运算器、控制器、存储器、输入设备和输出设备。

1.1.4 计算工具的发展

1．手动计算工具

视频
计算工具的发展

算筹是春秋战国时期中国人的发明。我国南北朝时期杰出数学家祖冲之，他借助算筹作为计算工具，将圆周率 π 的值计算到小数点后 7 位，成为当时最精确的 π 值。公元 600 年左右，中国人发明了更为方便的算盘。算盘是一种快捷方便的算术运算工具，珠算熟练者使用算盘会快过用计算器进行计算。算盘有如下特点：具有表示数值的一套符号系统，算盘珠子的数目和位置表示十进制数；存在高效的运算法则，操作者按照运算法则拨动珠子，实现快速运算；短期记忆，算盘上暂时保存操作数和结果，且保存的数易于复写和改变；手工操作，即操作过程没有自动化。

2．机械式计算工具

到了中世纪，哲学家提出一个大胆的问题：能否用机械来实现人脑活动的个别功能，制造出一些能够自动完成计算功能的机器？

1641 年，法国人帕斯卡（B.Pascal）利用齿轮技术制成第一台机械加减法计算机。通过齿轮来表示与"存储"十进制各个数位上的数字，通过齿轮的比及其齿合来解决进位的问题，用机械实现了"数据"在计算过程中的自动存储，而且用机械自动执行一些"计算规则"。为了纪念这位计算的先驱，著名的程序设计语言 Pascal 就是以他的名字命名的。

1673 年，德国数学家莱布尼茨（G.W.Leibniz）在 Pascal 的基础上制造出能进行简单四则运算的计算器。它具有计算规则，能自动连续重复执行，能自动地执行连加连减运算，进而实现乘除法运算。但它的计算过程还是由人工控制，计算结果也是人工保存，帕斯卡机及改造的四则运算计算器没有突破手工操作的局限。

1822年，英国数学家巴贝奇（C.Babbage）受前人杰卡德（J.M.Jacquard）编织机的启迪，花费十年时间，设计制作了用于计算对数、三角等算术函数的差分机。它标识着从手工机械进入到自动机械时代。巴贝奇提出要完成自动计算，需要有手段记录操作数，需要有手段存放计算步骤和运算规则，机器能够取出这些数据，在必要时能够进行简单判断，决定自己下一步的计算顺序。

1834年，巴贝奇设计了分析机，他在分析机中提出一些创造性建议，从而奠定了现代数字计算机的基础。分析机设计用穿孔纸带完成最初的数据和运算规则、运算步骤的输入，在运转过程中会去解读这个打孔纸带，逐步完成自动计算的过程。由于当时科技水平的限制，分析机未能制造出来，直到巴贝奇去世70多年后，Mark I（马克1号）在IBM实验室制作成功，巴贝奇的夙愿才得以实现。如图1.2所示，即是查尔斯·巴贝奇教授及他的差分机和分析机。

巴贝奇提出的程序控制思想和程序设计思想渗透于现代计算机技术中，所以，人们认为巴贝奇是现代计算机技术的奠基人。

（a）查尔斯·巴贝奇

（b）差分机

（c）分析机

图1.2　查尔斯·巴贝奇及他的差分机和分析机

3．电子计算机

1930年之前的计算机主要是通过机械原理实现的。20世纪初期。随着机电工业的发展，出现了一些具有控制功能的电器元件，并逐渐为计算工具所采用。1939年，美国艾奥瓦州立大学的阿塔纳索夫和他的助手克利福特·贝瑞建造了能求解议程的电子计算机。这台计算机后来被称为ABC（atanasoff-berry computer）。ABC没有投入实际使用，但它的一些思想却为今天的计算机所采用。1944年，哈佛大学的霍华德·艾肯在IBM公司的资助下，研制成功了世界上第一台数字式自动计算机Mark I，如图1.3所示。这台机器使用了三千多个继电器，故有继电器计算机之称。

此后，第二次世界大战期间，美国军方为了解决计算大量军用数据的难题，成立了由宾夕法尼亚大学的莫奇利和埃克特领导的研究小组，经过三年紧张的工作，世界第一台电子计算机ENIAC（electronic numerical integrator and calculator）终于在1946年2月14日问世，如图1.4所示。ABC、Mark I和ENIAC开启了现代计算机的历史。

ENIAC长30.48 m，宽1 m，占地面积170 m^2，大约使用了18 800个电子管，1 500多个继电器，6 000多个开关，重30 t，功率达150 kW，每秒能做5 000次加、减运算。ENIAC主要用来进行弹道计算的数值分析，它采用十进制进行计算，主频仅为0.1 MHz，它计算炮弹弹道只需要3 s，而在此之前，则需要200人手工计算两个月。除了常规的弹道计算外，ENIAC后来还涉及诸多的科研领域，曾在第一颗原子弹的研制过程中发挥了重要作用。

图1.3　Mark I 计算机

图1.4　世界第一台电子计算机

之所以把 ENIAC 称为世界上研制的第一台电子数字计算机，是因为它是第一台可以真正运行的并全部采用电子装置的计算机，它的诞生是人类文明史上的一次飞跃，它宣告了现代计算机时代的到来。

我国研制电子计算机始于 1956 年。1956 年，夏培肃完成了我国第一台电子计算机运算器和控制器的设计工作，1957 年，哈尔滨工业大学研制成功中国第一台模拟式电子计算机。1958 年 8 月 1 日，我国第一台数字电子计算机——103 机诞生（见图1.5），平均运算速度只有每秒几十次。后来安装了自行研制的磁芯存储器，计算机的运算速度提高到每秒 3 000 次。

图1.5　我国第一台数字电子计算机 103 机

1.2　现代计算机

电子计算机是 20 世纪人类最伟大的发明之一，也是促进信息技术快速发展的技术之一。从第一台电子计算机 1946 年诞生至今，经过了 70 多年的发展历程。随着信息化的发展，计算机得到广泛应用，人类社会生活的各个方面都发生了巨大的变化。特别是微型计算机技术和网络技术的高速发展，使计算机逐渐走进了人们的家庭，改变着人们的生活方式，现如今，计算机已经成为人们生活和工作不可缺少的工具，成为信息时代的主要标志。

1.2.1　计算机概念及特点

计算机应用已经深入到社会生活的许多方面，从家用电器到航天飞机，从学校到工厂。计算机所带来的不仅仅是一种行为方式的变化，更是人类思考方式的革命。计算机（computer）和计算（computation）是密切相关的，但计算机不是一个单纯作为计算工具使用的"计算机器"，计算机是一台自动、可靠、能高速运算的机器，是一种能够按照事先存储的程序，自动、高速地进行大量数值计算和各种信息处理的现代化智能电子设备。

计算机的特点可以简单地归纳为强大的存储能力，高速、精确的运算能力，准确的逻辑判断能力，以及自动处理能力、高可靠性和网络与通信能力。

1．强大的存储能力

计算机的工作步骤、原始数据、中间结果和最后结果都可以存入记忆装置（即计算机的存储器），因而具有强大的存储能力。

2．高速、精确的运算能力

计算机的计算精度和处理速度是其他计算工具难以达到的，因此，计算机具有极强的处理能力，特别是能在地质、能源、气象、航天航空以及各种大型工程中能发挥重要的作用。

3．准确的逻辑判断能力

计算机不仅具有运算能力，还具有逻辑判断能力。计算机借助于逻辑运算，可以进行逻辑判断，并根据判断结果自动地确定下一步该做什么。

4．自动处理能力

计算机可以将预先编好的一组指令（称为程序）"记"下来，然后自动地逐条取出这些指令加以执行，工作过程完全自动化，不需要人的干预，而且可以反复进行。

5．高可靠性

随着微电子技术和计算机技术的发展，现代电子计算机连续无故障运行时间可达到几十万小时以上，具有极高的可靠性。例如，安装在宇宙飞船上的计算机可以连续几年可靠地运行；又如，在一些场合，人很容易因疲劳而出错，但计算机却具有很高的可靠性。

6．网络与通信能力

计算机技术发展到今天，不仅可以将几十台、几百台甚至更多的计算机连成一个网络，而且可以将一个个城市、一个个国家的计算机连在一个计算机网络上。目前最大、应用范围最广的国际互联网（Internet），连接了全世界150多个国家和地区数亿台的各种计算机。在网上的计算机用户可共享网上资料、交流信息、互相学习。

1.2.2 计算机的发展阶段

在距今短短的六七十年的时间，根据电子计算机采用的物理器件（电子元器件）的不同，计算机的发展可分为四个阶段，见表1.1。第一代电子管计算机的主要特点是用电子管作为逻辑元件，内存采用磁芯，外存采用磁带，运算速度每秒数千次到数万次。第二代晶体管计算机，用晶体管代替了电子管，运算速度每秒几十万次至几百万次。第三代集成电路计算机用中、小规模集成电路取代了分立的晶体管元件，内存为半导体存储器，外存为大容量磁盘，运算速度为每秒几百万次至几千万次。第四代大规模集成电路计算机采用大规模和超大规模集成电路作为元件，内存为高集成度的半导体，外存有磁盘、光盘等，运算速度每秒几亿次至亿亿次。

表 1.1 计算机的四个发展阶段

项　目	第一代	第二代	第三代	第四代
起止时间	1946—1957年	1958—1964年	1965—1970年	1971年—至今
所用的电子元器件	电子管	晶体管	中、小规模集成电路	大规模、超大规模集成电路
数据处理方式	机器语言、汇编语言	高级程序设计语言	结构化、模块化程序设计、实时处理	实时、分时数据处理、网络操作系统
运算速度	0.5万~3万次/秒	几十万~几百万次/秒	几百万~几千万次/秒	上亿次/秒

续表

项　　目	第一代	第二代	第三代	第四代
主存储器	磁芯、磁鼓	磁芯、磁鼓	磁芯、磁鼓、半导体存储器	半导体存储器
外存储器	磁带、磁鼓	磁带、磁鼓、磁盘	磁带、磁鼓、磁盘	磁带、磁鼓、磁盘
主要应用领域	国防及高科技	工程设计、数据处理	工业控制、数据处理	工业、生活等各方面
典型机种	ENIAC、EDVAC、IBM 701、UNIVAC	IBM 7000、CDC 6600	IBM 360、PDP 11、NOVA 1200	IBM 370、VAX II IBM PC

　　计算机硬件的发展模式遵循"摩尔定律"。摩尔定律是由英特尔（Intel）创始人之一戈登·摩尔（Gordon Moore）提出来的。其内容为：当价格不变时，集成电路上可容纳的元器件的数目，约每隔 18～24 个月便会增加一倍，性能也将提升一倍。换言之，每一美元所能买到的计算机性能，将每隔 18～24 个月翻一倍以上。摩尔定律是一个直白的技术发展走势预测，而不是一个物理或自然法。而在过去几十年里，每一次芯片工程师设计出性能加倍的芯片之时，它总会被他们反复提起。久而久之，因反复被验证，摩尔定律被业内奉为"黄金定律"，这一定律揭示了信息技术进步的速度。

1.2.3　计算机的分类

　　计算机种类很多，分类方法也很多。根据原理不同，计算机可分为模拟电子计算机和数字电子计算机。根据用途不同，又可分为通用计算机和专用计算机。人们平常使用的计算机是能解决各种问题、具有较强通用性的电子数字计算机。目前更常用的一种分类方法是按计算机的运算速度（MIPS，每秒钟执行的百万指令数，是衡量计算机速度的指标）、字长、存储容量等综合性能指标对计算机进行分类。

1．超级计算机

　　超级计算机，又称为巨型计算机，是计算机中功能最强、运算速度最快、存储容量最大的一类计算机，多用于国家高科技领域和尖端技术研究，是衡量一个国家科技发展水平和综合国力的重要标志。随着超级计算机运算速度的迅猛发展，它也被越来越多地应用在工业、科研和学术等领域。作为高科技发展的要素，超级计算机早已成为世界各国经济和国防方面的竞争利器。经过我国科技工作者几十年不懈的努力，我国的高性能计算机研制水平显著提高，成为继美国、日本之后的第三大高性能计算机研制生产国。2010 年 10 月，天津的"天河一号"安装完毕，速度达到每秒 2.5 千万亿次运算，跃居当时全球第一，比第二名的美国国家实验室的计算机快 30%。

　　2013 年 6 月 17 日在德国莱比锡开幕的 2013 年国际超级计算机大会上，中国国防科技大学研制的"天河二号"超级计算机（见图 1.6），以每秒 33.86 千万亿次的浮点运算速度夺得头筹，成为全球最快的超级计算机，比第二名泰坦（Titan）快近一倍，并于 2013 年年底部署在中国广州国家超级计算机中心。截至 2015 年 10 月 16 日，"天河二号"超级计算机连续六次称雄。

　　2016 年"神威·太湖之光"超级计算机系统（见图 1.7）正式发布，并于 2016 年 6 月和 11 月、2017 年 6 月和 11 月连续四次进入世界高性能计算 TOP 500，排名第一。它是全球第一台性能超过十亿亿次的计算机,不仅速度比第二名"天河二号"快出近两倍,其效率也提高三倍。神威·太湖之光超级计算机安装了 40 960 个中国自主研发的"申威 26010"众核处理器,该众核处理器采用 64 位自主申威指令系统,峰值性能为 12.5 亿亿次/秒,持续性能为 9.3 亿亿次/秒。其峰值运算性能、持续性能和系统能效比等三大技术指标同比大幅度领先,2016 年 11 月 18 日,我国科研人员依托"神威·太湖之光"超级计算机的应用成果首次荣获"戈登·贝尔"奖,实现了我国高性能计算应用成果在该奖项上零的突破。

图 1.6 "天河二号"超级计算机　　　　　图 1.7 神威·太湖之光

2019 年 6 月发布的超级计算机 500 强榜单中,第三位和第四位分别是中国的"神威·太湖之光"和"天河二号"。2020 年 6 月,"神威·太湖之光"和"天河二号"分列榜单第四、第五位。2021 年,"神威·太湖之光"排名第四位。2022 年上半年,"神威·太湖之光"和"天河二号"分列榜单第六、第九位,从整体来说,在 500 强榜单中,中国部署的超级计算机数量继续位列全球第一,达到 173 台,占总体份额的 34.6%,2017 年 11 月以来,中国超算上榜数量连续第 10 次位居第一。

2．大、中型计算机

大型计算机通常使用多处理器结构,其特点是通用性强、综合处理能力强、性能覆盖面广等,它主要用于大公司、大银行、航空、国家级的科研机构等。目前只有少数国家从事大型机的研制与生产。

中型计算机和大型计算机架构相似,它们并没有严格的类型区分,通常把处理能力稍弱的大型计算机称之为中型计算机。

3．小型计算机

小型机规模小、结构简单、可靠性高、成本较低,易于操作又便于维护,比大型机更具有吸引力。例如,DEC 公司推出的 PDP-11,HP 的 1000、3000、9000 系列小型机和 VAX-11 系列小型机。HP 的 9000 系列小型机几乎可与 IBM 的传统大型计算机相媲美。小型机广泛用于企业管理、工业自动控制、数据通信、计算机辅助设计等,也用作大型、巨型计算机系统的端口。

4．工作站

工作站是具有很强功能和性能的单用户计算机,其性能高于一般微机,它通常主要用于图形图像处理、计算机辅助设计、软件工程以及大型控制中心等信息处理要求比较高的场合。

工作站不同于网络系统中的工作站。网络中的工作站泛指联网的用户结点,这里的工作站指的是一种高档微机,它配有大屏幕、高分辨率的显示器,大容量的内存储器,而且大都具有较强的联网功能。

5．微型计算机

微型计算机也叫个人计算机（personal computer，PC）或者微机。微型计算机因具有小、轻、价廉、易用等优势，其应用已渗透到社会生活的各个方面，成为目前发展最快的领域。

6．移动计算机

移动计算机（mobile computer，MC），包括笔记本电脑、智能手机、PPC、PDA等。移动计算机也是微机，只是它的体积更小，便于携带，因此又叫做便携式计算机。

7．嵌入式计算机

简单地说，如果把处理器和存储器以及接口电路直接嵌入设备当中，这种计算机就是嵌入式计算机。嵌入式系统中使用的"计算机"往往基于单个或少数几个芯片，芯片上的处理器、存储器以及外设接口电路是集成在一起的。在通用计算机中使用的外围设备包含嵌入式微处理器，许多输入/输出设备都是由嵌入式处理器控制的。在制造业、过程控制、通信、仪器仪表、汽车、船舶、航空航天、军事装备、消费类产品等许多领域，嵌入式计算机都有其广泛的应用。

1.2.4　计算机的应用领域

进入20世纪90年代以来，计算机技术作为科技的先导技术之一得到了飞跃式的发展，超级并行计算机技术、高速网络技术、多媒体技术、人工智能技术等相互渗透，改变了人们使用计算机的方式，从而使计算机几乎渗透到人类生产和生活的各个领域，按照计算机应用的特点，可以将其应用领域归纳为以下几个方面：

1．科学计算

科学计算亦称数值计算，是指用计算机完成科学研究和工程技术中所提出的数学问题，使用计算机进行数学方法的实现和应用。在计算机发展的历史中，科学计算是计算机最早应用的领域，也是计算机最重要的应用之一。现代科学技术的发展，使得人们在各个领域中遇到的计算问题将越来越大和越来越复杂，而这些问题也都将由计算机来解决，如人类基因序列分析计划、人造卫星的轨道测量、气象卫星云图数据处理等。随着计算机技术的飞速发展，特别是网络技术的发展，计算机的应用领域将会越来越广泛，科学计算在计算机应用中所占比重将会逐渐减小。

2．数据处理

数据处理又称为信息处理，是信息的收集、分类、整理、加工、存储等一系列活动的总称。例如，完成数据的输入、分析、合并、分类、统计等方面的工作，以形成判断和决策的信息。信息处理是目前计算机使用量最大的领域，随着计算机技术的发展，计算机在人口统计、办公自动化、企业管理、邮政业务、机票订购、情报检索、图书管理、医疗诊断等方面的应用将得到进一步的推广。

3．过程控制

计算机的过程控制又称为实时控制，指用计算机即时采集检测数据、判断系统的状态，对控制对象进行实时自动控制或自动调节。过程控制广泛应用于冶金、机械、石油、化工水电、航天等领域。在工业生产中，计算机对生产线进行过程控制，如产品的原料下料、加工、组装、成品质量检测。由于计算机的处理速度高和运算精确，使得生产效率和产品质量大大提高，并且降低了生产成本。

4．计算机辅助系统

（1）计算机辅助设计

计算机辅助设计（computer aided design，CAD）就是用计算机帮助设计人员进行设计，如超大规模集成电路的版图设计。利用计算机的快速运算能力，可以任意改变产品的设计参数，从而可以得到多种设计方案，选出最佳设计。还可以进一步通过工程分析、模拟测试等方法，用计算机仿真模拟代替制造产品的模型（样品），借以降低产品的试制成本，缩短产品的设计、试制周期，增强市场竞争力。上述方法有时也称为计算机辅助工程（computer aided engineering，CAE），或与 CAD 合称 CAD-CAE。

（2）计算机辅助制造

计算机辅助制造（computer aided manufacturing，CAM）包括用计算机对生产设备进行管理、控制和操作的过程。如 20 世纪 50 年代的数控机床、20 世纪 70 年代的柔性制造系统（flexible manufacturing system，FMS）、20 世纪 80 年代的计算机集成制造系统（computer integrated manufacturing system，CIMS）。

（3）计算机辅助教学

计算机辅助教学（computer aided instruction，CAI）就是利用计算机系统使用课件来进行教学，改变了粉笔加黑板的教学方式。

计算机管理教学（computer managed instruction，CMI），包括教务管理、教学计划订、课程安排、计算机题库及计算机考试评分系统等。

CAI 和 CMI 合称计算机辅助教育（computer based education，CBE）。

（4）计算机辅助测试

计算机辅助测试（computer aided testing，CAT）是采用计算机作为工具，将计算机用于产品的设计、制造和测试等过程的技术。

5．人工智能

人工智能（artificial intelligence，AI）是指将人脑进行的演绎推理的思维过程、推理规则和选择策略集合存储在计算机中，然后让计算机根据所获得的信息去自动求解。人工智能主要包括专家系统、机器人、模式识别和智能检索等系统，其任务由能实现智能信息处理、模仿人类智能的计算机系统完成。

6．数据库应用

数据库是长期存储在计算机中的有组织、可共享的数据集合。当今社会从国民经济信息系统到银行、社会保险、图书馆等都与数据库有关。数据库是一种资源，通过计算机技术和网络通信技术，人们可以充分利用这种资源。

7．多媒体技术应用

多媒体技术是把数字、文字、声音、图像及动画等多种媒体有机组合起来，利用计算机、通信和广播电视技术，使它们建立起逻辑联系，并进行加工处理的技术。目前多媒体技术的应用正在不断拓展。

8．网络与通信

计算机网络是计算机技术与通信技术结合的产物。经过几十年的发展，网络已深刻地改变了人们的思维方式和生活方式，在多媒体娱乐、3D 浸入式视频会议系统和云计算等领域得到广泛的应用。

（1）多媒体娱乐

消费产品的数字化正在潜移默化地改变着人们的生活方式。清华同方早在第六届世界计算机博览会上就向公众诠释了他们对于"数字化生存"的理解，展示了他们"数字家庭"概念的具体内容——所有的家电都能够在某种程度上揣摩主人的习惯，进而理解主人的心意。比如，冰箱懂得通过网络向啤酒销售商下订单，电饭煲懂得拿捏时间做出合乎主人口味的饭，视频设备懂得适时收录主人喜欢的影音节目，这确是一种让人相当惬意的感受。以带来视听享受的影音设备为例，随着网络技术的发展，可以通过电视机直接观看网络上的影视节目、电视直播、电视回播等。

（2）3D 浸入式视频会议

从 1964 年贝尔（Bell）实验室研制出最早的可视电话以来，视频会议系统经历了几个发展阶段，网络介质从 PSTN、ISDN、ATM、LAN 发展到 Internet。现有的视频会议系统可以实时传输一路甚至多路视、音频信息，但仍然存在着交互深度不够、缺乏空间感和真实感等问题。在实际会议中，与会者之间存在着更深层次的交互行为，如身体语言、眼神接触等，这些自然方式的交互对于人与人之间的信息交流具有重要的意义，特别是对于由多人组成的群体内的交往。为了解决现有视频会议系统的不足与局限，浸入式的 3D 虚拟视频会议受到了越来越多的关注。它利用虚拟现实技术对各个与会终端处的局部会场进行空间上的扩展，将分布在不同地点的局部会场合成为一个所有与会终端都能够感知与交互的虚拟会议空间，这让来自几个不同地方的与会者仿佛在同一个会议室中召开会议。它只需要传输感兴趣的视频对象，而不是各分会场的视频场景，便可以有效地减少视频会议对带宽的要求。

（3）云计算

云计算是分布式处理、并行处理和网格计算的发展，或者说是这些计算机科学概念的商业实现。它通过使计算分布在大量的分布式计算机上，而非本地计算机或远程服务器中。企业数据中心的运行则与互联网非常相似，这使得企业能够将资源切换到需要的应用上，根据需求访问计算机和存储系统。这意味着计算能力也可以作为一种商品进行流通，就像煤气、水电一样，取用方便，费用低廉。最大的不同在于，它是通过互联网进行传输的，在未来，只需要一台笔记本电脑或者一个手机，就可以通过网络服务来实现我们需要的一切，甚至包括超级计算这样的任务。

1.2.5 计算机的发展趋势

随着计算机越来越普及，PC 将成为信息社会工作和日常生活的必备工具。计算机及其应用技术将得到更大的发展。然而，计算机的未来仍然充满了变数，性能将大幅度提高是毋庸置疑的，而实现性能的飞跃却有多种途径。不过，性能的大幅提升并不是计算机发展的唯一路线。

计算机的发展趋势可以概括为：

1．巨型化

巨型化是指发展高速度、大存储容量、强功能和高可靠性的计算机。这是诸如天文、气象、地质、核反应堆等尖端科技和军事国防的需要，也是处理大量的知识信息以及使计算机具有类似人脑的学习和复杂推理的功能所必需的。巨型计算机的发展集中体现了计算机科学技术的发展水平。

2．微型化

微型化就是进一步提高集成度，利用高性能的超大规模集成电路研制质量更加可靠、性能更加优良、价格更加低廉、整机更加小巧的微型计算机。

3．多媒体化

多媒体技术是 20 世纪 80 年代中后期兴起的一门跨学科的新技术。采用这种技术，可以使计算机具有处理图、文、声、像等多种多媒体能力（即为多媒体计算机），从而使计算机的功能更加完善和提高计算机的应用能力。

4．网络化

网络化就是按照约定的协议把各自独立的计算机用通信线路连接起来，形成各计算机用户之间可以相互通信并能使用公共资源的网络系统。网络化能够充分利用计算机的宝贵资源并扩大计算机的使用范围，为用户提供方便、及时、可靠、广泛、灵活的信息服务。

5．环保化

随着计算机的性能的提高，能耗也将越来越大，而且计算机在家庭生活中扮演的角色越来越重要，运行的时间也将变长。为了不让计算机成为家中用电量最大的电器，技术人员也想尽各种方法让计算机的能耗降低，比如通过上面提到的专门化的计算机，让计算机的效率大幅提高，从而可以让低性能的硬件系统具备专业的功能，减少能耗。另外，通过采用新的架构，比如采用"量子""光子""DNA"方式代替现有的硅架构的计算机，大幅降低计算机的能耗。耗电的第二大户——显示系统，也将因为 LCD、OLED 等显示器的普及而不再成为用电大户。

6．人性化

作为未来人类的工具和家中的控制中心，计算机需要和用户进行方便的交流，才能更好为用户服务。只有计算机和人之间的交流实现人性化，才能让使用人真正乐意使用计算机，为了实现这个目标，未来的计算机的交互方式将会多样化，不但可以通过书写控制，还可以通过语言控制，甚至可以通过眼睛进行控制。因为智能化的提高，多数工作计算机可以自动选择操作的流程，过程无须人们参与，所以软件的界面也越来越简单，使用起来就像现在的家用电器或者手机一样简单，使用人无须再进行专门的学习。

7．智能化

人工智能的研究已进行了很多年，人工智能是以模糊逻辑为基础，计算机主动分析执行过程中碰到的困难，自动选择最优的解决方案。其中最具代表的领域是专家系统和智能机器人。例如，用运算速度为每秒约 10 亿次的"力量 2 型"微处理器制成的"深蓝"计算机在 1997 年战胜国际象棋世界冠军卡斯帕罗夫。

现在绝大部分计算机只能按照人类给它编制的程序进行运算，其智能水平还较低。目前由世界各国 100 多位著名计算机专家联合研制的"下一代计算机"，拟在神经计算机和模糊计算机相结合的基础上实现，其主要特点表现在以下四个方面：

（1）计算机应能从事"非意识"性的工作

现在的计算机只能从事"有意识"的工作，一切都是依照人们事先设计好的程序来进行有关操作。今后的计算机发展趋势应增强应付突发事件的能力，这种突发事件并不是像今天的计算机中断处理，因为今天的中断处理功能实际上也是人们事先设计好的。这里所讲的突发事件是事先根本无法预测的事件，人脑能对这类事件产生"非意识"的思维，而目前的计算机则缺少这方面的能力。

（2）计算机应提高形象思维和综合处理能力

当今的计算机，无论是巨型机，还是高性能微型机，在图像识别上还只能按行、列对像素进行处理，采用分析的方法得出结论，其形象思维、综合处理水平很低。

而人脑却能进行形象思维，能在瞬间完成立体图像的识别，计算机的图像识别能力和判断速度目前远不如人脑，未来的计算机应提高这方面的能力。

（3）计算机应增加直观处理问题的能力

目前使用计算机解决问题，人们总是先要设计算法，画出框图，最后编写程序上机执行。这都是遵循一定规则的，这种规则相当于交通信号灯，依指挥而行动。然而在现实世界当中，没有交通信号灯的情况下，人们也能横穿马路，这是因为人的大脑可以对周围的环境做出直观的判断。计算机目前缺少这种能力，现阶段它只能遵照程序的规则办事，它的直观处理能力还远不如人脑。

（4）计算机应进一步提高并行处理能力

计算机的处理速度虽说已达到每秒千万亿次，但在许多方面它还是不如人脑，例如，判断一张照片中的人物图像是大人，还是小孩，这个人是否见过，是否认识，人脑瞬间即可判断完成，而计算机却达不到人脑的速度，这是因为人脑的神经元并行处理能力很强，计算机的并行处理能力还比较低。

1.2.6　未来新型计算机

科学家们在研制智能计算机的同时，也开始探索更新一代的计算机，如神经网络计算机、生物计算机、光电子计算机和量子计算机。

1．神经网络计算机

神经网络计算机就是用简单的数据处理单元模拟人脑的神经元，从而模拟人脑活动的一种巨型信息处理系统，它具有智能特性，能模拟人的逻辑思维、记忆、推理、设计、分析、决策等智能活动，人、机之间有自然通信能力。

2．生物计算机

生物计算机使用生物芯片，生物芯片是由生物工程技术产生的蛋白分子为主要原材料的芯片，它具有巨大的存储能力，且能以波的形式传输信息。生物计算机的数据处理速度比当今最快的巨型机的速度还要快百万倍以上，而能量的消耗仅为其十亿分之一。由于蛋白分子具有自我组合的特性，从而可能使生物计算机具有自调节能力、自修复能力和再生能力，更易于模拟人类大脑的功能。

3．光电子计算机

利用光子代替现代半导体芯片中的电子，以光互连代替导线互连可以制成光电子计算机。

4．量子计算机

量子计算机是一类遵循量子力学规律进行高速数学和逻辑运算、存储及处理量子信息的物理装置。当某个装置处理和计算的是量子信息、运行的是量子算法时，它就是量子计算机。

量子计算机的概念源于对可逆计算机的研究。研究可逆计算机的目的是解决计算机中的能耗问题。中国科学院 2017 年 5 月研制成功世界首台"量子计算机",但量子计算机能被普通用户使用还需时日。2020 年 6 月 18 日,中国科学技术大学潘建伟、苑震生等在超冷原子量子计算和模拟研究中取得重要进展——在理论上提出并实验实现原子深度冷却新机制的基础上,在光晶格中首次实现了 1250 对原子高保真度纠缠态的同步制备,为基于超冷原子光晶格的规模化量子计算与模拟奠定了基础。这一成果于 2020 年 6 月 19 日在线发表于学术期刊《科学》上。2020 年 12 月 4 日,中国科学技术大学潘建伟等人成功构建 76 个光子的量子计算原型机"九章",求解数学算法高斯玻色取样只需 200 秒,而当时世界最快的超级计算机要用 6 亿年。这一突破使中国成为全球第二个实现"量子优越性"的国家。2020 年 12 月 4 日,国际学术期刊《科学》发表了该成果,评价这是"一个最先进的实验""一个重大成就"。2021 年 2 月 8 日,中科院量子信息重点实验室的科技成果转化平台合肥本源量子科技公司,发布具有自主知识产权的量子计算机操作系统"本源司南"。

总之,未来的计算机不但强调性能的大幅飞跃,而且将沿着巨型化、微型化、多媒体化、个性化、网络化、环保化和智能化等多条发展路线继续前进。未来的计算机发展前景极其诱人,但不难想象,具有上述功能的未来型计算机的研制是非常困难的,因为这项工作在某种意义上是对人类自身智能的挑战。新一代计算机的真正问世,虽不是"指日可待",也绝非"遥遥无期"。可以相信,随着计算机科学技术和相关学科的发展,在不远的未来研制成功新一代计算机的目标必定会实现。

1.3 信息与信息技术

信息技术的广泛应用与普及,不仅改变了人类的生活方式和内容,而且推动了经济与社会的发展进步。信息化以超出人类想象的程度改变着人们的思维与行为方式,强烈冲击着现有的产业结构与经济模式。尤其在大数据时代,每个人在网络上的每一个动作都参与到历史中,被记录在了信息中。当代大学生应该了解信息技术发展的科学思想、主要内容及发展历程;了解我们所处的时代,掌握基本的技能,取其长,避其短,不断增强自身的信息素养、提高综合素质。

1.3.1 信息与数据

信息已经成为最活跃的生产要素和战略资源,信息技术正深刻影响着人类的生产方式、认知方式和社会生活方式,信息技术及其应用水平已经成为衡量一个国家综合竞争力的重要指标。今天,我们处在信息社会,人们可以通过种种方法获得各种各样的信息。然而,信息是什么?它对人类社会的各种活动有何影响?

1. 信息

香农认为信息是"用来消除不确定性的东西",指的是有新内容或新知识的消息。维纳提出"信息就是信息,不是物质,也不是能量"。它是区别于物质和能量的第三类资源。钟义信认为信息是"事物运动的状态和方式,也就是事物内部结构和外部联系的状态和方式"。

信息这一概念目前并没有一个严格的定义。最开始源于通信技术研究中涉及的噪声干扰下正确接收信号的问题,从而产生了通信工程等学科,逐步形成了狭义信息论、广义信息论等研究领域。狭义信息论主要指基于通信范围内的研究，广义信息论则是指信息科学的研究。

信息通常指消息，即对人有用的消息称为信息，信息应当认为是一种资源。现实中的各类信息要进入计算机系统进行处理的话，首先要将信息转换成为能被计算机所识别的符号。信息表示必须符号化，而这些符号化的信息就是数据。

信息的特点是信息区别于其他事物的本质特征，信息具有如下特点：①依附性。物质是具体的、实在的资源；而信息是一种抽象的、无形的资源。信息必须依附于物质载体，而且只有具备一定能量的载体才能传递。信息不能脱离物质和能量而独立存在。②再生性，也称为扩充性。物质和能量资源只要使用就会减少；而信息在使用中却不断扩充、不断再生，永远不会耗尽。当今世界，一方面是"能源危机""水源危机"，而另一方面却是"信息膨胀"，因而大数据技术也随之产生。③可传递性。没有传递，就无所谓有信息。信息传递的方式很多，如口头语言、体语、手抄文字、印刷文字、电信号等。④可存储性。信息可以存储，以备其他时间或他人使用。存储信息的手段多种多样，如人脑、计算机的存储器、书写、印刷资料、图像、声音、视频等。⑤可缩性。人们对大量的信息进行归纳、综合，就是信息浓缩。⑥可共享性。信息不同于物质资源，它可以传播，大家共享。⑦可预测性。即通过现时信息推导未来信息形态。信息对实际有超前反映，反映出事物的发展趋势，这是信息对"下判断"以至"决策"的价值所在。⑧有效性和无效性。信息符合接收者需要为有效，反之则无效；此时需要则有效，彼时不需要为无效；对此人有效，对他人可能无效。⑨可处理性。信息如果经过人的分析和处理，往往会产生新的信息，使信息得到增值。⑩信息作为一种特殊的资源，具有相应的使用价值，它能够满足人们某些方面的需要。但信息的价值大小是相对的，它取决于接收信息者的需求及对信息的理解、认识和利用的能力。

2．数据

数据是指对客观事件进行记录并可以鉴别的符号，是对客观事物的性质、状态以及相互关系等进行记载的物理符号或这些物理符号的组合。它是可识别的、抽象的符号。

数据可以是文字、数字或图像，是信息的载体和具体表示形式。它不仅指狭义上的数字，还可以是具有一定意义的文字、字母、数字符号的组合，以及图形、图像、视频、音频等，也可以是客观事物的属性、数量、位置及其相互关系的抽象表示。例如，"0、1、2…""阴、雨、下降、气温""学生的档案记录、货物的运输情况"等都是数据。数据经过加工后就成为信息。

在计算机科学中，数据（data）是指所有能输入到计算机并被计算机程序处理的符号的介质的总称，是用于输入电子计算机进行处理，具有一定意义的数字、字母、符号等的通称。可以这样说，在计算机系统中，信息是抽象的，而数据是具体的，信息必须通过数据来表征。

3．信息处理

（1）信息处理的定义

信息处理，是用计算机对信息进行转换、传输、存储、分析等加工的科学。信息处理技术是一门与语言学、计算机科学、心理学、数学、控制论、信息论、声学、自动化技术等多种学科相联系的边缘交叉性学科。随着科学技术的发展，信息处理技术已应用到社会生活的各个方面。

信息技术所要解决的主要问题是对信息的处理。计算机正是人们进行信息处理的工具，是信息社会的信息处理机。

（2）计算机信息处理过程

计算机的硬件组成有点像人的大脑、眼睛、耳朵及笔、纸等，计算机处理信息的过程也类似于人脑处理信息的过程。

比如，要把一段文字用拼音输入法输入到计算机中，我们首先应该用眼睛看这段文字，眼睛把看到的字传给大脑，大脑要对这个字进行处理，看看认不认识这个字，如果认识，大脑就可以产生这个字的拼音编码（不认识可以利用字典查出这个字的读音），然后大脑指挥手利用键盘输入这个字。这样继续下去一段文字就会输入进去了。人在这一连串的动作中，眼睛相当于输入设备，大脑相当于主机进行各种处理工作，手就相当于输出设备，把大脑的处理表现出来（利用键盘输入字）。

计算机的工作过程也像人一样，在输入字的这个过程中，首先通过输入设备（键盘）把这个字的编码信息输入主机，由主机对信息进行加工处理，再把加工处理后的信息通过输出设备输出（在屏幕上显示这个字）。

由此可见，计算机的信息处理过程可以用"输入、处理、输出"六个字来概括。

1.3.2 信息技术

信息技术（information technology）是在信息科学的基本原理和方法的指导下扩展人类信息功能的技术。一般来说，信息技术是以电子计算机和现代通信为主要手段实现信息的获取、加工、传递和利用等功能的技术总和。人的信息功能包括：感觉器官承担的信息获取功能，神经网络承担的信息传递功能，思维器官承担的信息认知功能和信息再生功能，效应器官承担的信息执行功能。按扩展人的信息器官功能分类，信息技术可分为以下几方面技术：

①传感技术——信息的采集技术，对应于人的感觉器官。传感技术的作用是扩展人获取信息的感觉器官功能，包括信息识别、信息提取、信息检测等技术，它几乎可以扩展人类所有感觉器官的传感功能。信息识别包括文字识别、语音识别和图形识别等。通常是采用一种叫做"模式识别"的方法。传感技术、测量技术与通信技术相结合而产生的遥感技术，更使人感知信息的能力得到进一步的加强。

②通信技术——信息的传递技术，对应于人的神经系统的功能。通信技术的主要功能是实现信息快速、可靠、安全的转移。各种通信技术都属于这个范畴。广播技术也是一种传递信息的技术。

③计算机技术——信息的处理和存储技术，对应于人的思维器官。计算机信息处理技术主要包括对信息的编码、压缩、加密和再生等技术。计算机存储技术主要包括着眼于计算机存储器的读写速度、存储容量及稳定性的内存储技术和外存储技术。

④控制技术——信息的使用技术，对应于人的效应器官。控制技术即信息使用技术，是信息过程的最后环节，它包括调控技术、显示技术等。

由上可见，传感技术、通信技术、计算机技术和控制技术是信息技术的四大基本技术，其主要支柱是通信（communication）技术、计算机（computer）技术和控制（control）技术，即"3C"技术。信息技术是实现信息化的核心手段。信息技术是一门多学科交叉综合的技术，计算机技术、通信技术、多媒体技术、网络技术互相渗透、互相作用、互相融合，将形成以智能多媒体信息服务为特征的时空大规模信息网。信息科学、生命科学和材料科学一起构成了当代三种前沿科学，信息技术是当代世界范围内新的技术革命的核心。信息科学和技术是现代科学技术的先导，是人类进行高效率、高效益、高速度社会活动的理论、方法与技术，是现代化的一个重要标志。

1.3.3 信息化社会

信息化社会是脱离工业化社会以后，信息将起主要作用的社会。在农业社会和工业社会中，物质和能源是主要资源，所从事的是大规模的物质生产。而在信息社会中，信息成为比物质和能源更为重要的资源，以开发和利用信息资源为目的的信息经济活动迅速扩大，逐渐取代工业生产活动而成为国民经济活动的主要内容。信息经济在国民经济中占据主导地位，并构成社会信息化的物质基础。以计算机、微电子和通信技术为主的信息技术革命是社会信息化的动力源泉。

由于在资料生产、科研教育、医疗保健、企业和政府管理以及家庭中的广泛应用，信息技术对经济和社会发展产生了巨大而深刻的影响，从根本上改变了人们的生活方式、行为方式和价值观念。信息化社会具有如下特点：

1．新型的社会生产方式

生产力的技术工艺性质的重大变化总会导致人们的生产活动方式的变化。正如机器的普遍采用将手工工厂的生产方式改造成为机器大工业的生产方式一样，信息社会也形成了新的生产方式。它表现在：一是传统的机械化的生产方式被自动化的生产方式所取代，自动化的生产方式进一步把人类从繁重的体力劳动中解放出来；二是刚性生产方式正在变化为柔性生产方式，它使得企业可以根据市场变化灵活而及时地在一个制造系统上生产各种产品；三是大规模集中性的生产方式正在转变为规模适度的分散型生产方式；四是信息和知识生产成为社会生产的重要方式。

2．新兴产业的兴起与产业结构的演进

信息社会将会形成一批新兴产业，并促进新的产业结构的形成。一是信息技术革命催生了一大批新兴产业，信息产业迅速发展壮大，信息部门产值在全社会总产值中的比重迅速上升，并成为整个社会最重要的支柱产业；二是传统产业普遍实行技术改造，降低生产成本、提高劳动效率，而通过信息技术对传统能量转换工具的改造，使传统产业与信息产业之间的边界越来越模糊，整个社会的产业结构处在不断的变化过程中；三是信息社会智能工具的广泛使用进一步提高了整个社会的劳动生产率，物质生产部门效率的提高进一步加快了整个产业结构向服务业的转型，信息社会将是一个服务型经济的社会。

3．数字化的生产工具的普及和应用

数字化的生产工具在生产和服务领域广泛普及和应用。工业社会所形成的各种生产设备将会被信息技术所改造，成为一种智能化的设备，信息社会的农业生产和工业生产将建立在基于信息技术的智能化设备的基础之上。同样，信息社会的私人服务和公众服务将或多或少建立在智能化设备之上，电信、银行、物流、电视、医疗、商业、保险等服务将依赖于信息设备。由于信息技术的广泛应用、智能化设备的广泛普及，政府、企业组织结构进行了重组，行为模式发生新的变化。

4．产生了新的交易方式

分工和专业化是经济增长的主要动力，分工扩大生产的可能性边界，推动了人类社会的发展。有分工就会有交易，信息社会中信息技术的扩散使得交易方式出现新的变化。一是信息技术的发展促进了市场交换客体的扩大，知识、信息、技术、人才市场迅速发展起来；二是信息技术的发展所带来的现代化运输工具和信息通信工具使人们冲破了地域上的障碍，使得世界市场开始真正形成；三是信息技术提供给人们新的交易手段，电子商务成为实现交易的基本形态，这也扩展了市场交易的空间。

5．数字化生活方式的形成

如同 19 世纪的工业化进程瓦解了农业社会的生活方式，建立了工业社会的生活形态一样，信息社会新的生活方式也正在形成。在信息社会，智能化的综合网络将遍布社会的各个角落，固定电话、移动电话、电视、计算机等各种信息化的终端设备将无处不在。"无论何事、无论何时、无论何地"人们都可以获得文字、声音、图像信息。信息社会的数字化家庭中，易用、价廉、随身的消费类数字产品及各种基于网络的 3C 家电将广泛应用，人们将生活在一个被各种信息终端所包围的社会中。

小　　结

从计算工具的发展，可以看到人们对计算本质的探索过程。图灵机把计算和自动机联系起来，从理论上证明了通用计算机存在的可能性，奠定了通用计算机的理论基础。依据图灵机思想，数学家冯•诺依曼提出了程序存储和程序控制的计算机工作思想，这种类型的计算机硬件结构称为冯•诺依曼体系结构，目前占主流地位。

计算机最主要的特点是自动和高速，其物理器件经历了四个阶段，它的发展符合摩尔定律。计算机按照性能分为巨型机等不同类型计算机，它们向巨型化、微型化、环保化、人性化及智能化方向发展。

信息素养已成为现代人的基本素养的重要组成部分，信息相关的能力逐步成为个人发展的重要因素。信息技术所要解决的主要问题是对信息的处理，包括传感技术、通信技术、计算机技术和控制技术。

习　　题

一、简答题

1．如何从不同的视角来看待计算这一概念？
2．如何理解图灵机与原始递归函数在计算能力上是等价的？
3．信息及信息的主要特征是什么？信息和数据有什么区别？
4．信息技术的概念是怎样的？它包含哪些技术？
5．计算机的主要应用领域有哪些？
6．计算机的发展历程是怎样的？简述计算机的四个发展阶段。
7．什么技术是推动计算机技术不断向前发展的核心技术？
8．计算机的未来将涉及一些什么技术？
9．现代计算机是如何进行分类的？
10．信息社会具备哪些特点？

二、选择题

1. 图灵机由四部分组成：①一条无限长的纸带；②一个读写头；③（　　）；④一个状态寄存器。
   A. 一套控制规则　　B. 一块内存条　　C. 一个理想插头　　D. 一个转轮
2. 量子计算机是一种基于（　　）而工作的计算机。
   A. 计算理论　　B. 量子理论　　C. 可计算理论　　D. 计算科学
3. 计算机通常是由（　　）等几部分组成。
   A. 运算器、控制器、存储器、输入和输出设备
   B. 运算器、放大器、存储器、输入和输出设备
   C. 运算器、外部存储器、控制器和输入输出设备
   D. 机箱、电源、鼠标、键盘、显示器
4. 早期计算机的主要应用是（　　）。
   A. 科学计算　　B. 信息处理　　C. 实时控制　　D. 辅助设计
5. 工业上的自动机床属于（　　）方面的应用。
   A. 科学计算　　B. 数据处理　　C. 过程控制　　D. 人工智能
6. 最先实现存储程序的计算机是（　　）。
   A. ENIAC　　B. EDSAC　　C. EDVAC　　D. VNIVA
7. 世界上首次提出存储程序计算机体系结构的是（　　）。
   A. 莫奇莱　　B. 艾仑·图灵　　C. 乔治·布尔　　D. 冯·诺依曼
8. 世界第一台电子计算机是（　　）。
   A. ABC　　B. Mark I　　C. ENIAC　　D. EDVAC
9. 计算机发展经历了从电子管到超大规模集成电路的几代变革，各代发展主要基于（　　）的变革。
   A. 存储器容量　　B. 操作系统　　C. I/O 系统　　D. 处理器芯片

三、填空题

1. 冯·诺依曼机模型是以_____为中心的存储程序式的计算机模型。
2. 计算模型是刻画_____这一概念的一种_____的形式系统或数学系统。
3. 可计算性理论是研究_____的数学理论。
4. 信息技术是研究信息的获取、传输和处理的技术，由_____、_____、_____、_____结合而成。
5. 未来计算机将朝着微型化、巨型化、_____、人性化及智能化方向发展。
6. 目前，人们把通信技术、计算机技术和控制技术合称为_____。
7. 信息就是对各种事物的_____、_____和_____的一种表达和陈述。

第 2 章
信息数字化

计算机科学中，数据有着举足轻重的作用，数据是学习其他内容的基础。在本章中，我们将学习有关计算机中数据表示和数据存储的内容，了解计算机中数值、字符、图像、音频和视频如何实现数字化表示。

学习目标

◎ 掌握信息化数字技术中位和存储的概念。
◎ 掌握二进制的概念及其基本运算。
◎ 了解计算机中各种信息的数字化表示方法。
◎ 了解运算和逻辑运算。

2.1 信息数字化基础

在现今的计算机中，所有信息是以 0 和 1 的模式编码的，以 0 和 1 模式表示并存储在计算机中的信息称为数字化信息。信息数字化技术是采用有限个状态（主要是用 0 和 1 两个数字）来表示、处理、存储和传输数据的技术。

2.1.1 数据处理的基本单位

1. 比特

数字技术的处理对象是"比特"，其英文为"bit"，它是 Binary digit 的缩写，中文意译为"二进位数字"或"二进制位"，在不会引起混淆时也可以简称为"位"。比特只有两种状态（取值）：它或者是数字 0，或者是数字 1，我们把只有 0 和 1 表示的数制称为二进制，关于二进制将在 2.2 节作详细介绍。

比特既没有颜色，也没有大小和重量。比特是组成数字数据的最小单位。比特在不同的场合有不同的含义，可以用比特来表示数值，也可以用它来表示文字和符号，还可以用来表示声音、图像、视频等。

比特是计算机和其他所有数字系统处理、存储和传输数据的最小单位，如二进制数 0101 就是 4 比特。但是比特这个单位太小了，有时候用它来表示数据很不方便，所以计算机采取设置各种编码标准来表示不同类型的数据。如使用 7 个比特位来表示字符、16 个比特位来表示汉字。

表示一个比特（位）需要两种状态，如开关的开或关、继电器的接通或断开、电容器的充电或放电、电压的高低等。在当前计算机中某些中央处理器，用电压的高低来区分两种状态，如 2 V 左右为高电平，表示 1；0.4 V 左右为低电平，表示 0。

数据信息必须首先在计算机内存储，然后才能被计算机处理，计算机表示数据的部件主要是存储设备，要了解在存储器中到底能够存储多少二进制数据，就要用到数据的长度单位。在计算机上数据的长度单位有位、字节和字等。

2．字节

在计算机中，通常用 8 个二进制位来表示一个字节，字节是计算机中表示信息的基本单位，一般来说，用大写字母"B"表示 1 个字节（Byte），用小写的"b"表示 1 个比特。如图 2.1 所示，存放在一个字节当中的信息可以从 8 个 0 变化到 8 个 1，即从 00000000 到 11111111，一个字节中二进制数值的变化最多有 256 种。

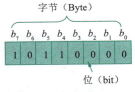

图 2.1 字节示意图

最低位称为第 0 位，记为 b_0，最高位称为第 7 位，记为 b_7。

除字节外，还规定了更大的存储单位，它们是千字节 KB、兆字节 MB、吉字节 GB、太字节 TB、拍字节 PB 和艾字节 EB。其大小关系为：

千字节（kilobyte，简写为 KB），1 KB=2^{10} B=1 024 B。

兆字节（megabyte，简写为 MB），1 MB=2^{20} B=1 024×1 024 B =1 024 KB。

吉字节（gigabyte，简写为 GB），1 GB=2^{30} B=1 024×1 024×1 024 B =1 024 MB。

太字节（terabyte，简写为 TB），1 TB=2^{40} B=1 024×1 024×1 024×1 024 B =1 024 GB。

拍字节（petabyte，简写为 PB），1 PB=2^{50} B=1 024×1 024×1 024×1 024×1 024 B =1 024 TB。

艾字节（exabyte，简写为 EB），1 EB=2^{60} B＝1 024×1 024×1 024×1 024×1 024×1 024 B =1 024 PB。

> 🔔 注意：
> 磁盘、U 盘、光盘等外存储器制造商采用 1 MB=1 000 KB，1 GB=1 000 000 KB 来计算其存储容量。

3．字

字（word），记为小写字母"w"，字和计算机中字长的概念有关。字长是指计算机在数据处理时一次作为一个整体进行处理的二进制数的位数，具有这一长度的二进制数则被称为该计算机中的一个字。字通常取字节的整数倍，是计算机进行数据存储和处理的运算单位。

计算机按照字长进行分类，可以分为 8 位机、16 位机、32 位机和 64 位机等。字长越长，那么计算机所表示数的范围就越大，处理能力也越强，运算精度也就越高。在不同字长的计算机中，字的长度也不相同。例如，在 8 位机中，一个字含有 8 个二进制位，而在 64 位机中，一个字则含有 64 个二进制位。

4．数据的传输

信息是可以传输的，信息只有通过传输和交流才能发挥它的作用，在数字通信技术中，信息的传输是通过比特的传输来实现的。近距离传输时，直接将用于表示"0/1"的电信号或光信号进行传输（称为基带传输），例如：计算机读出或者写入移动硬盘中的文件、使用打印机打印某个文档的内容。远距离传输或者无线传输时需要借助于计算机网络中的调制解调设备，如光猫、ADSL 等。

在数字通信技术中，传输速率的度量单位是每秒多少比特，经常使用的传输速率单位如下：

比特/秒（bit/s），也称"bps"，如 2 400 bit /s（2 400 bps）、9 600 bit/s（9 600 bps）等。

千比特/秒（kbit/s），1 kbit/s=10^3 比特/秒 =1000 bit/s（小写 k 表示 1000）。

兆比特/秒（Mbit/s），1 Mbit/s=10^6 比特/秒 =1000 kbit/s。

吉比特/秒（Gbit/s），1 Gbit/s=10^9 比特/秒 =1000 Mbit/s。

太比特/秒（Tbit/s），1 Tbit/s=10^{12} 比特/秒 =1000 Gbit/s。

2.1.2 比特的存储

作为数字化信息存储的场所，整个宏伟的计算机大厦即是由 0 和 1 铺砌而成。在计算机中 0 和 1 可以有多种物理表示方法，目前常用的有四种：

1．电信号

这是最常用的表示方法，可以用电压的高低，即高、低电平分别表示"1"、"0"；也可以用电脉冲的有、无分别表示"1"、"0"。

电信号表示有几个特点：

①电信号不但可以表示二进制数字，还可以用于对二进制数字的存储。

②电信号不但可以表示二进制数字，还可用于对电信号的处理（即操作）。

基于这两个特点，目前计算机中主要组成部分都是基于电信号的，它主要用存储器以存储二进制数字，用数字电路以实现对二进制数字的处理或操作。

（1）CPU 内部比特的表示

在 CPU 中，比特使用一种称为"触发器"的双稳态电路来存储。触发器有两个状态，可分别用来记忆 0 和 1，1 个触发器可存储 1 个比特，关于触发器的概念，将在后续章节讲解。一组（例如 8 个或 16 个）触发器可以存储 1 组比特，称为"寄存器"，CPU 中有几十个甚至上百个寄存器。

CPU 内部通常使用高电平表示 1，低电平表示 0，如图 2.2 所示。

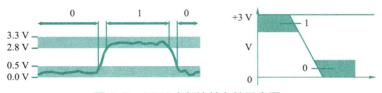

图 2.2　CPU 内部比特存储示意图

（2）内存储器中比特的存储

计算机内存储器也简称为内存，内存中用电容器来存储二进位信息：当电容的两极被加上电压，它就被充电，电压去掉后，充电状态仍可保持一段时间，因而 1 个电容可用来存储 1 个比特。

如图 2.3 所示，电容 C 处于充电状态时，表示 1，电容 C 处于放电状态时，表示 0。

集成电路技术可以在半导体芯片上制作出以亿计的微型电容器，从而构成了可存储大量二进位信息的半导体存储器芯片。基于电信号的存储方式有一个显著的特点，断电后信息将不再保持。

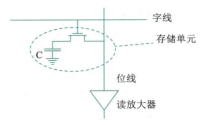

图 2.3　内存储器中比特的存储示意图

2. 磁信号

磁信号存储二进制位主要是利用电磁现象中的磁滞原理，对表面涂有磁性的材料施加电信号后所产生的剩磁以表示二进制数字。

磁信号表示有几个特点：

①磁信号不但可以表示与存储二进制数字，还可以对二进制数字进行持久性存储，即当断电后其信号仍能继续保持。

②磁信号的持久性存储具有容量大、密度高的特性。

基于这两点，磁信号表示目前在计算机中主要用于主存储器的补充与后援、大规模的持久性存储中，如磁盘存储及磁带存储。在磁盘表面微小区域中，磁性材料粒子的两种不同的磁化状态分别表示 0 和 1，它们的存储原理图如图 2.4 所示。

磁盘表面被分为许多同心圆，每个同心圆称为一个磁道。每个磁道都有一个编号，最外面的是 0 磁道。每个磁道被划分为若干段（段又叫扇区），每个扇区的存储容量均为 512 字节，如图 2.5 所示。

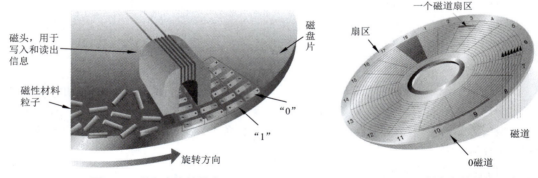

图 2.4　磁盘中比特的表示　　　　　　图 2.5　磁盘存储结构示意图

3. 光信号

在光信号表示中主要通过激光束改变塑料或金属盘片的表面来表示二进制数字，即通过盘片上的平坦区与不平坦区所产生的不同反射光偏差表示二进制数字。

光信号表示有几个特点：

①光信号不但可以表示与存储二进制数字，还可以作为持久性存储。

②光信号存储具有接口简单、操作方便、价格便宜、携带便利、存储时间长、易于保存等多种优点。

基于这两个特点，光信号表示目前在计算机中主要用于持久性存储中，如光盘存储。光盘则通过"刻"在盘片光滑表面上的微小凹坑来记录二进位数据。光盘上有凹凸不平的小坑，光照射到上面有不同的反射，根据反射的不同再转化为 0、1 的数字信号，如图 2.6 所示为光盘存储比特的示意图。

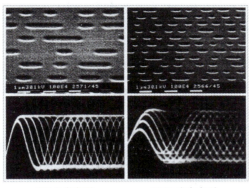

CD 光盘表面　　　　DVD 光盘表面

图 2.6　光盘存储比特位的示意图

4．使用二氧化硅的微小晶格截获二进制电子信号

用二氧化硅的微小晶格截获二进制电子信号并将它们长期保存，这是一种新的电信号表示与存储方法。它有几个特点：

①它能作持久性存储。
②它对物理震动不敏感。

基于这两个特点，它可以用于主存储器的补充与后援、持久性存储，且主要可用于便携式应用，目前常用的 U 盘、固态硬盘即属于此类存储。

2.2　计算机中的数制

"数"是一种信息，它有大小（数值），可以进行四则运算，"数"有不同的表示方法。日常生活中人们使用的是十进制数，但计算机内部一律采用二进制表示数据和信息，程序员还使用八进制和十六进制数，它们怎样表示？其数值如何计算？

2.2.1　数制的概念

数制（numeral system）是用一组固定的数字（数码符号）和一套统一的规则来表示数目的方法。数制有进位计数制与非进位计数制之分。例如，罗马计数法即为一种非进位计数法，其包括七个符号，即 I（1）、V（5）、X（10）、L（50）、C（100）、D（500）、M（1 000），通过叠加方式进行计数。

按照进位方式计数的数制称为进位计数制（positional number system）。"进位计数制"在日常生活中经常遇到，人们有意无意地在和进位计数制打交道。例如：10 mm=1 cm（即逢十进一，十进制）、1 h=60 min（即逢六十进一，六十进制）、十二个月为一年（即逢十二进一，十二进制）等等。

无论使用何种进制,它们都包括两个要素:基数和位权。

①基数(radix)。基数是指各种进位计数制中允许选用基本数码的个数。例如,十进制的数码有 0、1、2、3、4、5、6、7、8 和 9,因此,十进制的基数为 10。

②位权(weight)。每个数码所表示的数值等于该数码乘以一个与数码所在位置相关的常数,这个常数称为位权。位权的大小是以基数为底、数码所在位置的序号为指数的整数次幂。例如,$268.9 = 2 \times 10^2 + 6 \times 10^1 + 8 \times 10^0 + 9 \times 10^{-1}$。

2.2.2 常用的数制

在计算机科学中,常用的进位计数制是十进制、二进制、八进制和十六进制。

进位计数制的特点是:

1. 按基数进位或借位

计数制中数码符号的总个数称为基数,记为 r,统一的进位或借位规则是"逢 r 进 1,借 1 当 r",见表 2.1。

表 2.1 按基数进位或借位的规则

计数制	数码符号	基数(r)	规则
二进制	0,1	2	逢 2 进 1,借 1 当 2
八进制	0,1,2,3,4,5,6,7	8	逢 8 进 1,借 1 当 8
十进制	0,1,2,3,4,5,6,7,8,9	10	逢 10 进 1,借 1 当 10
十六进制	0,1,2,3,4,5,6,7,8,9,A,B,C,D,E,F	16	逢 16 进 1,借 1 当 16

因此十进制数 0 用二进制表示还是 0,十进制数 2,用二进制表示就是 10,因为逢 2 进 1 了,以此类推。为了区别不同的计数制,用符号 $( )_r$ 表示括号中的数是 r 进制数。如十进制数 2 表示为 $(2)_{10}$,二进制数 10 写为 $(10)_2$,所以有 $(2)_{10} = (10)_2$,它们表示的数值是一样的,都是 2(指十进制数,是最常用的计数制,$( )_{10}$ 也可以不写)。

归纳总结起来,十进制数 0~16 用二进制、八进制、十六进制表示见表 2.2。

表 2.2 数制转换示例

十进制	二进制	八进制	十六进制	十进制	二进制	八进制	十六进制
0	0	0	0	9	1001	11	9
1	1	1	1	10	1010	12	A
2	10	2	2	11	1011	13	B
3	11	3	3	12	1100	14	C
4	100	4	4	13	1101	15	D
5	101	5	5	14	1110	16	E
6	110	6	6	15	1111	17	F
7	111	7	7	16	10000	20	10
8	1000	10	8				

也有的教材用 $( )_B$、$( )_O$、$( )_D$、$( )_H$ 分别表示二(binary)、八(octal)、十(decimal)、十六(hexadecimal)进制,因此 $( )_B$ 与 $( )_2$、$( )_O$ 与 $( )_8$、$( )_D$ 与 $( )_{10}$、$( )_H$ 与 $( )_{16}$ 表示的意义相同。有时数后面加 H 也表示这个数是十六进制数,如 34H 表示 34 是十六进制数。

2．用位权值计数

每一个数位都有一个基值与之相对应，称之为权或权值。位权是指一个数字在某个固定位置所代表的值。不同位置上的数字代表的值不同。例如：一个二进制数的权，小数点左边的权是 2 的正次幂，依次为 $2^0, 2^1, 2^2, 2^3, \cdots, 2^{m-1}$，小数点右边的权是 2 的负次幂，依次为 $2^{-1}, 2^{-2}, 2^{-3}, \cdots, 2^{-k}$。

用任何一种记数制表示的数值都可以写成按位权展开的多项式之和。

$$N = \sum_{i=m-1}^{-k} D_i r^i$$

式中：D_i 为该数制采用的数码符号，r^i 是权，r 是基数，m 为整数的位数，k 为小数的位数。

例如 $(55.5)_{10}$，虽然每位上都是 5，但它们代表的数值是不同的，个位 5 表示的数值是 5，十位 5 表示的数值是 50，可以表示为

$$55.5 = 5 \times 10^1 + 5 \times 10^0 + 5 \times 10^{-1}$$
　　　　　　↑　　　　↑　　　　↑
　　　　　权值　　权值　　权值

又如：

$$(1011.101)_B = 1 \times 2^3 + 1 \times 2^1 + 1 \times 2^0 + 1 \times 2^{-1} + 1 \times 2^{-3}$$
　　　　　　　↑　　　↑　　　↑　　　↑　　　↑
　　　　　　权值　权值　权值　权值　权值

$$= (11.625)_D$$

表 2.3 为计算机中几种常用数制及其表示的总结。

表 2.3　计算机中几种常用数制及其表示

进 位 制	二 进 制	八 进 制	十 进 制	十六进制
规则	逢二进一	逢八进一	逢十进一	逢十六进一
基数	$r=2$	$r=8$	$r=10$	$r=16$
数符	0，1	0…7	0…9	0…9，A，B，C，D，E，F
权	2^i	8^i	10^i	16^i
字母表示	B	O	D	H

2.2.3　各种数制的转换

下面介绍几种主要的数制之间进行转换的方法。

1．r 进制转换成十进制

利用公式即可。

$$N = \sum_{i=m-1}^{-k} D_i r^i$$

例 2.1　把二进制数 100110.101 转换成相应的十进制数。

$$(100110.101)_B = 1 \times 2^5 + 1 \times 2^2 + 1 \times 2^1 + 1 \times 2^{-1} + 1 \times 2^{-3}$$
$$= (38.625)_D$$

视　频

进制转换

例2.2 把八进制数 (157.6)₈ 转换成相应的十进制数。

$$(157.6)_8 = 1\times 8^2 + 5\times 8^1 + 7\times 8^0 + 6\times 8^{-1}$$
$$= 64 + 40 + 7 + 0.75$$
$$= (111.75)_{10}$$

例2.3 把十六进制数 (5EA)₁₆ 转换成相应的十进制数。

$$(5EA)_{16} = 5\times 16^2 + 14\times 16^1 + 10\times 16^0$$
$$= (1\,514)_{10}$$

2．十进制转换成 r 进制

需要分两个步骤，将整数部分和小数部分分别转换，再凑起来。

（1）整数部分的转换

称为除 r 取余法，转换的口诀是："除 r 取余，由下往上"。

例如：把十进制数转换成二进制，只要将十进制数不断除以 2，并记下每次所得余数（余数总是 1 或 0），所有余数自下而上连起来即为相应的二进制数。

例2.4 把十进制数 25 转换成二进制数，如下所示：

```
2 | 25      余数
2 | 12      1  ← 最低位
2 |  6      0
2 |  3      0
2 |  1      1
     0      1  ← 最高位
```

所以 $(25)_D = (11001)_B$

（2）小数部分的转换

称为乘 r 取整法，转换的口诀是："乘 r 取整，由上往下"。

需要注意的是：在十进制小数转换过程中有时是转化不尽的，只能视情况转换到小数点后第几位即可。

例2.5 将十进制数 0.3125 转换成二进制数，如下所示：

```
     0.3125
    ×    2     取整
     0.6250    0  ← 最高位
    ×    2
     1.250     1
    ×    2
     0.500     0
    ×    2
     1.000     1  ← 最低位
```

所以，$(0.312\,5)_D = (0.010\,1)_B$

将【例2.4】和【例2.5】中的转换结果凑在一起，就可得到十进制数 25.3125 的二进制数。

$$(25.3125)_D = (11001.0101)_B$$

同样的方法，将十进制转换为八进制、十六进制，整数部分的转换用除 r 取余法，小数部分的转换用乘 r 取整法，再将结果凑起来。下面各举一个例子说明。

例 2.6　$(193.12)_{10}$ = (　　　)$_8$

```
   0.12
  × 8
  ──────     取整
8│193     余数       0.96        0
 ├─────             × 8
8│ 24      1         ──────
 ├─────              7.68        7
8│  3      0        × 8
 ├─────              ──────
    0      3         5.44        5
```

所以，$(193.12)_{10}$ = $(301.075)_8$。

3．非十进制数间的转换

非十进制间的转换指的是二进制、八进制和十六进制之间的相互转换。一种做法是先将被转换数转换为十进制数，再将十进制数转换为其他进制数。但仔细分析一下，$8^1 = 2^3$，$16^1 = 2^4$，因此二进制、八进制和十六进制之间转换可以用比较简单的方法来做，见表2.4。

表 2.4　二进制、八进制和十六进制之间的关系

二进制	八进制	二进制	十六进制	二进制	十六进制
000	0	0000	0	1000	8
001	1	0001	1	1001	9
010	2	0010	2	1010	A
011	3	0011	3	1011	B
100	4	0100	4	1100	C
101	5	0101	5	1101	D
110	6	0110	6	1110	E
111	7	0111	7	1111	F

（1）二进制转换为八进制

方法是：以小数点为界，整数部分向左三位为一组，小数部分向右三位为一组，不足三位补零，再根据上表进行转换，简称"三位分组法"。

例 2.7　将二进制数 $(10100101.01011101)_B$ 转换成八进制数。

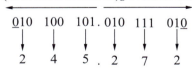

所以，$(10100101.01011101)_B = (245.272)_O$。

（2）二进制转换为十六进制

方法同二进制转换为八进制，只是每四位分为一组，简称"四位分组法"。

例 2.8　将 $(1111111000111.100101011)_B$ 转换成十六进制数。

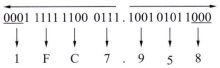

所以，$(1111111000111.100101011)_B = (1FC7.958)_H$。

（3）八进制或十六进制转换为二进制数

可按上述方法的逆过程进行，但要记得把最前面和最后面多余的0去掉。

例 2.9

$$(3\quad 5\quad 7\ .\ 6)_8=(11101111.11)_2$$

$$\begin{array}{cccc} 3 & 5 & 7. & 6 \\ \downarrow & \downarrow & \downarrow & \downarrow \\ 011 & 101 & 111. & 110 \end{array}$$

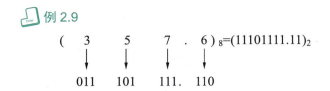

思考：

八进制与十六进制怎样转换最快捷？ $(165.42)_O=(\qquad)_H$

图 2.7 Windows 中的程序员型计算器

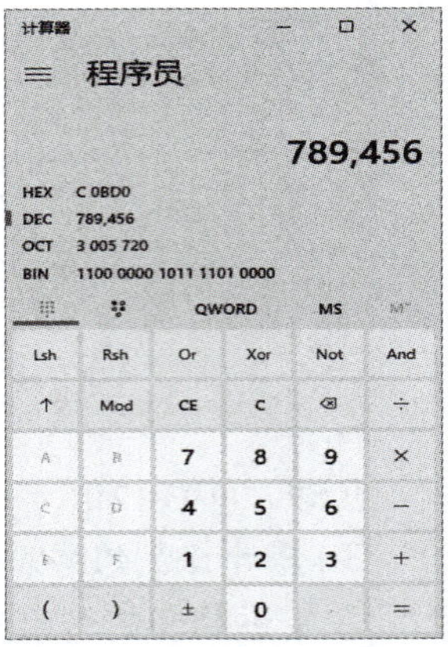

在 Windows 中有附带的计算器小程序，可以从 Windows 的“开始”菜单打开它。这个计算器有多种模式（标准型、科学型、程序员型等），可以从打开的“计算器”界面的左上角☰中选择，图 2.7 所示的就是科学型计算器。这个计算器可以完成简单的数制转换。只要选择相应的进制按钮，输入数据，然后选择需要转换的进制，就完成了相应的转换。

2.2.4 计算机为什么采用二进制

二进制并不符合人们的习惯，但是计算机内部仍采用二进制表示数值和信息，其主要原因有以下几点：

①电路简单，容易被物理器件所实现。计算机是由逻辑电路组成，逻辑电路通常只有两个状态。如：开关的“通”和“断”，电压的“高”和“低”，电容器的“充电”和“放电”。这两种状态正好可以用来表示二进制的“1”和“0”。

②工作可靠。只用两种状态表示两个数据，数字传输和处理不容易出错，因而电路更加可靠。

③简化运算。二进制数的运算规则简单，无论是算术运算还是逻辑运算都容易进行。十进制的运算规则相对烦琐，因而二进制简化了运算器等物理器件的设计。

④逻辑性强。计算机不仅能进行数值运算，而且能进行逻辑运算。逻辑运算的基础是逻辑代数，而逻辑代数是二值逻辑。二进制的两个数码 1 和 0，恰好可以代表逻辑代数中的“真”（true）和“假”（false）。

2.3 信息的存储与表示

计算机能够处理各种类型的数据，但由于计算机采用二进制，输入到计算机中的任何数据都必须转换为二进制数据。那么，二进制数据究竟如何存储，如何用“0”和“1”表示各种风格迥异的数据？这是本节需要解决的问题。

2.3.1 数值的表示

计算机所能处理的数据可分为数值型和非数值型两种。数值型数据（numeric data）是指数学中的代数值，具有量的含义，且有正负、整数和小数之分；非数值型数据（non-numeric data）是指输入到计算机中的其他信息，没有量的含义，如英文字母、数字符号 0～9、汉字、声音和图像等。为简单起见,本节仅介绍带符号的数值数据。在现代计算机中,无论数值还是数的符号,都只能用 0 和 1 来表示,通常规定一个数的最高位为符号位:0 表示正数,1 表示负数,若机器字长为 8 位,则 b_7 为符号位,$b_6 \sim b_0$ 为数值位;若字长为 16 位,则 b_{15} 为符号位,$b_{14} \sim b_0$ 为数值位,在内存中,这个 16 位字长的数占两个字节。为了分析问题方便起见,下面所介绍的有关内容都是针对 8 位字长的格式而言的。

1. 机器数和真值

设有数 N_1=+24,N_2=-24,写成二进制数表示形式为 N_1=+11 000B,N_2=-11 000B。若要表示成 8 位长度的格式,最高位为符号位(b_7=0,表示正;b_7=1,表示负),则有 N_1=00011000B,N_2=10011000B。

像这样连同符号位在一起数字化了的数,称为机器数,而它的数值称为机器数的真值。

图 2.8 所示是另一个示例,通过它可以进一步理解机器数和真值的概念。

b_7 b_6 b_5 b_4 b_3 b_2 b_1 b_0		机器数	真值
01000011	正数	01000011	1000011
11000011	负数	11000011	-1000011

机器数:计算机内数的表示形式

真值:实际表示的数值

图 2.8 机器数和真值示例

2. 原码、反码和补码

在计算机中,对于带符号数,机器数常用的表示方法有原码、反码和补码三种。

(1)原码

将最高位用来表示符号,正数用 0 表示,负数用 1 表示,其他照写,这种表示法即称为该数的原码。如数 M=3,N=-3,用 8 位二进制表示,则:

$$[M]_原 = 00000011$$
$$[N]_原 = 10000011$$

视 频
数的原码、反码和补码

需要注意的是,无符号数用 8 位二进制可以表示的数值的范围是 0 ~ 255,而有符号数的原码用 8 位二进制可以表示的数值范围是 −128 ~ +127。只因为它的最高位用来表示符号了。

(2)反码

正数的反码与原码相同;负数的反码是将负数的原码除符号位以外,其余各数位按位取反,是 0 的变成 1,是 1 的变成 0。仍然以 M、N 为例:

$$[M]_反 = 00000011 = [M]_原$$
$$[N]_反 = 11111100$$

(3)补码

正数的补码与原码相同;负数的补码是将负数的反码加 1。还是以 M、N 为例:

$$[M]_补 = 00000011 = [M]_原 = [M]_反$$
$$[N]_补 = [N]_反 + 1 = 11111101$$

归纳起来可知:正数的原码、补码、反码是相同的,不需要数码的转换;而负数在求原码、反码、补码时最高位的符号位 1 也不需要变化,只是数据位的变化。

3. 定点数和浮点数的表示

为了表示实数，引入了定点数和浮点数的概念。对于有小数点的实数来说，例如 1101.01，计算机怎样表示小数点？对于用科学计数法表示的数来说，如 110.011×2^{11}，计算机又怎样表示它？

先分析一下极端的情形：对于整数来说，可以认为它有小数点，只不过小数点可以看成是在最低位的后面；对于纯小数如 0.110101 来说，可以只写成 01101010，注意最高位那个 0 不是小数点前面的那个 0，而是代表该数为正数，小数点可以认为隐藏在符号位之后，数值部分最高位之前。

再分析一下普通的情形：对于用科学计数法表示的数来说，任何一个数都可以写成一个纯小数乘以指数的形式。如 110.011，可以写成 0.110011×2^{11}（注意：在这里 2^{11} 的 11 是二进制数，相当于十进制数 3），这种数称为规格化的数（规格化数的特点是小数点前为 0，小数点后为非 0 的数）。规格化数的纯小数部分称为尾数，指数部分称为阶码。

所以，计算机中的数一般有两种常用表示格式：定点数和浮点数。

（1）定点数

定点数又分为定点整数和定点小数。

①定点整数。若一个数为整数，可以将小数点看做是固定在数的最低位之后，称为定点整数。

定点整数的表示形式为：

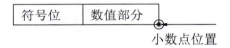

用公式形式表示为：

$$Y = N_s S_{n-1} S_{n-2} \cdots S_1 S_0 \quad (N_s \text{——符号位})$$

小数点位置

②定点小数。若一个数为纯小数，可以看做小数点隐含固定在数的最高位之前，称为定点小数。小数点之前为数的符号位，小数点不用明确表示出来，它隐含在符号位与最高数位之间。

定点小数的表示形式为：

用公式形式表示为：

$$Y = N_s S_{n-1} S_{n-2} \cdots S_{-m} \quad (N_s \text{——符号位})$$

小数点位置

（2）浮点数

浮点数又称浮点表示法，即小数点的位置是浮动的。首先浮点数必须是规格化数，其次浮点数由阶码和尾数两部分组成。阶码部分又分为阶符（占 1 位）和阶码，尾数部分又分为数符（占 1 位）和尾数。浮点数存储格式如下：

| 阶符 | 阶码 | 数符 | 尾数 |

其中：阶符和数符是符号位，分别代表阶码和尾数的符号，只占 1 位。如果知道了阶码和尾数所占的位数，则可以很容易地判断出它所表示的浮点数。

例如：假设阶码为 2 位，尾数为 4 位，则给出一个浮点数 01101011 时，可以马上判断出：最高位 b_7 是阶符（0），接下来的两位 b_6b_5 是阶码（11），再下来一位 b_4 为数符（0），最低四位 $b_3b_2b_1b_0$ 为尾数（1011），因而该浮点数 01101011 表示的是：$+0.1011 \times 2^{+11}$。

| 0 | 11 | 0 | 1011 |

浮点数的表示范围主要取决于阶码的位数，数的精确度取决于尾数的位数。

4．数值数据的编码

在计算机中，数值数据的表示主要有两种形式：一种是纯二进制数，比如前面讲到的有符号整数、无符号整数、定点数、浮点数等；另一种是用二进制数编码表示的十进制数，称为压缩十进制数（BCD 数），下面具体介绍 BCD 数的编码表示。

将一位十进制数用四位二进制编码来表示，这种编码方式叫十进制数的二进制编码，即 8421 BCD 码。以十进制数 0～14 为例，它们的 BCD 编码对应关系见表 2.5。

表 2.5　十进制数——BCD 编码对应关系

十进制数	8421 BCD 码	十进制数	8421 BCD 码	十进制数	8421 BCD 码
0	0000	5	0101	10	0001 0000
1	0001	6	0110	11	0001 0001
2	0010	7	0111	12	0001 0010
3	0011	8	1000	13	0001 0011
4	0100	9	1001	14	0001 0100

8421 BCD 码具有 0～9 十个不同的数字符号，且它是逢"十"进位的，所以它是十进制数。但它的每一位又都是用四位二进制编码来表示的，因此称为二进制编码的十进制数。8421 BCD 码用四位二进制数来表示一位十进制数是十分方便的。如十进制数 568，写成 8421 BCD 编码为 010101101000。反之，一个 BCD 编码数也可以很容易读出，如（10010111 1000.01100011）$_{BCD}$ 可方便地认出为 978.63。

2.3.2　字符的表示

计算机中用得最多的数据就是字符这种非数值数据。目前，在计算机中最普遍采用的是 ASCII 码以及 Unicode 编码。

1．ASCII 码

ASCII 码（American standard code for information interchange，美国标准信息交换码）编码见表 2.6。

标准 ASCII 码是 7 位编码，一共可以表示 128 个字符，其中包括数码（0～9）以及英文字母等可打印的字符。通过查表可以知道字母 A 的 ASCII 码为 1000001，用十六进制表示为 41H，用十进制表示为 65。由于微型机一个字节长度为 8 位，通常会在前面加一位 0，凑成 8 位。有时这个最高位也用做奇偶校验位。在 ASCII 码 128 个字符组成的字符集中，其中编码值 0～31

视　频

西文字符的处理过程

（0000000～0011111）不对应任何可印刷字符，通常称为控制符，用于计算机通信中的通信控制或用于对计算机设备的功能控制；编码值为 32（0100000）是空格字符 SP；编码值为 127（1111111）是删除控制 DEL 码；其余 94 个字符称为可印刷字符。

表 2.6 标准 ASCII 码表

$b_3b_2b_1b_0$		$b_6b_5b_4$							
		0	1	2	3	4	5	6	7
		000	001	010	011	100	101	110	111
0	0000	NUL	DLE	SP	0	@	P	`	p
1	0001	SOH	DC1	!	1	A	Q	a	q
2	0010	STX	DC2	"	2	B	R	b	r
3	0011	ETX	DC3	#	3	C	S	c	s
4	0100	EOT	DC4	$	4	D	T	d	t
5	0101	ENQ	NAK	%	5	E	U	e	u
6	0110	ACK	SYN	&	6	F	V	f	v
7	0111	BEL	ETB	'	7	G	W	g	w
8	1000	BS	CAN	(	8	H	X	h	x
9	1001	HT	EM	)	9	I	Y	i	y
A	1010	LF	SUB	*	:	J	Z	j	z
B	1011	VT	ESC	+	;	K	[	k	{
C	1100	FF	FS	,	<	L	\	l	|
D	1101	CR	GS	-	=	M	]	m	}
E	1110	SO	RS	.	>	N	↑	n	~
F	1111	SI	US	/	?	O	↓	o	DEL

2．Unicode 编码

ASCII 码只适合表示英文字符，而世界上的其他语言符号没有办法表示。1988 年，几个主要的计算机公司一起开始研究一种替换 ASCII 码的编码，称为 Unicode 编码。Unicode 采用 16 位编码，每一个字符需要 2 个字节。这意味着 Unicode 的字符编码范围从 0000H 到 FFFFH，可以表示 65 536 个不同字符。

从原理上来说，Unicode 可以表示现在正在使用的或者已经没有使用的任何语言中的字符，如汉语、英语和日语等不同的文字。目前，Unicode 编码在 Internet 中有着较为广泛的使用，Microsoft 和 Apple 公司也已经在它们的操作系统中支持 Unicode 编码。

尽管 Unicode 对现有的字符编码做了明显改进，但并不能保证它能很快被人们接受。ASCII 码和无数有缺陷的扩展 ASCII 码已经在计算机世界中占有一席之地，要把它们逐出计算机世界并不是一件很容易的事。

视频
计算机中汉字的处理过程

2.3.3 汉字的表示

计算机在处理汉字信息时，要将其转化为二进制数码，即使用 0 和 1 对汉字进行编码。由于汉字比西文字符量多且复杂，因此给计算机处理带来许多困难。汉字处理技术首先要解决的是汉字输入、输出以及计算机内部的编码问题。

计算机处理汉字是这样进行的：

首先，用输入码将汉字输入计算机，输入码有很多，常用的有拼音输入法、五笔字型输入法等。

计算机系统自动将输入码转换为汉字的国标码（实质上是机内码，这样才能与 ASCII 码区别）进行储存、处理等。

当汉字需要显示和打印时，计算机系统自动将机内码转换成汉字的字形码，就得到了汉字的字形。

汉字信息系统处理模型如图 2.9 所示。

图 2.9　汉字信息系统处理模型

（1）输入码

中文的字数繁多。在计算机系统中使用汉字，必须为汉字设计相应的输入编码方法。目前的汉字输入码主要分为：数字编码（如区位码）、拼音编码和字形编码（如五笔字型）。输入方法智能化也是一个热门的研究课题，目前主要的智能化输入方法有：语音识别输入、联机手写输入和扫描输入等。

（2）GB 2312 汉字国标码

GB 2312 汉字国标码全称是 GB/T 2312—1980《信息交换用汉字编码字符集——基本集》，于 1980 年发布，是中文信息处理的国家标准，也称汉字交换码，简称国标码。

我国国家标准局公布的常用汉字有 6 763 个。一级常用汉字有 3 755 个，按汉语拼音排列；二级常用汉字有 3 008 个，按偏旁部首排列；非汉字字符有 682 个。每个汉字的编码占两个字节，使用每个字节的低 7 位，共计 14 位，最多可编码 2^{14} 个汉字及符号。为了避开 ASCII 中的控制码，国标码规定了 94×94 的矩阵，即 94 个区和 94 个位，由区号和位号（区中的位置）构成了区位码。

例如，汉字"啊"位于第 16 区 01 位，区位码为 1601。区号和位号各加 32 就构成了国标码，这是为了与 ASCII 码兼容，保证每个字节值大于 32（0～32 为非图形字符码值）。所以，"啊"的国标码为 48 33，用十六进制表示为 3021H，即：00110000 00100001。

（3）汉字机内码

一个国标码占两个字节，每个字节最高位仍为 0；英文字符的机内代码是 7 位 ASCII 码，最高位也为 0。为了在计算机内部能够区分是汉字编码还是 ASCII 码，将国标码的每个字节的最高位由 0 变为 1，变换后的国标码称为汉字机内码。由此可知，汉字机内码的每个字节都大于 128，而每个西文字符的 ASCII 码值均小于 128。

如汉字"啊"，其国标码为 3021H，机内码为 B0A1（H），即 10110000 10100001。

（4）字形码

字型码又称为汉字字模，用于在显示器或打印机输出汉字。汉字字模用点阵来表示汉字字形。根据汉字输出的要求不同，点阵的多少也不同，简易型汉字为 16×16 点阵，此外还有 24×24 点阵、32×32 点阵，甚至更高。点阵划分得越密集，输出的汉字就越逼真、清晰、美观。

图 2.10 所示为汉字字模的编码方法示意图。

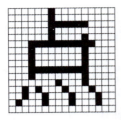
（a）16×16 点阵字模

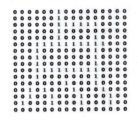
（b）16×16=256 bit=32 B

图 2.10　汉字字模编码方法示意图

以 16×16 点阵为例，行列交汇处称为一个像素，对显示而言，用 0 和 1 分别表示相应位置是发亮还是变暗。汉字字形就显示出来了。

要存储每个汉字的字形码，就要按顺序将这些 0、1 数字存储起来。以 16×16 点阵为例，每个汉字占（16×16）÷8 = 32 个字节，两级汉字约占（32×7 700）÷1 024=256 KB。若为 24×24 点阵，则每个汉字占（24×24）÷8 = 72 个字节，存储 10 个汉字约需要 720 B。

汉字字库保存在硬盘上，其中存储了每个汉字的点阵代码，当某个汉字显示输出时才检索字库，输出字模点阵得到这个字的字形。

2.3.4　多媒体数据

图形、图像、声音、视频等多媒体信息虽然表现形式不同，但在计算机中的表示方式都是由 0、1 构成的二进制编码。

1．图形图像的表示

在计算机中，图形和图像这两个概念是有区别的。图形一般是指用计算机绘制的画面，如直线、圆、圆弧、抛物线、任意曲线和图标等；图像则是指由输入设备捕捉的实际场景画面或以数字化形式存储的任意画面。

（1）图像的表示

图像的组成元素是一个个的点，称为像素（pixel）。如图 2.11 所示这张照片，是 1 024×768 像素的，即由横向 1 024 个像素、纵向 768 个像素构成的矩阵。将图像放大可以很清楚地看到图像由像素点组成。如果将每个像素用若干个二进制位来表示它的颜色、亮度（真彩色就用 24 位来表

图 2.11　像素示意图

示），所有像素的数据顺序存储就得到这张图像的编码，可以用计算机进行处理。每个像素所占用的二进制位越多，图像就越逼真。

（2）图形的表示

图形也以图的形式展示，但它并不依赖于外部实体，它可以根据需要，用一种描述的方式给出景物的需求，称为模型（model）。人们进行景物描述的过程称为"建模"（modeling），计算机则根据模型进行数学计算，从而生成相应的图像的过程称为"绘制"（rendering），最终所产生的图像称为"合成图像"（synthetic image）。

图 2.12 所示为图形的生成过程示意图。

描述 → 建模 → 模型生成 → 绘制 → 合成图像

图 2.12 图形的生成过程示意图

图像以像素为单位组成，而图形则由几何元素（简称"元素"）以及相应的属性组成，由这种方法所表示的图形称矢量图形。

元素是组成图形的基本单位之一。元素即是一些基本几何元素，如点、直线以及圆、椭圆、双曲线及抛物线等二次曲线等，任何一个图形均可由一些元素按一定规则组成。

元素一般可由一组数值表示，如点可以用笛卡儿坐标中的一个数字偶对（x, y）表示，直线段可用两个点（x, y）及（x', y'）表示。由于元素都可以用数字表示，而数字则可用二进制数字表示，因此图形中的元素可以用二进制数字表示。

属性是元素的说明，如对一个几何线段除用元素表示它的几何形体外，还需要作一些外形性质上的说明，如曲线的宽度、色彩、方向以及曲线标识等。例如，对一段给定的圆弧，表示这个弧段标识号为$\overset{\frown}{AB}$，宽度为 0.3 cm，颜色为红色，方向为顺时针。属性一般可用文字或符号表示，它属文本类型，因此它也可以用二进位数表示。

由上面两部分介绍可以看出，图形也可以用二进位数表示。

2．声音的表示

声音是通过一定介质（如空气、水等）传播的连续的波，在物理学中称声波。声音的强弱体现在声波的振幅上，音调的高低体现在声音的周期或频率上。

声音是连续变化的量，称为模拟量，而计算机数据不是 0 就是 1，称为数字量，把模拟声音信号转变为数字声音信号的过程称为声音的数字化，通过对声音信号进行采样、量化和编码来实现，图 2.13 所示为声音数字化示意图。

图 2.13 声音数字化示意图

采样是指每个相等的时间 T，从声音波形上提取当时的声音信号，这样做将本来连续的声波截取为一个个的独立声音信号。量化是指将提取的声音信号用一串二进制代码 V（见图 2.14）进行表示。所有的二进制代码顺序连起来就得到了声音的数字化编码。图 2.14 所示为声音波形采样和量化的示意图。

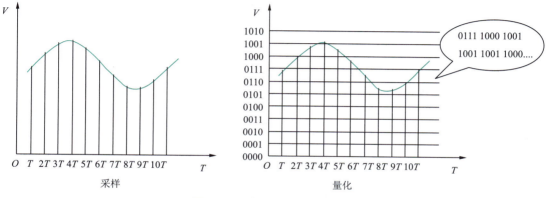

图 2.14 音频采样量化示意图

3. 颜色信息的数字化表示

图像的颜色模型

现实世界是一个绚丽多彩、色彩缤纷的世界。如何把这个世界的颜色用 0 和 1 表示？计算机有自己独特的表达方式。

红（red）、绿（green）、蓝（blue）是颜色的三原色，以不同的比例将原色混合，就可以产生出其他的颜色，这便是颜色的 RGB 模型。计算机中的颜色采用的正是 RGB 颜色系统，也就是每种颜色采用红、绿、蓝三种分量。每个颜色分量的取值从 0 到 255，一共有 256 种可能。则计算机中所能表示的颜色为 256×256×256=16 777 216 种，这也是 16 M 色的来由。

计算机中的颜色表示法有下面这几种：

①直接用分量表示，例如：（255，0，0）就表示红色，三个数字分别表示红、绿、蓝的三个颜色分量。

②用颜色的对应英文表示，例如：Red 表示红色。这些英文必须是系统中承认的颜色，自己定义的不予认可。大约有 200 种不到。再比如 Wheat 表示小麦色。它的颜色表示为（245，222，179）。

③三个分量用 16 进制表示，用 00 表示 0，用 FF 表示 255，这样，就可以用六位 16 进制的数表示一种颜色。例如：#FF0000 表示红色。

还有一些表示方法大同小异，基本上是上面几种方法的变种。

一些图像处理软件还采用了其他的颜色模型，但基本上是应用于印刷行业，在显示器上显示的还是 RGB 颜色系统。

4. 视频的数字化表示

视频本质上是时间序列的动态图像，也是连续的模拟信号，需要经过采样、量化和编码形成 0 和 1 表示的序列，然后进行保存和处理。同时，视频还可能是由视频、声音、文字等经同步处理形成的。因此视频处理就相当于按照时间序列处理图像、声音、文字及其同步的问题。

视频信号数字化包含扫描、取样、量化和编码等过程。

（1）扫描

要想通过电信号来传输视频中的每一幅图像，必须对图像进行扫描，从而将二维平面图像转换为一电信号表示。

（2）取样

取样是指在相同的时间间隔 T 内，在视频图像上抽取某些特定像素点的属性值，这一过程又称为采样或抽样。

（3）量化

经过取样后的视频图像，只是空间上的离散像素阵列，而每个像素的亮度值仍是连续的，因而必须将它们转换为有限个离散值，这个过程称为量化（quantifying）。量化是对每个离散点——像素的灰度或颜色样本进行数字化处理。

（4）编码

编码就是按照一定的规律，将量化后的值用数字表示，然后变换成二进制或其他进制的数字信号，对一个模拟信号进行取样、量化后，编码就是对每一个量化电平分配一个二进制码。

2.4 计算与逻辑运算

二进制的运算分为算术运算和逻辑运算两种。算术运算也就是通常所说的四则运算,即加法、减法、乘法和除法,逻辑运算是指对因果关系进行分析的一种运算。

2.4.1 无符号二进制数的算术运算

1. 加法

二进制加法的运算法则与十进制加法的运算法则类似,采用的规则是"按位相加,逢二进一"。

例 2.10 求 $(10010.01)_2 + (100010.11)_2$ 之和。计算过程如下:

$$\begin{array}{r} 10010.01 \\ +\ 100010.11 \\ \hline 110101.00 \end{array}$$

所以,$(10010.01)_2 + (100010.11)_2 = (110101.00)_2$

2. 减法

二进制减法运算规则是"按位相减,借一当二"。

例 2.11 求 $(110011)_2 - (001100)_2$ 之差。计算过程如下:

$$\begin{array}{r} 110011 \\ -\ 001100 \\ \hline 100111 \end{array}$$

所以,$(110011)_2 - (001100)_2 = (100111)_2$

3. 乘法

例 2.12 求 $(1110)_2 \times (1101)_2$ 之积。计算过程如下:

$$\begin{array}{r} 1110 \\ \times\ 1101 \\ \hline 1110 \\ 0000 \\ 1110 \\ 1110 \\ \hline 10110110 \end{array}$$

所以,$(1110)_2 \times (1101)_2 = (10110110)_2$。二进制乘法运算可归结为加法与移位。

4. 除法

例 2.13 求 $(1101.1)_2 \div (110)_2$ 之商。计算过程如下:

$$\begin{array}{r} 10.01 \\ 110\overline{)1101.1} \\ \underline{110} \\ 110 \\ \underline{110} \\ 0 \end{array}$$

所以,$(1101.1)_2 \div (110)_2 = (10.01)_2$。二进制除法运算可归结为减法与移位。

2.4.2 带符号数的计算

这里只讲解带符号数的加减法运算。例如要计算 4-3，可以把它看成是 4+(-3)，都变成做加法，但这个加法要用补码来相加，得到的结果也是补码，将它再求一次补码就可以得到结果的原码。

例 2.14 $[4]_{补}$=00000100，$[-3]_{补}$=11111101，则 $[4]_{补}+[-3]_{补}$ 的值为：

$$
\begin{array}{r}
00000100 \\
+\ 11111101 \\
\hline
00000001
\end{array}
$$

按照逢 2 进 1 的原则，最后这 8 位二进制数为 00000001，是补码形式，最高位为 0，说明结果为正数，因此不需要再转换，4-3 的结果为 +1。

例 2.15 计算 (-5) + 4 的值。

$[-5]_{原}$＝ 10000101
$[-5]_{反}$＝ 11111010
$[-5]_{补}$＝ 11111011
$[4]_{原}$＝ $[4]_{反}$＝ $[4]_{补}$＝ 00000100

$$
\begin{array}{r}
11111011 \\
+\ 00000100 \\
\hline
11111111
\end{array}
$$

结果是补码，并且最高位为 1，说明是负数，要再求一次补码，可得原码为 10000001，所以结果是 -1。

2.4.3 逻辑运算

逻辑运算用来判定一件事情是"真"的还是"假"的，或者"成立"还是"不成立"，逻辑判定的结果只有两个值，要么是真（成立），要么是假（不成立），称这两个值为"逻辑值"，在计算机中用 1 表示"真"，用 0 表示"假"。例如"3 大于 2"这个判断是真的，我们说它的逻辑值为 1，而"5 小于 4"这个判断是假的，它的逻辑值为 0。

有四种基本的逻辑运算：逻辑与、逻辑或、逻辑非和逻辑异或。逻辑运算按位进行，没有进位。

1. 逻辑与运算

逻辑与运算也称为逻辑乘法，是二元运算，也就是说参加运算的操作数有两个，通常用符号"×"、"∧"或"·"来表示。"与"可以理解为汉语的"并且"，例如：A 为"3 大于 2"这个判断，B 为"5 小于 4"这个判断，$A \wedge B$ 判断的是"3 大于 2"并且"5 小于 4"的结果是真还是假，显然只有当 A、B 同时为真时 $A \wedge B$ 的结果才为真，其他情况都为假。逻辑与运算的值见表 2.7 示。

表 2.7 逻辑与运算的值

A	B	$A \wedge B$
0	0	0
0	1	0
1	0	0
1	1	1

所以：0 ∧ 0=0　　0 ∧ 1=0　　1 ∧ 0=0　　1 ∧ 1=1

2. 逻辑或运算

逻辑或也被称为逻辑加法，通常用符号"+"或"∨"来表示，它也是二元运算，"或"可以理解为汉语的"或者"，参加或运算的两个操作数中，只要有一个值为1，结果就为1，否则为0，逻辑或运算的值见表2.8。

所以：0∨0=0　0∨1=1　1∨0=1　1∨1=1

表2.8　逻辑或运算的值

A	B	A∨B
0	0	0
0	1	1
1	0	1
1	1	1

3. 逻辑非运算

逻辑非运算也称为逻辑否运算，是一元运算符，也就是说参加运算的操作数只有一个，通常是在逻辑变量上加上划线来表示。若操作数本身的值为0，则经过逻辑非运算后的结果为1（逻辑真）；当操作数值为非0时，逻辑非运算的结果为0。逻辑非运算的值见表2.9。

表2.9　逻辑非运算的值

A	$\overline{A}$
0	1
1	0

例如：$\overline{1}=0$，$\overline{0}=1$

4. 逻辑异或运算

逻辑异或运算通常用符号⊕来表示，它的逻辑意义是指当A、B的值不同时，结果为1，而A、B的值相同时，结果为0。逻辑异或运算的值见表2.10。

例如：0⊕0=0　1⊕0=1

表2.10　逻辑异或运算的值

A	B	A⊕B
0	0	0
0	1	1
1	0	1
1	1	0

逻辑运算也称为布尔运算，而研究与讨论逻辑运算的数学系统称为布尔代数（boolean algebra），它由乔治·布尔（George Boole）于19世纪中叶所提出，在后来被计算机界所采用作为操作二进制数字最基本的数学理论。

逻辑代数一般可有下面一些概念：

①逻辑常量：逻辑代数有两个逻辑常量，它们分别是0与1。

②逻辑变量：在域{0,1}上变化的变量称逻辑变量，它一般可用x,y,z,…表示。

③逻辑表达式：由逻辑常量、逻辑变量通过逻辑运算所组成的公式（包括括号），称逻辑表达式。如（$x+y$）×z及$x+$（$y×z×1$）等均是逻辑表达式。

2.4.4　四则运算与逻辑运算

在逻辑代数中，有与、或、非三种基本逻辑运算。通过三种基本逻辑运算之间的组合运算，又可以构造出与非、或非、异或等常用运算。二进制算术运算规则很简单，通过加减乘除运算符可以很容易地实现该基本运算，但是我们如何使用逻辑运算来实现算术加减乘除基本运算呢？

1. 加法运算

加法相对比较简单，通过分析加法的运算特点可以知道，我们只要考虑进位和借位问题即可。例如，5和7求和，转换为二进制求和为101和111的求和，其二进制结果为1100，即十进制数12。对于二进制的加法而言，1+1=0，0+1=1，1+0=1，0+0=0，通过对比逻辑运算中的异或运算，不难发现，此方法与异或运算形式很类似，唯一不同是异或运算缺少了相应位置的进位。如果我们能够表示出进位，那么加法运算就可以转换成"异或运算＋进位运算"。

现在我们考虑如何表示出两位加数相应位置的进位,我们知道,只有 1+1=10 的时候会产生向高位的进位,其余三种情况进位都为 0,那么该形式我们就可以用逻辑运算"与"来表示,为了表示出向高位进位的动作,我们需要将"与"出来的结果进行向左移位。

2．减法运算

通过前面的有符号数计算可以知道,我们可以将减法转换为加法,如 7-5=7+(-5),这样我们便可以通过加法的实现方法实现减法运算。

3．乘法运算

对于二进制而言,左移一位,相当于乘以 2,左移 n 位,相当于乘以 2^n。对于乘法运算,可以转换为移位和加法运算。例如 1011×1010,因为二进制运算的特殊性,可以将该乘法运算表达式拆分为两个运算,1011×1000 和 1011×0010 的和,从而转换为两个左移运算。

4．除法运算

对于二进制而言,右移一位,相当于除以 2,左移 n 位,相当于除以 2^n。所以,对于除法,一般可以采用减法操作和移位操作相结合来实现。减法操作就是循环用被除数减去除数,每减一次值商加 1,直到被除数小于除数为止。而移位操作相对更高效,但一般适宜除数是 2 的倍数,否则还是要配合减法来实现。

综上可以知道,加减乘除运算都可转换成加法来实现,加法又可由与、或、非、异或等逻辑运算来实现。因此,可以这么说,只要实现了基本逻辑运算,便可实现任何的计算。

2.5　数字电路基础

在计算机中,信息的表示和存储最终要由硬件来实现。计算机的硬件中需要使用许多功能电路,例如触发器、寄存器、计数器、译码器、比较器、半加器、全加器等。这些功能电路都是使用基本的逻辑电路经过逻辑组合而成的,再把这些功能电路有机地集成起来,就可以组成一个完整的计算机硬件系统。

2.5.1　逻辑门

基本的逻辑运算可以由开关及其电路连接来实现。可以使用数字电路实现逻辑运算的物理表示,用它可以实现对二进制数字及其操作做全面的电信号方式的仿真。实现基本逻辑运算和常用复合逻辑运算的单元电路称为逻辑门电路。例如:实现"与"运算的电路称为与逻辑门,简称与门;实现"与非"运算的电路称为与非门。逻辑门电路是设计数字系统的最小单元。

1．三种逻辑运算的表示

三个基本逻辑运算,即逻辑加、逻辑乘及取补运算,分别可以用数字电路中的三个门电路表示,它们分别是"与门"、"或门"及"非门"。

(1) 与门

与门有两个输入端和一个输出端,其作用是当两个输入端均为高电平时,则在输出端会产生高电平,而在其他情况下则在输出端会产生低电平。与门的这个特性与逻辑乘运算具有一致性,因此可用它表示逻辑乘运算。与门的图示法如图 2.15(a)所示。

(2) 或门

或门有两个输入端和一个输出端,其作用是当两个输入端均为低电平时,则在输出端会产生低电平,而在其他情况下则在输出端会产生高电平。或门的这个特性与逻辑加运算具有一致性,因此可用它表示逻辑加运算。

或门的图示法如图 2.15(b)所示。

(3)非门

非门有一个输入端和一个输出端,其作用是当输入端为高电平时则输出端产生为低电平;而当输入端为低电平时则输出端产生为高电平。非门的这个特性与取补运算具有一致性,因此可用它表示取补运算。非门的图示法如图 2.15(c)所示。

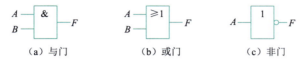

图 2.15　三种门电路的表示法

2. 逻辑变量的表示

在数字电路的线路中可以传送电信号(如高、低电平),这些信号是变化的,因此可用带电信号的线路表示逻辑变量。线路的图示可用直线段或折线段表示。

3. 逻辑表达式的表示

由线路将三种类型的门电路连接在一起可以构成一个电路,称数字逻辑电路或数字电路。一个数字电路可以表示一个逻辑表达式。

下面我们可以用两个例子来说明。

例 2.16　用数字电路表示 $(A+B) \times C$。

解:该逻辑表达式可用图 2.16 所示的数字电路表示。

例 2.17　用数字电路表示 $\overline{A} \times \overline{(B+C)}$。

解:该逻辑表达式可用图 2.17 所示的数字电路表示。

图 2.16　$(A+B) \times C$ 的数字电路表示　　　图 2.17　$\overline{A} \times \overline{(B+C)}$ 的数字电路表示

4. 逻辑代数另四种运算的表示

逻辑代数中另四种运算,即谢弗运算、魏泊运算、异或运算和同或运算,分别可以用数字电路中的四种门电路表示,它们分别是与非门、或非门、异或门及同或门,如图 2.18 所示。

图 2.18　逻辑代数另四种运算符号

(1)与非门

"与"运算后再进行"非"运算的复合运算称为"与非"运算,实现"与非"运算的逻辑电路称为与非门。一个与非门有两个或两个以上的输入端和一个输出端，两输入端与非门的逻辑符号如图 2-18（a）所示。输出与输入之间的逻辑关系表达式为：$F = \overline{(A \times B)}$。

（2）或非门

"或"运算后再进行"非"运算的复合运算称为"或非"运算，实现"或非"运算的逻辑电路称为或非门。或非门也是一种通用逻辑门。一个或非门有两个或两个以上的输入端和一个输出端，两输入端或非门的逻辑符号如图 2.18（b）所示。输出与输入之间的逻辑关系表达式为：$F = \overline{(A+B)}$。

（3）异或门

在集成逻辑门中，"异或"逻辑主要为二输入变量门，对三输入或更多输入变量的逻辑，都可以由二输入门导出。所以，常见的"异或"逻辑是二输入变量的情况。对于二输入变量的"异或"逻辑，当两个输入端取值不同时，输出为"1"；当两个输入端取值相同时，输出端为"0"。实现"异或"逻辑运算的逻辑电路称为异或门。图 2.18（c）所示为二输入异或门的逻辑符号。相应的逻辑表达式为：$F = A \oplus B = \overline{A}B + A\overline{B}$。

（4）同或门

"异或"运算之后再进行"非"运算，则称为"同或"运算。实现"同或"运算的电路称为同或门。同或门的逻辑符号如图 2.18（d）所示。二变量同或运算的逻辑表达式为：$F = A \odot B = \overline{A \oplus B} = \overline{A}\overline{B} + AB$。

2.5.2 电路

逻辑门为计算机各种功能电路提供了构件。电路是由多个逻辑门组合而成，可以执行算术运算、逻辑运算、存储数据等各种复杂的操作。

1. 组合电路

组合逻辑电路（简称组合电路），在逻辑功能上的特点是任意时刻的输出仅仅取决于该时刻的输入，与电路原来的状态无关。组合电路的输入值明确决定了输出值。也就是说，把一个逻辑门的输出作为另一个逻辑门的输入，就可以把门组合成组合电路。如图 2.19 所示，两个电路生成完全相同的输出。

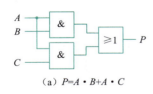

(a) $P = A \cdot B + A \cdot C$

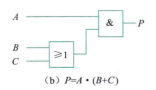

(b) $P = A \cdot (B+C)$

A	B	C	$A \cdot B$	$A \cdot C$	P
0	0	0	0	0	0
0	0	1	0	0	0
0	1	0	0	0	0
0	1	1	0	0	0
1	0	0	0	0	0
1	0	1	0	1	1
1	1	0	1	0	1
1	1	1	1	1	1

(c) 组合电路（a）和（b）的真值表

图 2.19 组合电路示意图

2. 时序电路

虽然组合逻辑电路能够很好地处理像加、减等这样的操作，但是要单独使用组合逻辑电路，使操作按照一定的顺序执行，需要串联起许多组合逻辑电路，而要通过硬件实现这种电路代价是很大的，并且灵活性也很差。为了实现一种有效而且灵活的操作序列，我们需要构造一种能够存储各种操作之间的信息的电路，我们称这种电路为时序电路。时序电路，是由最基本的逻辑门电路加上反馈逻辑回路（输出到输入）或器件组合而成的电路，与组合电路最本质的区别在于时序电路具有记忆功能。

组合电路和存储元件互联后组成了时序电路。存储元件是能够存储二进制信息的电路。存储元件在某一时刻存储的二进制信息定义为该时刻存储元件的状态。时序电路通过其输入端从周围接收二进制信息。时序电路的输入以及存储元件的当前状态共同决定了时序电路输出的二进制数据，同时它们也确定了存储元件的下一个状态。时序电路的输出不仅仅是输入的函数，而且也是存储元件的当前状态的函数。存储元件的下一个状态也是输入以及当前状态的函数。因此，时序电路可以由输入、内部状态和输出构成的时间序列完全确定。

时序电路是指电路任何时刻的稳态输出不仅取决于当前的输入，还与前一时刻输入形成的状态有关，图 2.20 为时序电路结构图。

图 2.20　时序电路结构图

时序电路与组合电路的区别如下：

- 时序电路具有记忆功能。它的输出不仅取决于当时的输入值，而且还与电路过去的状态有关。
- 组合电路在逻辑功能上的特点是任意时刻的输出仅仅取决于该时刻的输入，与电路原来的状态无关。

2.5.3　加法器

二进制数的运算主要由加法器组成，下面分三部分进行介绍。

1. 半加器

首先考虑一种简单的情况，即输入没有进位的加法装置称半加器。

设有被加数 A 与加数 B，它们相加后所得的和为 S，进位为 C。满足这种条件的装置叫半加器，而这种条件的真值表可用图 2.21（c）表示，这种半加器可用图 2.21（a）所示的示意图表示，半加器的逻辑电路如图 2.21（b）所示。半加器的布尔代数表达式为：

$$S = \overline{A} \times B + A \times \overline{B} = A \oplus B$$
$$C = A \times B$$

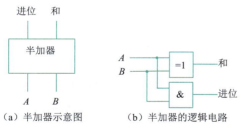

A	B	和	进位
0	0	0	0
0	1	1	0
1	0	1	0
1	1	0	1

（a）半加器示意图　　（b）半加器的逻辑电路　　（c）半加器的真值表

图 2.21　半加器示意图

2. 全加器

在半加器的基础上，输入有进位的加法器称全加器。

设有被加数 A_i、加数 B_i 以及上一位进位 C_{i-1}，它们相加后所得的和为 S_i，进位为 C_i，满足这种条件的装置叫全加器，而这种条件可用表 2.11 表示。全加器有三个输入端，分别是 A_i、B_i 及 C_{i-1}，同时有两个输出端，分别是 S_i 与 C_i，它满足表 2.11 所示的条件，这种全加器可用图 2.22 所示的符号表示。全加器的布尔代数表示式为：

$$S_i = \overline{A_i} \times \overline{B_i} \times C_{i-1} + \overline{A_i} \times B_i \times \overline{C_{i-1}} + A_i \times \overline{B_i} \times \overline{C_{i-1}} + A_i \times B_i \times C_{i-1}$$
$$= (A_i \oplus B_i) \oplus C_{i-1}$$

$$C_i = \overline{A_i} \times B_i \times C_{i-1} + \overline{A_i} \times B_i \times \overline{C_{i-1}} + A_i \times \overline{B_i} \times \overline{C_{i-1}} + A_i \times B_i \times C_{i-1}$$
$$= A_i \times B_i + (A_i \oplus B_i) \times C_{i-1}$$

表 2.11 全加器真值表

A_i	B_i	进位（输入）C_{i-1}	和 S_i	进位（输出）C_i
0	0	0	0	0
0	0	1	1	0
0	1	0	1	0
0	1	1	0	1
1	0	0	1	0
1	0	1	0	1
1	1	0	0	1
1	1	1	1	1

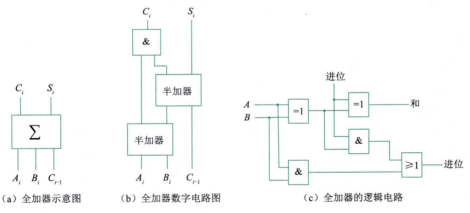

（a）全加器示意图　　（b）全加器数字电路图　　（c）全加器的逻辑电路

图 2.22　全加器示意图

3. 加法器

由多个全加器自低位至高位排列，将低位输出端 C_i 连接至高一位输入端 C_i，组成一个多位的加法器。下面给出一个四位的加法器如图 2.23 所示。

在图 2.23 所示的加法器中被加数为 $A_4A_3A_2A_1$，加数为 $B_4B_3B_2B_1$，其和为 $S_4S_3S_2S_1$；一个位的进位输出将作为下一个位的进位输入；而在它的进位中，最左边最低位的进位为 0，最右边最高位的进位 C_4 是一种溢出，被舍弃。

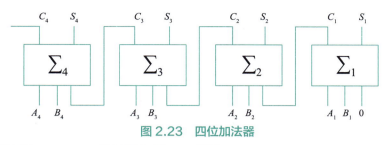

图 2.23 四位加法器

用加法器计算 0001+0011 的过程如图 2.24 所示。

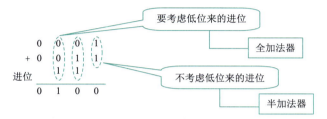

图 2.24 加法器进行四位二进制数相加的过程

2.5.4 触发器

1. 触发器

在电信号表示中可用一种叫触发器（flip-flop）的电子元件存储一个二进制数字。触发器又称双稳态电路，是一种具有稳定状态的电路。触发器有两个稳定状态，可分别用来表示 0 和 1，在输入信号的作用下，它可以记录 1 个比特。常用的触发器叫 RS 触发器。

RS 触发器有两个输入端，分别是 R 与 S，同时有两个输出端 Q 与 $\overline{Q}$，它们的状态是互相相反的，即如 $Q=1$ 则必有 $\overline{Q}=0$，反之亦然。

RS 触发器可用下面的布尔代数式表示，这是一个由与非门构成的电路。

$$Q = \overline{S} + Q = \overline{S \times \overline{Q}} = S \uparrow \overline{Q}$$
$$\overline{Q} = \overline{R} + \overline{Q} = \overline{R \times Q} = R \uparrow Q$$

这种表达式告诉我们当输入端 R 出现低电平时，触发器中 $\overline{Q}$ 必为高电平（同时 Q 必为低电平）；当输入端 S 出现低电平时，触发器中 Q 必为高电平（同时 $\overline{Q}$ 必为低电平），而且这种状态可以一直保持，直到输入端出现新的状态为止。因此，这种 RS 触发器具有存储二进制位数的功能，其存储状态以输入端 Q 为准。即 $Q=1$ 时触发器存储 1，反则亦然。图 2.25（a）所示为 RS 触发器的示意图，它的电路结构如图 2.25（b）所示；表 2.12 所示为该触发器的功能。

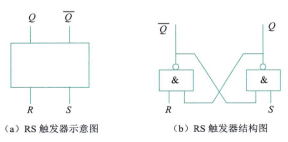

（a）RS 触发器示意图　　（b）RS 触发器结构图

图 2.25 触发器示意图

表 2.12　RS 触发器功能表

R	S	Q	$\overline{Q}$	备　注
0	1	0	1	置 0
1	0	1	0	置 1
1	1	不变		保持
0	0	1	1	不允许

2．二进制数的存储——寄存器

二进制数是固定位数的二进制数字符串，因此它的物理存储即是由固定个数触发器所组成的，称为寄存器，这种固定个数可以是 4 个、8 个、16 个、32 个及 64 个不等。

在计算机的内部往往有若干个寄存器以存储数据。

小　结

计算机只能执行以二进制表示的程序和数据。二进制是现代计算机系统的数字基础。计算机中常用的有二进制、八进制、十进制、十六进制。

数值信息和非数值信息均可用 0 和 1 表示，也就能够被计算。数值信息可采用二进制表示，符号也可以用 0 和 1 表达，从而形成机器数，即原码、反码和补码。小数点也可以被表示和处理，由此产生了使用定点和浮点两种格式定义所使用的实数。非数值信息则使用二进制编码进行表示，即使用若干个二进制位来表示一种符号，有多少种组合就可以表示多少个符号，由此产生了计算机中常用的编码：ASCII 码、BCD 码、Unicode 码、汉字编码等。我们在日常生活中常见的图像、图形、声音、视频等，通过数字化编码，也能够表示成 0 和 1，从而被计算机处理。

现实世界的信息通过符号化，再通过进位制和编码转换成 0 和 1 表示，便可以采用基于二进制的算术运算和逻辑运算进行数字计算，便可以用硬件实现。可以这么说：任何事物只要能表示成信息，就能表示成 0 和 1，也就能够计算，也就能够被计算机处理，实现自动化处理。

习　题

一、简答题

1. 比特（二进制位）有哪几种表示和存储方法？
2. 什么是数制？数制有哪些特点？
3. 计算机为什么要采用二进制？
4. 十进制整数转换为非十进制整数的规则是什么？
5. 二进制、八进制与十六进制之间如何转换？
6. 浮点数在计算机中如何表示？
7. 补码计算

（1）用补码计算 67−89 的值。

（2）$[x]_{补} = 11010101$，$[x]_{真值}$ 的值为多少？

（3）$[x]_原 = 10011011$，$[x]_补$ 的值为多少？

8. 如何用二进制表示图形、图像、声音、视频？

9. 将下列逻辑代数表达式画成数字电路：

（1）$\overline{(A+B)} \times C$　　（2）$\overline{A} \times \overline{B} + (A+B)$

10. 什么是 RS 触发器？其基本应用原理是什么？

二、选择题

1. 下列关于比特的叙述，错误的是（　　）。

　　A. 存储（记忆）1 个比特需要使用具有两种稳定状态的器件

　　B. 比特的取值只有 "0" 和 "1"

　　C. 比特既可以表示数值、文字，也可以表示图像、声音

　　D. 比特既没有颜色也没有重量，但有大小

2. 在计算机中可以用来存储二进位信息的有（　　）。

　　A. 触发器的两个稳定状态　　　　　　B. 电容的充电和未充电状态

　　C. 磁介质表面的磁化状态　　　　　　D. 盘片光滑表面的微小凹坑

3. 逻辑与运算：11001010 ∧ 00001001 的运算结果是（　　）。

　　A. 00001000　　B. 00001001　　C. 11000001　　D. 11001011

4. 十进制数 -52 用 8 位二进制补码表示为（　　）。

　　A. 11010100　　B. 10101010　　C. 11001100　　D. 01010101

5. 用浮点数表示任意一个数据时，可通过改变浮点数的（　　）部分的大小，能使小数位置产生移动。

　　A. 尾数　　B. 阶码　　C. 基数　　D. 有效数字

6. 二进制 01011010 扩大 2 倍是（　　）。

　　A. 1001110　　B. 10101100　　C. 10110100　　D. 10011010

7. 十进制算式 7×64+4×8+4 的运算结果用二进制数表示为（　　）。

　　A. 110100100　　B. 111001100　　C. 111100100　　D. 111101100

8. 下列 4 个不同进制的无符号整数，数值最大的是（　　）。

　　A. $(11001011)_2$　　B. $(257)_8$　　C. $(217)_{10}$　　D. $(C3)_{16}$

9. 所谓 "变号操作"，是指将一个整数变成绝对值相同但符号相反的另一个整数。若整数用补码表示，则二进制整数 01101101 经过变号操作后的结果（　　）。

　　A. 00010010　　B. 10010010　　C. 10010011　　D. 11101101

10. 在某进制的运算中 4×5=14，根据这一运算规则，则 5×7 =（　　）。

　　A. 3A　　B. 35　　C. 29　　D. 23

11. 长度为 1 个字节的二进制整数，若采用补码表示，且由 5 个 "1" 和 3 个 "0" 组成，则可表示的最小十进制整数为（　　）。

　　A. -120　　B. -113　　C. -15　　D. -8

12. 下列关于原码和补码的叙述，正确的是（　　）。

　　A. 用原码表示时，数值 0 有一种表示方式

　　B. 用补码表示时，数值 0 有两种表示方式

　　C. 数值用补码表示后，加法和减法运算可以统一使用加法完成

D. 将原码的符号位保持不变，数值位各位取反再末位加1，就可以将原码转换为补码

13. 在8位计算机系统中，用补码表示的整数(10101100)₂对应的十进制数是（　　）。
    A. -44　　　　　B. -82　　　　　C. -83　　　　　D. -84

14. 11位二进制无符号整数可以表示的最大十进制数值是（　　）。
    A. 1023　　　　B. 1024　　　　C. 2047　　　　D. 2048

15. 设在某进制下3×3=12，则根据此运算规则，十进制运算5+6的结果用该进制表示为（　　）。
    A. 10　　　　　B. 11　　　　　C. 14　　　　　D. 21

16. 下列关于二进制特点的叙述，错误的是（　　）。
    A. 状态少，易于物理实现　　　　B. 运算规则简单
    C. 可以进行逻辑运算　　　　　　D. 表达简洁，符合人们的认知习惯

17. 在登录电子信箱（或QQ）的过程中，要有两个条件，一个是用户名，一个是与用户名对应的密码，要完成这个事件（登录成功），它们体现的逻辑关系为（　　）。
    A. "与"关系　　B. "或"关系　　C. "非"关系　　D. 不存在逻辑关系

18. 走廊里有一盏电灯，在走廊两端各有一个开关，我们希望不论哪一个开关接通都能使电灯点亮，那么设计的电路为（　　）。
    A. "与"门电路　　　　　　　　　B. "非"门电路
    C. "或"门电路　　　　　　　　　D. 上述答案都有可能

19. 请根据下面所列的真值表，从四幅图中选出与之相对应的一个门电路（　　）。

输入		输出
A	B	Y
0	0	1
0	1	1
1	0	1
1	1	0

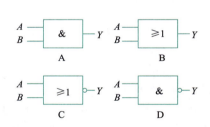

20. 如图所示为三个门电路符号，A输入端全为"1"，B输入端全为"0"。下列判断正确的是（　　）。

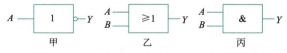

    A. 甲为"非"门，输出为"1"　　　B. 乙为"与"门，输出为"0"
    C. 乙为"或"门，输出为"1"　　　D. 丙为"与"门，输出为"1"

21. 对于逻辑电路中逻辑门的说法正确的是（　　）。
    A. 逻辑门是对电信号执行基础运算的设备
    B. 逻辑门是处理二进制数的基本电路
    C. 逻辑门是构成数字电路的基本单元
    D. 每个门的输入和输出只能是0（低电平）或1（高电平）

22. 下列是逻辑电路中逻辑门的表示方法有（　　）。
    A. 逻辑电路　　B. 逻辑表达式　　C. 逻辑框图　　D. 真值表

23. 下列关于加法器和半加法器，说法正确的是（　　）。
    A. 半加器没有把进位（即进位输入）考虑在计算之内
    B. 半加器能计算两个多位二进制数的和
    C. 考虑进位输入的电路称为全加器
    D. 把一个半加法器的输出作为另一个半加法器的输入就构成全加器

24. 以下说法中，正确的是（　　）。
    A. 由于存在着多种输入法，所以也存在着很多种汉字内码
    B. 在多种输入法中，五笔字型是最好的
    C. 一个汉字的内码由两个字节组成
    D. 拼音输入法是一种音型码输入法

25. 一个 16×16 点阵的汉字，存储到计算机中需要占用存储空间为（　　）个字节。
    A. 16　　　　　　B. 32　　　　　　C. 2　　　　　　D. 以上都不是

三、填空题

1. 若采用 32×32 点阵的汉字字模，则存储 3 755 个一级汉字的点阵字模信息需要的存储容量是_____。

2. 无符号二进制整数 10101101 等于十进制数_____，等于十六进制数_____，等于八进制数_____。

3. 已知大写字母"A"的 ASCII 码为 65，那么小写字母"d"的 ASCII 码为_____。

4. 1 MB 的存储空间最多能存储_____个汉字。

5. 以当前计算机中某些中央处理器为例，2 V 左右为高电平，表示 1；_____左右为低电平，表示 0。

6. 浮点数的取值范围由_____的位数决定，而浮点数的精度由_____的位数决定。

7. 在计算机中，对于数值数据小数点的表示方法，根据小数点的位置是固定不变的还是浮动变化的，有定点表示法和_____。

8. 联合国安理会每个常任理事国都拥有否决权，假设设计一个表决器，常任理事国投反对票时输入"0"，投赞成或弃权时输入"1"，提案通过为"1"，不通过为"0"，则这个表决器应具有_____门逻辑关系。

9. 电路是由多个逻辑门组合而成，可以执行算术运算、_____、_____等各种复杂操作。

第 3 章 计算机硬件

硬件是指组成计算机的各种硬件设备,是人们看得见、摸得着的实际物理设备,它是计算机最基础的物理装置。本章主要介绍计算机硬件系统的工作原理及组成。

学习目标

◎ 了解计算机系统的组成。
◎ 掌握冯·诺依曼计算机的设计思想。
◎ 掌握计算机存储系统的结构及基本原理。
◎ 掌握微型计算机的组成及特点。
◎ 掌握多媒体计算机的特点。

3.1 计算机系统概述

什么是计算机系统?为什么当今计算机的本质都是冯·诺依曼体系结构?带着这个问题,我们来了解下计算机系统的组成。

3.1.1 计算机系统组成

计算机系统由硬件系统和软件系统组成。硬件系统是借助电、磁、光、机械等原理构成的各种物理部件的有机组合,是系统赖以工作的实体。软件系统是计算机系统中的程序及其文档,用来指挥该系统按指定的要求进行工作。

计算机系统中硬件和软件是不可缺少的两个重要组成部分,没有安装任何软件系统的计算机是不能工作的。计算机硬件是计算机系统的物质基础,而计算机软件担负着指挥计算机系统的重要职责,它是用户与硬件之间的接口界面,用户主要是通过软件与计算机进行交流。

在计算机系统中,计算机硬件处于最低层,只有安装了操作系统软件之后才可以使用,而其他软件必须在操作系统之上运行。计算机系统中的硬件和软件之间,以及软件和软件之间是一种层次关系，图 3.1 所示为计算机系统的层次结构图。

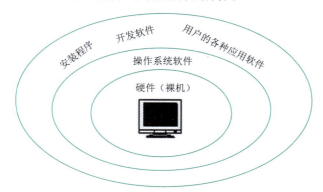

图 3.1　计算机系统的层次结构

计算机系统约每 3～5 年更新一次，性能价格比成十倍地提高，体积大幅度减小。超大规模集成电路技术将继续快速发展，并对各类计算机系统均产生巨大而又深刻的影响。以巨大处理能力、巨大知识信息库、高度智能化为特征的下一代计算机系统正在大力研制。计算机应用将日益广泛，计算机辅助设计、计算机控制的生产线、智能机器人将大大提高社会劳动生产力，办公、医疗、通信、教育及家庭生活已实现了计算机化，并不断地发展。

3.1.2　冯·诺依曼计算机体系结构

电子计算机的问世，奠基人是英国科学家艾兰·图灵和美籍匈牙利数学家冯·诺依曼。图灵的贡献是建立了图灵机的理论模型，奠定了人工智能的基础；而冯·诺依曼则是首先提出了计算机体系结构的设想。

1946 年，美籍匈牙利科学家冯·诺依曼在设计并研制实现计算机 EDVAC 时提出了一种结构方案，该方案具有开创性意义。用这种方案所设计而成的计算机称为冯·诺依曼计算机。

冯·诺依曼计算机的体系结构主要有以下几个原则：

1．数据以二进制表示

在冯·诺依曼计算机的体系结构中所有的数据和指令一律用二进制数表示。这种表示形式既简单又易于用数字电路实现。

2．存储程序和程序控制

在冯·诺依曼体系结构中，程序以二进制编码形式按一定顺序存放至计算机存储器中，即存储程序的概念；而当计算机在执行程序时能自动连续地从存储器中依次取出指令，并加以执行，即程序控制的概念。这就是计算机的存储程序和程序控制，也是冯·诺依曼机的核心思想。

3．整个计算机由五大部件组成

在冯·诺依曼机中，计算机硬件由运算器、控制器、存储器、输入设备和输出设备五大部分组成。

①运算器：用于执行算术运算、逻辑运算及字符运算等指令。

②控制器：控制与协调整个程序的执行以及对控制指令的执行。

③存储器：用于存储数据与指令，并执行数据传输指令。

④输入设备：用于执行输入指令。
⑤输出设备：用于执行输出指令。

图 3.2 所示为冯•诺依曼体系结构。

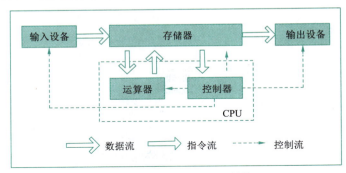

图 3.2　冯•诺依曼体系结构

用户向输入设备输入原始数据和程序，输入设备将其转换成相应的二进制串，并在控制器的指挥下把二进制串按一定地址顺序送入存储器，而存储器的主要作用是存储计算机运行过程中所需要的程序和数据。在计算机运行时，控制器管理着信息的输入、存储、读取、运算、操作、输出以及控制器本身的活动，在控制器的指挥下，将输入计算机中的二进制编码从存储器送入到运算器进行算术或逻辑运算，并将运算的结果传回给存储器，最后由输出设备将运算的结果转换为人们能识别的信息形式，并在控制器的指挥下输出。

自 20 世纪 50 年代初开始，计算机制造技术发生了巨大变化，从 EDVAC 到当前最先进的计算机都采用的是冯•诺依曼体系结构。冯•诺依曼是当之无愧的数字计算机之父（见图 3.3），冯•诺依曼体系结构仍然沿用至今。

图 3.3　计算机之父——冯•诺依曼

3.2　计算机的工作原理

3.2.1　指令系统及执行

视　频

一条指令的执行过程

1. 指令系统

指令系统是计算机硬件的语言系统，是一台计算机能直接理解与执行的全部指令的集合，也叫机器语言。一般地，不同类型的计算机有不同的指令系统，但是它们大致有几个相同的部分。

（1）数据处理指令

它包括算术运算指令、逻辑运算指令、移位指令、比较指令和取反指令等。

（2）数据传送指令

它可以将数据在计算机内部进行传送，包括存储器之间、存储器与 CPU 之间的传送指令等，而负责传送数据的任务则由数据传送指令完成。

（3）程序控制指令

一般程序的执行都是按指令排列顺序执行，但有时它可不按顺序而转移至前面或后面的指令执行，这类指令称为程序控制指令。它包括条件转移指令和无条件转移指令等。

（4）输入/输出指令

可以用输出指令将计算机中的最终结果数据通过输出设备传送给用户，同时也可以用输入指令将计算机执行中所需的数据通过输入设备传送给计算机，它包括各种外围设备的读、写指令等。

2. 指令的执行

①指令是计算机能识别并执行的二进制代码，是计算机为完成某个基本操作而发出的指示或命令。一条指令通常由操作码和操作数两部分组成。操作码指出将要执行的操作类型，操作数是执行指定操作时要用到的数据。

②指令的执行可以分为三步：取指令、分析指令和执行指令。计算机执行指令是从内存储器中取出指令，并送往 CPU 中的指令寄存器中去，并对指令寄存器存放的指令进行分析，由译码器对操作码进行译码，将指令的操作码转换成相应的控制电位信号，由地址码确定操作数地址。最后由操作控制线路发出的完成该操作所需要的一系列控制信息，去完成该指令所要求的操作。

3.2.2 以运算器为核心的计算

运算器是计算机核心部件，是计算机执行各种算术运算和逻辑运算的部件。运算器的操作包括加、减、乘、除四则运算，与、或、非等逻辑操作，以及移位、求补等。运算器的基本构成如图 3.4 所示。

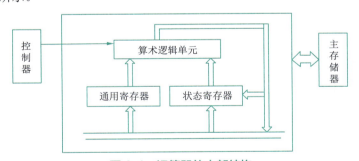

图 3.4　运算器的内部结构

①算术逻辑单元：它是运算器的主要部件。运算器的基本操作包括加、减、乘、除四则运算，与、或、非等逻辑操作，以及移位、比较和传送等。

②寄存器：它主要分通用寄存器和状态寄存器，通用寄存器是用来保存参加运算的操作数和运算的中间结果，通用寄存器均可以作累加器使用。状态寄存器在不同的机器中有不同的规定。在程序中，状态位通常作为转移指令的判断条件。

计算机运行时，运算器的操作和操作种类由控制器决定，而运算器处理的数据来自存储器，处理后的结果数据通常送回存储器，或暂时寄存在运算器中，而所有计算则由运算器完成，所以在冯•诺依曼计算机的模型中，运算器是计算机处理数据的核心，如图 3.5 所示。

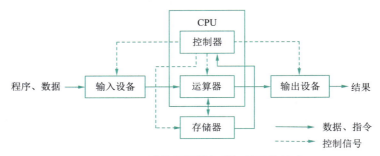

图 3.5　冯·诺依曼计算机以运算器为核心

近年，计算机需要处理、加工的信息量越来越大，存储容量成倍地扩大。以运算器为中心的冯·诺依曼计算机结构不能满足计算机的发展需求，甚至会影响计算机的性能。为了适应计算量的增加，加上计算机的存储技术的发展，现代计算机组织结构正试图逐步转化为以存储器为核心的组织结构，如采取多个处理器共用中央存储集群的运行模式。

3.3　微型计算机及其硬件系统

3.3.1　微型计算机系统组成及硬件结构原理

视频
微型计算机的硬件结构

1. 微型计算机系统组成

根据计算机的应用领域和结构功能，计算机可以划分为大、中、小型机和微型机等多种类型。就目前而言，各类计算机都还是属于冯·诺依曼体系结构，微型计算机也不例外。因此，微型计算机也具有运算器、控制器、存储器、输入设备和输出设备五大部件。以下是微机中常用的专业术语：

①中央处理器：运算器和控制器合称为中央处理器，简称为 CPU。

②主机：CPU、内存储器合称为主机。

③外围设备：包括输入和输出设备，简称为外设。

④总线：连接计算机内各部的一簇公共信号线，是计算机中传送信息的公共通道。其中传送地址的称为地址总线 AB；传送数据的称为数据总线 DB；传送控制信号的称为控制总线 CB。

⑤接口：主机与外设相互连接的部分，是外设与 CPU 进行数据交换的协调及转换电路。

其中，微机的硬件是放在主机箱中，打开计算机主机箱的盖子，如图 3.6 所示。

主机箱内有一个主板，主板上布满了电子线路的元器件，还有一些板卡插在主板上，如：CPU、内存条、显卡、总线等。硬盘和光驱固定在主机的前面板上，主机机箱还有一个电源，为这些设备提供电源。所有的板卡和设备通过主板上的电子线路联系起来就可以一同工作了。

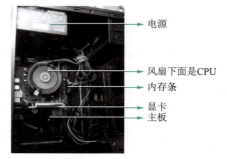

图 3.6　主机箱图

2. 微型计算机硬件结构原理

微型计算机硬件结构一般称为三总线结构,即以中央处理器(CPU)为核心,通过地址总线(AB)、数据总线(DB)和控制总线(CB)将其他部件与微处理器连接起来。除了中央处理器和主存储器以外,微型计算机硬件系统还必须拥有一定的外围设备,又称为 I/O 设备,如磁盘驱动器、打印机、键盘、鼠标、显示器等都属于 I/O 设备。各种 I/O 设备与微处理器相连接,进行信息交换,必须通过各自的 I/O 接口才能进行。微型计算机硬件结构图如图 3.7 所示。

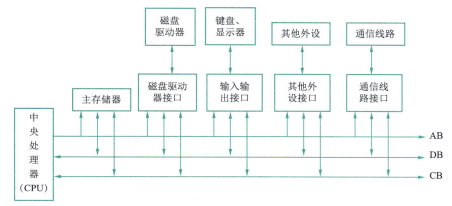

图 3.7 微型计算机硬件结构图

3.3.2 中央处理器

1. 中央处理器的组成

中央处理器(central processing unit,CPU)由运算器、控制器和寄存器组成。

(1) 运算器

运算器又称算术逻辑部件,是计算机中执行各种算术和逻辑运算操作的部件。运算器的基本操作包括加、减、乘、除四则运算,与、或、非、异或等逻辑操作,以及移位、比较和传送等操作。

在运算器中有加法器以及由它所构成的减法器;也有加法器与减法器所构成的乘法器及除法器,此外还有实现逻辑运算、字符运算、比较运算、移位等指令的部件。在运算器中参与操作的数据一般来自寄存器或存储器,其结果也存放于寄存器或存储器。

运算器的处理对象是数据,所以数据长度和计算机数据表示方法对运算器的性能影响极大。20 世纪 70 年代微处理器常以 1 个、4 个、8 个、16 个二进制位作为处理数据的基本单位。现在大多数通用计算机则以 64 位作为运算器处理数据的长度。

(2) 控制器

控制器是 CPU 的核心,它控制、调度指令及程序的执行。它是指按照预定顺序改变主电路或控制电路的接线和改变电路中电阻值来控制电动机的启动、调速、制动和反向的命令装置。由程序计数器、指令寄存器、指令译码器、时序产生器和操作控制器组成,它是发布命令的"决策机构",即完成协调和指挥整个计算机系统的操作。

(3) 寄存器

寄存器是中央处理器内的组成部分。寄存器是有限存储容量的高速存储部件,它们可用来暂存指令、数据和地址。在中央处理器的控制部件中，包含的寄存器有指令寄存器（IR）和程序计数器（PC）。寄存器的功能十分重要，CPU 对存储器中的数据进行处理时，往往先把数据取到内部寄存器中，而后再作处理。

2．微处理器概述

微型计算机的 CPU 称为微处理器，简称为 MPU，它是微型计算机的核心部件。1971 年，世界上第一块微处理器 4004 在 Intel 公司诞生了。它出现的意义是划时代的，比起现在的 CPU，4004 只有 2 300 个晶体管，功能相当有限，而且速度还很慢。

2005 年至今，是酷睿（CORE）系列微处理器时代，在酷睿到来后的几年时间里，Intel 几乎称霸了 PC 处理器市场。

2017 年，Intel 酷睿 i9 正式登场，主要面向游戏玩家和高性能需求者，如图 3.8 所示。

微处理器生产厂家除了 Intel 外，最主要的就是 AMD 公司。在 Intel 的奔腾时代，AMD 曾经全面赶超同期的奔腾、赛扬，它的速龙系统更是让 Intel 陷入了前所未有的绝境。但随着 Intel 的 Core 系列的诞生，Intel 逐步称霸了 PC 处理器市场。其实，Intel 和 AMD 这两家公司一直在不断地竞争。英特尔发布酷睿 i9 处理器，也是为了抗衡 AMD 推出的 Ryzen 系列高端处理器，重新称霸 PC 处理器市场。

图 3.8　Intel 酷睿 i9

3.3.3　存储器

1．存储器的基本概念

存储器是计算机中的重要部件，它是由一些能表示二进制 0 和 1 的物理器件组成的，这种器件称为记忆元件或存储介质。存储器中存储单元的总数称为该存储器的存储容量。计算机中存储器容量越大，存储的信息就越多，计算机的处理能力也就越强。计算机中全部信息，包括输入的原始数据、计算机程序、中间运行结果和最终运行结果都保存在存储器中。简单来说，存储器是计算机中用于保存数据与指令的场所。

目前，在存储器中一般以字节／字为单位存放数据与指令。由于计算机中对存储的需求量是很大的，因此在实际使用中分为若干个不同的存储容量单位，它们分别为 KB、MB、GB、TB、PB、EB、ZB 等。

1 KB=2^{10} B=1 024 B

1 MB=2^{20} B=2^{10} KB

1 GB=2^{30} B=2^{10} MB

1 TB=2^{40} B=2^{10} GB

1 PB=2^{50} B=2^{10} TB

1 EB=2^{60} B=2^{10} PB

1 ZB=2^{70} B=2^{10} EB

按存取速度与容量可将存储器可分为主存储器、高速缓冲存储器、外存储器和辅助存储器等。

2．主存储器

主存储器与 CPU 紧密关联，CPU 可以直接访问主存储器。主存储器目前常用的有两种类型,下面对它们简单介绍。

(1)只读存储器

只读存储器(read-only memory,ROM)是一种只能读不能写的存储器,它在没有电源的情况下能保持数据,但只读存储器一旦做好,就不易改动其内容,如微型计算机中有一个 BIOS 芯片,就是这种存储器,它存储的数据是在主板出厂时就做好的,其功能就是完成计算机的启动、自检、各功能模块的初始化、系统引导等。

(2)随机存取存储器

随机存取存储器(random access memory,RAM)是一种能随机读写的存储器,它是目前最常用的存储器,是主存储器中的主要部分。它既可以从里面读取数据,也可以存入数据,且存取的速度快。但也有一个缺点:它具有易失性,RAM 中存放的所有数据当计算机断电后都会丢失。通常 RAM 叫主存、内存条,它的功能主要是用来存取正在运行的程序和数据。RAM 又分为 SRAM、SDRAM 和 DDR SDRAM 几种类型。

① 静态随机存取存储器(SRAM),其优点是速度快、使用简单、不需刷新、静态功耗极低。

② 动态随机存取存储器(DRAM),其优点是集成度远高于 SRAM、功耗低,价格也低。目前已成为大容量 RAM 的主流产品。其中,SDRAM 为同步动态随机存取存储器、DDR SDRAM 为双倍速率同步动态随机存储器,人们习惯称为 DDR,是目前主流的内存条。内存条的外观如图 3.9 所示。

SDRAM 内存条

DDR 内存条

图 3.9 内存条的外观

当一台计算机同时运行的软件比较多,也就是说同时运行的软件需要的程序和数据都存入了内存,导致内存存储容量不够用的时候,就容易发生死机现象。这时,解决的办法是可以重新启动计算机。因为重启计算机,相当于断电后内存的数据清空了,计算机又可以恢复正常。

3. 高速缓冲存储器

在 64 位微型计算机中,为了加快运算速度,普遍在 CPU 与常规主存储器之间增设一级或两级高速小容量存储器,称之为高速缓冲存储器(cache)。其容量比较小但速度比主存高得多,接近于 CPU 的速度。适合用作 cache 的存储芯片是 SRAM。

当启动一个任务时,计算机预测 CPU 可能需要哪些数据,并将这些数据预先送到高速缓冲存储器区域。当指令需要数据时,CPU 首先检查高速缓冲存储器中是否有所需要的数据。如果有,CPU 就从高速缓冲器中直接取数据而不用到 RAM 中取了。

4. 外存储器

外存储器简称为外存。常见的微型计算机的外存储器主要有磁盘、光盘以及 U 盘等。其存储的特点是:

①外存的存储容量大但存取速度慢。

②外存能对数据作持久存储。

③外存不能直接与 CPU 进行数据传送,它一般需要通过接口与主存进行数据传送,再通过主存与 CPU 进行数据交换。

下面介绍常用的三种外存设备。

(1)磁盘存储器

磁盘又称为硬盘,它是计算机上非常重要的一种外存储设备。目前,市场上主要有三种硬盘:

①机械硬盘。机械硬盘(hard disk drive,HDD)即传统普通硬盘,它是由若干个同样大小的、涂有磁性材料的铝合金圆片组合而成。现在使用较多的是 3.5 英寸硬盘。

机械硬盘存储的容量 1991 年达到 100 ～ 130 MB,1997 年达到 1.2 ～ 3.2 GB,目前市场上可见到的硬盘容量起步就是 1 TB,市场常见的有 1 ～ 8 TB 的硬盘。

②固态硬盘。固态硬盘(solid state disk,SSD)速度上肯定会比传统机械硬盘快很多,通过测试可以发现固态硬盘的速度接近于传统机械硬盘的两倍。

固态硬盘和机械硬盘相比有四个优势。第一,低功耗:固态硬盘的功耗要低于传统硬盘;第二,无噪声:固态硬盘没有机械马达和风扇,工作时噪声值为 0 分贝;第三,工作温度范围大:典型的硬盘驱动器只能在 5℃ ～ 55℃ 范围内工作,而大多数固态硬盘可在 -10 ℃ ～ 70 ℃ 范围内工作;第四,轻便:固态硬盘在重量方面更轻。

目前固态硬盘容量,多数在 120 GB ～ 4 TB 之间,但价格相对机械硬盘来说偏高,且数据难恢复。而机械硬盘容量大,价格低,数据容易恢复。因此目前流行的装机方案是采取双硬盘策略,选择一个机械硬盘作为缓存、下载、存储使用,选用固态硬盘安装系统及软件,这样我们的操作系统就会有着更快的速度体验,又不会影响日常数据存储的需要。

③移动硬盘。移动硬盘通过 USB 接口实现即插即用的功能。市场中的移动硬盘能提供 320 GB ～ 4 TB 等容量,最高可达 12 TB 的容量,可以说是 U 盘、磁盘等闪存产品的升级版,被大众广泛接受。随着技术的发展,移动硬盘将容量越来越大,体积越来越小。

(2)光盘存储器

光盘是利用光学方式进行读写信息的圆盘。光盘驱动器是当前微型计算机的一个常见部件,目前常用的光盘存储类型有如下几种:

① CD-ROM 存储器。它是一种小型的只读光盘存储设备。

② CD-R 存储器。也称可记录式光盘,该光盘可一次性写入,此后不能修改,但允许多次读出。

③ CD-RW 存储器。它可以对光盘作反复的刻录、重写,同时又能多次读出。

④ DVD 存储器。DVD 是一种与 CD 类似但容量又大于 CD 的新形式的光盘存储器,DVD 也可分为 DVD-ROM、DVD-R、DVD-RW 等。

(3)U 盘存储器

U 盘存储器是利用目前流行的闪存芯片为存储介质的一种存储器。它通过 USB 接口与主机相连,可以像硬盘一样在该盘上读写、传送文件。它具有重量轻、体积小、防震、防潮等特点,非常适合于随身携带。U 盘的容量目前市场上最大已达到 2 TB。

5．辅助存储器

辅助存储器主要指的是磁带设备，它是一种典型的脱机设备，它的存取速度很慢，但存储容量极大，可达 PB 级。它一般可作为数据后援备份存储。

现在计算机对存储系统有三个基本要求，即存取时间短、存储容量大和价格低。这三个要求是互相制约的，存储器的存取时间越短，价格就越高；存储器的容量越大，存取时间就越长。根据当前所能达到的技术水平，仅用一种工艺技术做成的存储系统不可能同时满足这三个基本要求。因此，存储系统采用由小容量的高速缓冲器、主存储器和大容量的低速外存储器等组成多层结构。它们各有长短，在计算机中根据需要相互取长补短。图 3.10 所示为存储器的层次结构示意图。

其中，寄存器的存取速度最快，但制造成本最高，因此容量很小，一般少于 1 KB。它一般在 CPU 中并与 CPU 一起直接完成程序的执行。尽管它具有典型的存储器性质，但一般属于 CPU 而不归属于存储器范畴。

图 3.10　存储器层次结构图

3.3.4　输入设备

输入设备和输出设备，通常又称为 I/O 设备或外围设备。

输入设备的功能是将数据中数字、文字、声音、图形、图像、视频等信息转换成二进制编码后传入到计算机中处理，常见的输入设备有键盘、鼠标、手写笔、扫描仪、摄像头等，如图 3.11 所示。

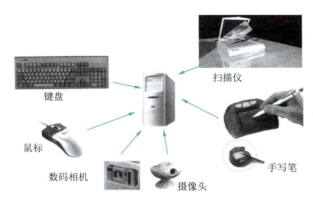

图 3.11　常见的输入设备

1．键盘

键盘是计算机中最基本的输入设备，计算机一般都配备键盘。键盘主要用于数字、文字的输入。键盘一般由四个区域组成，分别是主键盘区（主要用于字母及相关符号的输入）、数字键盘区（主要用于数字的输入）、功能键区（主要用于非字母、数字的一些功能的输入）和控制键区（主要对输入数据起控制作用的那些键，如 Ctrl 键、Alt 键等）。

目前，计算机中常用的是 104 键的键盘。用户按不同按键时，它们会发出不同的信号，并通过键盘内的电子线路转换成二进制编码，然后由键盘接口进入计算机主机。

2．鼠标

鼠标能方便地控制屏幕上的鼠标指针，准确地定位在指定的位置，并通过自身的按键完成各种操作。由于它的外形如老鼠，且它的作用具标识性，因此称鼠标。

鼠标按不同工作原理一般分为几种，分别为机械式鼠标、光机式鼠标、光学鼠标、激光鼠标及轨迹球鼠标，目前流行的是光学鼠标，它具有速度快、准确性好、灵敏度高、很少需维护、不需鼠标垫、性价比高等优点。

鼠标也是计算机中的最基本的输入设备，计算机一般都配备鼠标。图3.12所示为各种形状的鼠标。

（a）机械宏编辑鼠标　　　　　　（b）激光有线鼠标　　　　　　（c）光学鼠标

图 3.12　各种鼠标

3．扫描仪

图片输入的主要设备是扫描仪，它能将一幅或一张照片转换成图形存储到计算机中。利用有关的图形软件可对输入到计算机中的图形进行编辑、处理、显示或打印。

3.3.5　输出设备

输出设备的功能是将计算机处理的结果以数据形式传输至输出设备并以人类所能感知的视觉、听觉等方式显示。常见的输出设备如图3.13所示。

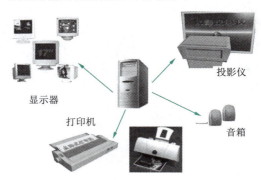

图 3.13　常见的输出设备

1．显示器

显示器是计算机中的基本输出设备，计算机一般都配备有显示器。显示器主要用于将主机中的结果用图像形式输出。

显示器主要由两个部分组成：其中一个部分是用于显示图像结果的部分，称为监视器；而另一部分则是用于显示控制部分，称为显示控制器，由于它以插卡形式出现，故又称为显示卡，或简称显卡。显卡主要功能是将主机中的二进制编码转换成图像形式输出。

显示器是一种光电设备，其作用是将电信号转换成光信号，最终以图像形式呈现。目前常用的显示器有 LCD 液晶显示器、LED 显示器、OLED 显示器和 MiniLED 显示器等。其中 LCD 仍然是今天主流的屏幕显示技术，成本也相对低廉。OLED 是更好的显示技术，但价格最高。MiniLED 作为传统 LCD 的升级技术，它基于 LCD 的显示技术，也需要搭配 LED 背光模组，并集合了 OLED 和 LCD 所有优点。随着 MiniLED 的价格降低和技术的升级，它已经成为近几年显示器的下一个技术重点，具有广阔的应用前景。

2. 打印机

打印机是微型计算机上重要的一种输出设备。现在的打印机种类和型号很多，打印的幅面一般分为 A4、A3 和 B4 几种。目前常用的打印机有针式打印机、喷墨打印机和激光打印机，如图 3.14 所示。较常用的为激光打印机。在激光打印机中有黑白打印机与彩色打印机两种，以黑白打印机为主。

（a）针式打印机　　　　　　（b）喷墨打印机　　　　　　（c）激光打印机

图 3.14　三种类型的打印机

打印机的工作原理：将主机中的二进制编码通过打印机的驱动程序以并行或串行接口传送至打印机控制器，通过控制器将电信号转换成机械或光信号打印输出。

3.3.6　外围设备与通信接口

1. 主板

计算机主板又叫主机板、系统板或母板，它安装在机箱内，是微机最基本的也是最重要的部件之一。主板一般为矩形电路板，上面安装了组成计算机的主要电路系统，也是微型计算机内部的各种器件载体，CPU、主存储器、总线等都在主板上，各种 I/O 适配器也是插在主板上的。

主板采用了开放式结构。主板上大都有 6～15 个扩展插槽，供 PC 外围设备的控制卡（适配器）插接。通过更换这些插卡，可以对微机的相应子系统进行局部升级，使厂家和用户在配置机型方面有更大的灵活性。一般来说，主板是随 CPU 而变化的，即一种 CPU 有一种相应档次的主板。CPU 决定了主板，CPU 也决定了计算机的性能和速度。CPU 升级涉及主板支持芯片组的变化，所以 CPU 升级一般要更换相应的主板。总之，主板在整个微机系统中扮演着举足轻重的角色。可以说，主板的类型和档次决定着整个微机系统的类型和档次。主板的性能影响着整个微机系统的性能。图 3.15 所示为主板实物图。

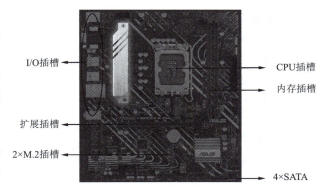

图 3.15　主板实物图

2．总线与接口

在计算机中有很多部件，如 CPU、主存储器、外存储器、输入设备及输出设备等，它们各司其职、相互协调、构成一个为实现共同目标协同工作的集合体。为实现这个目标，需要在各部件间建立统一的通路与相互间的接口，这是一个极其重要的部分。这部分的功能在这里用"总线与接口"来表示。

（1）总线

计算机硬件五大部件间需要有一条传输数据的通路，这种通路结构既要有方便性又要有灵活性，总线即可将五大部件紧密联系在一起。也就是说，总线是微型计算机在部件之间、设备之间传送信息的公共信号线。

（2）接口

接口是外围设备与计算机相连的端口，外设总线通常以接口形式表现。计算机上常见的接口有 PS/2 接口、串行接口、并行接口、USB 接口和 SATA 接口等，如图 3.16 所示。

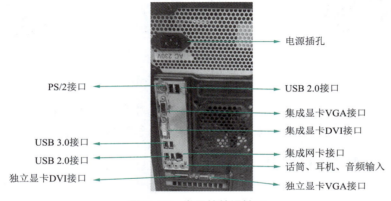

图 3.16　常见的外设接口

① PS/2 接口：它是一种 PC 兼容型计算机系统上的接口，可以用来连接键盘及鼠标。

② USB：是英文 universal serial bus（通用串行总线）的缩写，是一个外部总线标准，用于规范计算机与外围设备的连接和通信。它是应用在 PC 领域的接口技术，能同时连接多个设备到主机，且速度较快。USB 接口支持设备的即插即用和热插拔功能，它逐渐取代了传统的串行接口与并行接口。目前多种设备都用此种接口，如 U 盘、可移动硬盘、打印机等。现在常用的 USB 接口是 USB 2.0 和 USB 3.×，USB 3.× 在数据传输速度方面比 USB 2.0 有了很大的提升，USB 3.× 将逐渐取代 USB 2.0。

③ VGA 接口：即视频图形阵列，具有分辨率高、显示速率快、颜色丰富等优点。VGA 接口是 LCD 液晶显示设备的标准接口，具有广泛的应用范围。VGA 接口传输的是模拟信号，VGA 接口传输到显示器上要经历一次数/模转换和一次模/数转换。一般可以从台式主机的接口处来判断显卡是独立显卡还是集成显卡，VGA 接口竖置说明是集成显卡，VGA 接口横置说明是独立显卡。

④ DVI 接口：即数字视频接口，是一种国际开放的接口标准。DVI 传输的是数字信号，数字图像信息不需经过任何转换，就会被直接传送到显示设备上，它的速度更快，可以有效消除拖影现象。

⑤ SATA 接口：是 Serial ATA 的缩写，即串行 ATA，主要功能是用作主板和大量存储设备之间的数据传输，采用串行方式传输数据，还具有结构简单、支持热插拔的优点。目前如光盘、硬盘等均用此种端口。

除上面介绍的接口外，还有 RJ-45 接口，主要用于连接网线，显卡接口，有集成显卡接口和独立显卡接口，以及音频输入、耳机和话筒接口等。

3.3.7 微型计算机的性能指标

衡量微型计算机性能的主要技术指标有：

①字长。字长是计算机的一个重要技术指标。字长是指 CPU 一次可以处理的二进制数的位数。一般说来，计算机在同一时间内处理的一组二进制数称为一个计算机的字，而这组二进制数的位数就是字长。字长直接反映了一台计算机的计算精度。字长越长，一个字所能表示的数据精度就越高，同时，数据处理的速度也越快。字长总是 8 的整数倍，通常 PC 的字长为 16 位、32 位、64 位。目前市面上的计算机的字长基本都已达到 64 位。

②运算速度。这是衡量计算机性能的一项主要指标，它取决于每秒所能执行的指令条数。常用的单位为 MIPS（每秒钟百万条指令）。

微机一般采用主频来描述运算速度，主频越高，运算速度就越快。主频，即主时钟频率，它是时钟周期的倒数，用兆赫兹（MHZ）为单位来表示。

③主存储器的容量。即内存条的容量（RAM 的容量），反映了计算机即时存储信息的能力。

④外设扩展能力。在微型计算机系统中，外设的扩展能力主要包括可以用来扩展外设的接口类型、接口性能、接口数量等。

当需要购买微型计算机时，应主要从以上基本性能入手，了解计算机的配置情况是否达到自己的要求，再根据自己的经济情况考虑性价比来选用。如果是品牌机，可以直接购买整机；如果自己组装机器，可以先把配置定下来，选择不同厂家的散件产品进行组装。

3.4 多媒体计算机

科学技术的飞速发展使信息社会产生日新月异的变化，今天的多媒体技术以极强的渗透力进入人类生活的各个领域，正改变着人类的学习、工作、生活和娱乐方式，是信息社会的核心技术。

3.4.1 多媒体技术概述

多媒体（multimedia）是多种媒体的综合，一般包括文字、图片、照片、声音、动画和影片，以及程序所提供的互动功能等多种媒体形式。在计算机系统中，多媒体指组合两种或两种以上媒体的一种人机交互式信息交流和传播媒体。

多媒体技术是（multimedia technology）是利用计算机对文本、图形、图像、声音、动画、视频等多种信息综合处理、建立逻辑关系和人机交互作用的技术。多媒体技术的研究涉及计算机硬件、计算机软件、计算机体系结构、编码学、数值处理方法、图形图像处理、声音和信号处理、人工智能、计算机网络和高速通信技术等。多媒体技术所涉及的对象均是计算机技术的产物，而其他的单纯事物，如电影、电视、音响等，均不属于多媒体技术研究的范畴。

多媒体技术不仅是时代的产物，也是人类历史发展的必然。从计算机发展的角度来看，自人类发明电子计算机以来，用户和计算机的交互技术一直是推动计算机技术发展的一个重要因素。而多媒体技术将文字、声音、图形、图像集成为一体，获取、存储、加工、处理、传输一体化，使人机交互达到了最佳的效果。

3.4.2 多媒体计算机组成

在多媒体计算机之前，传统的个人计算机处理的信息往往仅限于文字和数字，交流信息缺乏多样性。为了改变人机交互的接口，使计算机能够集声、文、图、像处理于一体，诞生了具有多媒体处理能力的计算机。

多媒体计算机是指具有多媒体处理功能的个人计算机。事实上，多媒体计算机是在 PC 上增加了多媒体套件而构成的，即在原有的 PC 上增加了多媒体硬件和多媒体软件。

1．多媒体硬件

多媒体硬件主要包括计算机主要配置和各种多媒体外部设备以及与各种外部设备的接口卡。

（1）主机

多媒体计算机的主机可以是中、大型机，也可以是工作站，然而目前更普遍的是多媒体个人计算机。

（2）多媒体外围设备

多媒体外围设备工作方式一般为输入和输出，包括：①音频、视频输入设备，包括摄像机、录像机和话筒等；②音频、视频播放设备，包括投影电视、大屏幕投影仪和音响等；③人机交互设备，包括键盘、鼠标和手写输入设备等；④存储设备，包括磁盘、U 盘和光盘等。

（3）多媒体接口卡

多媒体接口卡是根据多媒体系统获取、编辑音频或视频的，其需要插接在计算机上，以解决各种媒体数据的输入输出问题。常用的接口卡有声卡、显卡、视频压缩卡、视频捕捉卡和视频播放卡等。

2．多媒体软件

多媒体软件是多媒体技术的灵魂，作用是使用户能方便而有效地组织和运用多媒体数据。多媒体的软件可划分成不同的层次或类别，这种划分是在发展过程中形成的，并没有绝对的标准，按其功能可分为以下几个方面：

（1）多媒体硬件驱动程序

多媒体硬件驱动程序一般指的是多媒体设备驱动程序，是一种可以使计算机和设备通信的特殊程序。相当于硬件的接口，操作系统只有通过这个接口，才能控制硬件设备的工作，若某多媒体设备的驱动程序未能正确安装，便不能正常工作。如视频卡、声卡、音响设备和录像机等多媒体硬件设备需要正常工作，就必须安装其对应的驱动程序。

（2）多媒体系统软件

多媒体操作系统又称多媒体核心系统。它具有实时任务调度、多媒体数据转换和同步控制、多媒体设备的驱动和控制以及图形用户界面管理等功能。一般是在原有的操作系统基础上进行扩充、改造或重新设计而成的。

（3）多媒体编辑软件

多媒体编辑软件是用于采集、整理和编辑各种媒体数据的软件，如文字处理软件、声音录制软件、图像扫描软件、全动态视频采集软件等。

（4）多媒体创作软件

多媒体创作软件是基于多媒体操作系统基础上的媒体软件开发平台，可以帮助开发人员组织编排各种多媒体数据及创作多媒体应用软件，可用于集成汇编多媒体素材、设置交互控制的程序，比较有名的多媒体创作软件有交互式多媒体制作软件 Authorware、多媒体项目的集成开发软件 Director（美国 Adobe 公司开发）、互动课件编辑软件 Toolbook 等。

（5）多媒体播放软件

多媒体软件制作完成以后需要在计算机上播放，以便用户学习或欣赏。由于多媒体制作软件制作完成的软件格式各不相同，为了能播放这些不同格式的文件，常需要不同的播放软件来支持。最初的多媒体播放软件通常是与多媒体文件格式一一对应的，因此，为了能够播放多种格式的多媒体文件，用户必须安装多种播放软件。但随着多媒体应用的不断发展，出现了集成式多媒体播放器软件，它们在支持多种格式多媒体文件的同时，保持了统一的用户操作界面，如 Windows 系统中的媒体播放器、暴风影音播放器和 BS Player 等。

3.4.3 多媒体信息数字化

多媒体信息数字化就是将文字、图片、照片、声音、动画等多种媒体信息转变为一系列二进制代码，引入计算机内部，进行统一处理，这就是多媒体信息数字化的基本过程。多媒体信息的数字化过程在第 2 章已经讲解，此处不再赘述。

3.4.4 多媒体数据压缩

1．基本概念

多媒体信息的数据量非常之大，如一幅 1 024×768 分辨率的 24 位真彩色图像的数据量约为 2.25 MB（1 024×768×24 bit），若每秒传送 30 帧，其每秒的数据量约为 67.5 MB/s（2.25 MB×30），若存放一部 90 min 的影片，其数据量约为 356 GB（67.5 MB×90×60）。显然，这样大的数据量不仅超出了计算机的存储和处理能力，更是当前通信信道的传输率所不及的。为了存储、处理和传输多媒体数据，必须对数据进行压缩。相比之下，文本和语音的数据量较小，且基本压缩方法已经成熟，因此目前的数据压缩研究主要集中于图像和视频信息的压缩方面。

视　频

数字图像的压缩

数据压缩是通过数学运算将原来较大的文件变为较小文件的数字处理技术，它是把压缩数据还原成原始数据或与原始数据相近的数据的技术。数据压缩通常可分为无损压缩和有损压缩两种类型。

（1）无损压缩

无损压缩利用数据的冗余进行压缩，解压缩后可完全恢复原始数据，不造成任何数据失真。其中，静止图像的数据冗余指的是规则的物体和背景都具有空间上的连贯性，这些图像数字化后会出现数据冗余，而运动图像和语音数据的前后有很强的相关性，经常包含了数据冗余。

但无损压缩率受到冗余理论的限制，压缩比率一般为 2∶1 到 5∶1。这类方法广泛应用于文本数据、程序和特殊应用场合的图像数据的压缩。由于压缩比的限制，仅使用无损压缩方法不可能解决图像和数字视频的存储和传输问题。

（2）有损压缩

有损压缩方法是利用了人类视觉对图像中的某些频率成分不敏感的特性，或人耳对不同频率的声音的敏感性不同，允许压缩过程中损失一定的信息；虽然不能完全恢复原始数据，但是所损失的部分对理解原始数据的影响较小，却换来了更大的压缩比。有损压缩广泛应用于语音、图像和视频数据的压缩。

2．常见压缩标准

（1）JPEG 静止图像压缩标准

国际标准化组织（ISO）和国际电报电话咨询委员会（CCITT）联合成立的专家组 JPEG（joint photographic experts group）经过五年艰苦细致的工作后，于 1991 年 3 月提出了多灰度静止图像的数字压缩编码（通常简称为 JPEG 标准）。这个标准适合彩色和单色多灰度等级的图像进行压缩处理。

JPEG 算法主要存储颜色变化，尤其是亮度变化，因为人眼对亮度变化要比对颜色变化更为敏感。JPEG 算法的设计思想是：恢复图像时不重建原始画面，而是生成与原始画面类似的图像，丢掉那些没有被注意到的颜色。

JPEG 压缩技术十分先进，它用有损压缩方式去除冗余的图像数据，在获得极高的压缩率的同时能展现十分丰富生动的图像。换句话说，就是可以用最少的磁盘空间得到较好的图像品质。JPEG 是一种很灵活的格式，具有调节图像质量的功能，允许用不同的压缩比例对文件进行压缩，支持多种压缩级别，压缩比率通常在 10∶1 到 40∶1 之间。压缩比越大，品质就越低；相反地，压缩比越小，品质就越高。

（2）MPEG 运动图像压缩标准

MPEG（moving picture experts group，动态图像专家组）是国际标准化组织（ISO）与国际电工委员会（IEC）于 1988 年成立的专门针对运动图像和语音压缩制定国际标准的组织。MPEG 负责开发电视图像和声音的数据编码和解码标准，这个专家组开发的标准都称为 MPEG 标准。到目前为止，已经开发和正在开发的 MPEG 标准有 MPEG-21 等。

MPEG 运动图像压缩标准旨在解决视频图像压缩、音频压缩及多种压缩数据流的复合与同步，它很好地解决了计算机系统对庞大的音像数据的吞吐、传输和存储问题，使影像的质量和音频的效果达到令人满意的程度。它是视频图像压缩的一个重要标准。

3.4.5 多媒体数据传输

随着 Internet 的普及，在网络上传输的资料不只是文字和图形，人们对网上视频、音频的传输要求也越来越高。因此，在进行多媒体数据的传输时，为了使各种媒体数据能协调工作，必须对这些数据进行有效的表达和适当的处理。

多媒体数据传输在网络上主要有两种方式：

1．下载

下载是传统的传输方式，指用户必须先下载完整的多媒体文件至本地才能播放，这种方式的延时很大,因为音视频文件一般都比较大,需要的存储容量也比较大,同时受到网络带宽的限制,下载一个文件很耗时,根据文件的大小,可能往往需要几分钟甚至几个小时。这种方式不但浪费下载时间、硬盘空间,重要的是使用起来非常不方便。

2. 流媒体技术

面对有限的带宽,实现网络的视频、音频、动画传输的最好解决方案就是流式媒体的传输方式。通过流式方式进行传输,即使在网络非常拥挤的条件下,也能提供清晰、不中断的影音传输,实现网上动画、影音等多媒体的实时播放。

流媒体就是指采用流式传输技术在网络上连续实时播放的媒体格式,如音频、视频或多媒体文件。流媒体技术也称流式媒体技术。所谓流媒体技术,就是把连续的影像和声音信息经过压缩处理后放到网站视频服务器上,由视频服务器向用户计算机顺序或实时地传送各个压缩包,让用户一边下载一边观看、收听,而不要等整个压缩文件下载到自己的计算机上才可以观看的网络传输技术。该技术先在使用者端的计算机上创建一个缓冲区,在播放前预先下一段数据作为缓冲,在网络实际连线速度小于播放所耗的速度时,播放程序就会取用一小段缓冲区内的数据,这样可以避免播放的中断,也使得播放品质得以保证。常见的流媒体文件格式有 RM 文件格式、RA 文件格式、ASF 文件格式和 SWF 文件格式等。

小　　结

计算机系统由硬件系统和软件系统组成。冯•诺依曼体系结构是计算机硬件的核心原则。就目前而言,各类计算机都还是属于冯•诺依曼体系结构,微型计算机也不例外。因此,微型计算机也具有运算器、控制器、存储器、输入设备和输出设备五大部件。多媒体计算机由多媒体硬件和多媒体软件组成。多媒体信息数字化就是将文字、图片、照片、声音、动画等多种媒体信息转变为一系列二进制代码,引入计算机内部,进行统一处理,这就是多媒体信息数字化的基本过程。多媒体数据压缩通常可分为无损压缩和有损压缩两种类型。有损压缩广泛应用于语音、图像和视频数据的压缩。多媒体数据传输在网络上主要有两种方式,即下载和流媒体。流媒体可以让用户一边下载一边观看、收听,可以避免播放的中断,也使得播放品质得以保证。

习　　题

一、简答题

1. 计算机系统由哪两大部分组成?两者之间的关系是怎样的?
2. 计算机硬件系统由哪些部分组成?什么是冯•诺依曼体系结构?
3. 什么是指令?
4. 内存和外存各有什么特点?
5. 微型计算机的性能指标有哪些?
6. 为什么要对多媒体数据进行压缩?
7. 什么是流媒体技术?

二、选择题

1. 通常人们所说的一个完整的计算机系统应该包括（　　）。
   A. 主机和外围设备　　　　　　　　B. 通用计算机和专用计算机
   C. 系统软件和应用软件　　　　　　D. 硬件系统和软件系统
2. 计算机主机包括（　　）。
   A. 外存储器　　　B. 主存储器　　　C. 显示器　　　D. 键盘
3. 程序由（　　）组成。
   A. 指令　　　　　B. 数据　　　　　C. 字　　　　　D. 字节
4. 辅助存储器也是一种（　　）。
   A. 接口　　　　　B. 存储器　　　　C. 运算器　　　D. 控制器
5. 我们通常所说的内存条是指（　　）。
   A. RAM　　　　　B. ROM　　　　　C. CD-ROM　　　D. PROM
6. 微型机中，运算器的主要功能是（　　）。
   A. 控制计算机的运行　　　　　　　B. 算术运算和逻辑运算
   C. 分析指令并执行　　　　　　　　D. 负责存取存储器中数据
7. 计算机能直接识别和处理的语言是（　　）。
   A. 汇编语言　　　B. 自然语言　　　C. 机器语言　　D. 高级语言
8. 以下说法错误的是（　　）。
   A. 声音的采样频率越高，量化数越多，而编码用的二进制位数也就越多
   B. 数据压缩通常可分为无损压缩和有损压缩两种类型
   C. 矢量图，即图形，它的特点是任意缩放，矢量图会失真
   D. 位图的清晰度与像素的多少有关，单位面积内像素点数目越多则图像越清晰，反之则图像越模糊

第 4 章 计算机软件

　　软件是用户与硬件之间的接口界面，用户主要是通过软件与计算机进行交流，软件是计算机系统设计的重要依据。方便用户，使计算机系统具有较高的总体效用，在设计计算机系统时，必须通盘考虑软件与硬件的结合，以及用户的要求和软件的要求。计算机软件系统是计算机的灵魂，也是计算机应用的关键。

　　本章将从资源管理和用户使用两个角度对计算机操作系统的基本概念、工作原理及实现机制进行阐述，并对数据库管理系统进行一定的介绍。

学习目标

◎掌握计算机软件的概念，并了解计算机软件的分类。
◎掌握操作系统的概念及主要功能。
◎了解数据库管理系统。
◎掌握 SQL 结构化查询语言。

4.1 计算机软件概述

4.1.1 计算机软件的概念

　　软件（software）是一系列按照特定顺序组织的计算机数据和指令，是计算机中的非有形部分。它是一种产品，也是开发和运行产品的载体。软件包括在运行中能提供所希望的功能和性能的指令集（即程序）、使程序能够正确运行的数据结构及描述程序研制过程和方法所用的文档。因此，可以说"软件＝程序＋数据＋文档"。软件早期依附于硬件，现在已经成为单独产品，形成了专门的软件工程学科。

　　人们在工作和学习中，经常接触到各式各样的软件。研发过程中需要根据不同类型的工程对象采用不同的开发和维护方式，因此有必要从软件功能、软件工作方式、软件规模、软件失效的影响及软件服务对象的范围等来进行合理的分类。

软件按应用范围划分，可分为系统软件和应用软件，如图 4.1 所示。

图 4.1　软件系统的划分

4.1.2　计算机软件的分类

1．系统软件

系统软件是指控制和协调计算机及外围设备，支持应用软件开发和运行的系统，是无须用户干预的各种程序的集合，主要功能是调度、监控和维护计算机系统，负责管理计算机系统中各种独立的硬件，使得它们可以协调工作。系统软件使得计算机使用者和其他软件将计算机当作一个整体而不需要顾及底层的每个硬件是如何工作的。

系统软件主要包括操作系统、程序设计语言、语言处理程序、数据库管理系统以及各种实用服务程序。

（1）操作系统

操作系统是对计算机所有硬件、软件资源进行控制和管理的程序，是直接运行在裸机上的最基本的系统软件，其他软件必须在操作系统的支持下才能运行。它是软件系统的核心，是计算机裸机与应用程序及用户之间的桥梁。

常用的系统有 DOS、Windows、UNIX、Linux 和 NetWare 等操作系统。

（2）程序设计语言

程序是为完成某个计算任务而指挥计算机工作的动作与步骤的描述。程序中描述动作与步骤是由指令（或语句）来实现，因此程序是指令序列。一般地，计算机中有一个指令（或语句）集合，程序可以使用指令集合中某些指令（或语句）按照一定规则编写，它们称为程序设计语言。

程序设计语言是用于书写计算机程序的语言，是人与计算机交互的语言，人要计算机完成某个计算任务时，须采用程序设计语言进行程序设计，最后以程序的形式提交给计算机。计算机按程序要求完成任务。

计算机程序设计语言的发展，经历了从机器语言、汇编语言到高级语言的历程。

① 机器语言。机器语言（machine language）是机器能直接识别的程序语言或指令代码，无须经过翻译，每一个操作码在计算机内部都有相应的电路来完成它，或指不经翻译即可为机器直接理解和接收的程序语言或指令代码。机器语言使用绝对地址和绝对操作码。不同的计算机都有各自的机器语言，即指令系统。从使用的角度看，机器语言是最低级的语言。

一条指令就是机器语言的一个语句，它是一组有意义的二进制代码，指令的基本格式包括操作码字段和地址码字段，其中操作码指明了指令的操作性质及功能，地址码则给出了操作数或操作数的地址。

用机器语言编写程序，编程人员要首先熟记所用计算机的全部指令代码和代码的含义。编写程序时，程序员得自己处理每条指令和每一数据的存储分配和输入输出，还得记住编程过程中每步所使用的工作单元处在何种状态。这是一件十分烦琐的工作。编写程序花费的时间往往是实际运行时间的几十倍或几百倍。而且，编出的程序全是些0和1的指令代码，直观性差，还容易出错。除了计算机生产厂家的专业人员外，绝大多数的程序员已经不再去学习机器语言了。

②汇编语言。汇编语言（assembly language）是一种用于电子计算机、微处理器、微控制器或其他可编程器件的低级语言，亦称为符号语言。在汇编语言中，用助记符代替机器指令的操作码，用地址符号或标号代替指令或操作数的地址。在不同的设备中，汇编语言对应着不同的机器语言指令集，通过汇编过程转换成机器指令。特定的汇编语言和特定的机器语言指令集是一一对应的，不同平台之间不可直接移植。汇编语言不像其他大多数的程序设计语言一样被广泛用于程序设计。在今天的实际应用中，它通常被应用在底层，也应用在硬件操作和高要求的程序优化的场合。驱动程序、嵌入式操作系统和实时运行程序都需要汇编语言。

③高级语言。高级语言（high-level programming language）相对于机器语言，是一种指令集的体系。在这种语言下，其语法和结构更类似普通英文，且由于远离对硬件的直接操作，使得一般人经过学习之后都可以编程。高级语言通常按其基本类型、代系、实现方式、应用范围等分类。常用的高级语言有：BASIC（适合初学者应用）、FORTRAN（用于数据计算）、C/C++（用于编写系统软件、教学）、Ada（用于编写大型软件）、LISP（用于人工智能）等。不同的语言有不同的功能，人们可根据不同领域的需要选用不同的语言。

高级语言与计算机的硬件结构及指令系统无关，它有更强的表达能力，可方便地表示数据的运算和程序的控制结构，能更好地描述各种算法，而且容易学习掌握。但高级语言编译生成的程序代码一般比用汇编程序语言设计的程序代码要长，执行的速度也慢。所以汇编语言适合编写一些对速度和代码长度要求高的程序和直接控制硬件的程序。

高级语言、汇编语言和机器语言都是用于编写计算机程序的语言。高级语言程序"看不见"机器的硬件结构，不能用于编写直接访问机器硬件资源的系统软件或设备控制软件。为此，一些高级语言提供了与汇编语言之间的调用接口。用汇编语言编写的程序，可作为高级语言的一个外部过程或函数，利用堆栈来传递参数或参数的地址。

（3）语言处理程序

除了机器语言外，其他用任何程序设计语言编写的程序都不能直接在计算机上执行，必须对它们进行适当的处理。语言处理程序是将用程序设计语言编写的源程序转换成机器语言的形式，以便计算机能够运行，这一转换是由翻译程序来完成的。翻译程序除了要完成语言间的转换外，还要进行语法、语义等方面的检查，翻译程序统称为语言处理程序，共有三种：汇编程序、编译程序和解释程序。

汇编程序是把汇编语言编写的程序翻译成与之等价的机器语言程序的翻译程序。汇编程序输入的是用汇编语言编写的源程序，输出的是用机器语言表示的目标程序。汇编语言是为特定计算机或计算机系列设计的一种面向机器的语言，由汇编执行指令和汇编伪指令组成。采用汇编语言编写程序虽不如高级程序设计语言简便、直观，但是汇编出的目标程序占用内存较少、运行效率较高，且能直接引用计算机的各种设备资源。它通常用于编写系统的核心部分程序，或编写需要耗费大量运行时间和实时性要求较高的程序段。

编译程序也称为编译器，是指把用高级程序设计语言编写的源程序，翻译成等价的机器语言格式目标程序的翻译程序。编译程序以高级程序设计语言编写的源程序作为输入，而以汇编语言或机器语言表示的目标程序作为输出。编译出的目标程序通常还要经历运行阶段，以便在运行程序的支持下运行、加工初始数据，算出所需的计算结果。

解释程序由一个总控程序和若干个执行子程序组成。解释程序的工作过程如下：首先，由总控程序执行初始准备工作，置工作初态；然后，从源程序中取一个语句 S，并进行语法检查，如果语法有错，则输出错误信息，否则根据所确定的语句类型转去执行相应的执行子程序；返回后检查解释工作是否完成，如果未完成，则继续解释下一语句，否则进行必要的善后处理工作。

高级语言翻译程序是将高级语言编写的源程序翻译成机器指令的工具。计算机将高级语言源程序翻译成机器指令时，通常有两种翻译方式，即编译方式和解释方式，具体如图4.2所示。

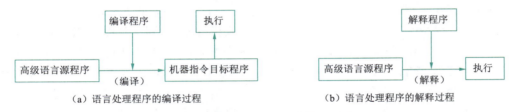

图 4.2　计算机语言处理程序的翻译过程

（4）数据库管理系统

数据库管理系统（database management system，DBMS）是一种操纵和管理数据库的大型软件，用于建立、使用和维护数据库。

数据库（data base，DB）是存储在一起的相关数据的集合，这些数据是结构化的、无不必要的冗余和可以共享的（比如银行的所有数据构成一个数据库）。数据的存储独立于使用它的应用程序（比如银行管理系统），这些应用程序对数据库的所有操作，如插入新数据，修改，删除数据，检索数据，对数据进行统计等，都必须通过数据库管理系统（如 Oracle）来进行。数据库管理系统如图 4.3 所示。

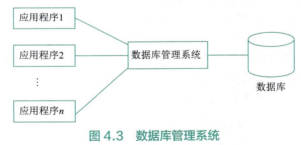

图 4.3　数据库管理系统

（5）各种实用服务程序

实用服务程序能配合各类其他系统软件为用户的应用提供方便和帮助，如磁盘及文件管理软件、360 杀毒软件等。在 Windows 的附件中也包含了系统工具，包括磁盘碎片整理程序、磁盘清理等实用工具程序。

2．应用软件

应用软件（application software）是和系统软件相对应的，是用户可以使用的各种程序设计语言，以及用各种程序设计语言编制的应用程序的集合，分为应用软件包和用户程序。应用软件包是利用计算机解决某类问题而设计的程序的集合，供多用户使用。

应用软件是为满足用户不同领域、不同问题的应用需求而提供的那部分软件。它可以拓宽计算机系统的应用领域，放大硬件的功能。应用软件是为计算机在特定领域中的应用而开发的专用软件。例如，各种管理信息系统、飞机订票系统、地理信息系统等。应用软件包括的范围是极其广泛的，可以这样说，哪里有计算机应用，哪里就有应用软件。应用软件不同于系统软件，系统软件是利用计算机本身的逻辑功能，合理地组织用户使用计算机的软、硬件资源，以充分利用计算机的资源，最大限度地发挥计算机效率，便于用户使用和管理；而应用软件是用户利用计算机和它所提供的系统软件，为解决自身的、特定的实际问题而编制的程序和文档。

4.1.3 计算机软件与硬件的关系

一个完整的计算机系统包括硬件系统和软件系统两大部分。

计算机硬件的功能是输入并存储程序和数据，以及执行程序把数据加工成可以利用的形式。在用户需要的情况下，以用户要求的方式进行数据的输出。

计算机软件是对硬件功能的扩充和完善，它的运行最终被转换为对硬件的操作。没有任何软件支持的计算机称为"裸机"，在裸机上只能运行机器语言源程序，几乎不具备任何功能，无法完成任何任务。

硬件处于最底层，是计算机系统的物质基础，硬件系统的发展给软件系统提供了良好的开发环境；软件是提高计算机系统效率和方便用户使用计算机的程序扩展；它们二者相互依赖、相互促进、共同发展。

实用的软件能充分发挥硬件的性能，提升计算机的价值。各类软件技术的最终目的就是设计出好的软件，以便最大限度地合理利用和发挥硬件的能力，使计算机系统更好地为用户服务，是硬件的灵魂及核心部分。

4.2 操作系统概述

一个计算机系统可以划分为硬件资源和软件资源两大部分。硬件资源包括中央处理器（CPU）、存储器（内存和外存）和各种外围设备（输入/输出装置）。软件资源包括各类程序和数据，如各种语言的编译和解释程序，连接、编辑程序，数据库管理系统等。操作系统是计算机软件资源中的重要组成之一，是一种系统程序。在所有软件中，操作系统是紧挨着硬件的第一层软件（见图4.4），是对硬件功能的首次扩充，所有其他软件都必须在操作系统的支撑下才能建立和运行。因此，操作系统不仅是硬件与所有其他软件的接口，而且是整个计算机系统的控制和管理中心，起到"裸机中枢神经"的作用。操作系统是现代计算机系统必不可少的关键组成部分。

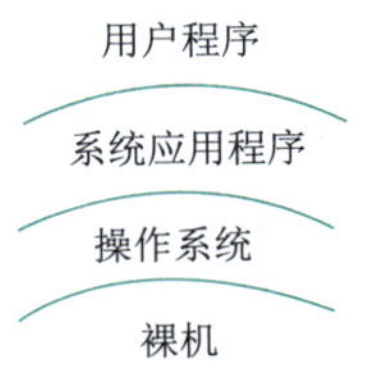

图 4.4 操作系统与软、硬件的关系

4.2.1 操作系统的分类

随着计算机软硬件技术的发展，已经形成了各种类型的操作系统，以满足不同应用的要求。按照操作系统的使用环境和对作业的处理方式来考虑，操作系统的基本类型有：

1. 批处理操作系统

在批处理系统（batch processing system）中，各用户将作业提交给系统操作员（或计算机），由操作系统将作业按规定的格式组织存入磁盘的某个区域，然后按照某种调度策略选择一个或几个作业调入内存中进行处理；内存中各个作业交替执行，处理的步骤可由用户预先设定，作业输出结果也由操作系统存入磁盘的某个区域后，再由操作系统控制输出。

"多道"和"成批"是批处理系统的两大特点。"多道"是指系统内允许有多个作业，这些作业存放在外存中，组成一个后备队列，系统按照一定的调度策略从后备队列中选取一个或多个作业进入内存运行。"成批"的特点是指在作业运行过程中不允许用户直接干预操作，作业的装入、运行，以及结果的输出都由系统自动实现，从而大大压缩了两个作业之间的转换时间，在系统中形成了一个自动转接的连续作业流。批处理操作系统所追求的目标是资源利用率高、作业吞吐量大及操作流程的自动化。

2. 分时操作系统

分时操作系统（time sharing system）允许多个用户同时联机使用计算机。"分时"即多个用户对系统资源进行时间上的分享，一台分时计算机系统联有若干台本地或远程终端，多个用户可在各自的终端上向系统发出服务请求，以交互方式使用计算机，如图 4.5 所示。

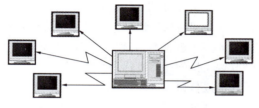

图 4.5　分时操作系统

分时操作系统的响应时间是指用户发出终端命令到系统响应所需时间，是衡量分时系统性能的主要指标。

3. 实时操作系统

所谓"实时"就是"立即"或"及时"，其具体含义是指系统能及时响应随机发生的外部事件，并以足够快的速度完成对该事件的处理。

实时操作系统（real time system）是为了支持如工业过程控制、飞行物及火炮发射等自动控制系统等有实时要求的应用系统而设计的。

4. 网络操作系统

计算机网络是通过通信设施将若干本地或远程的独立的计算机系统互连起来，实现信息交换、资源共享、互操作与协作处理的系统。网络操作系统（network operating system，NOS）除了具有基本类型的操作系统所具备的资源管理和服务功能外，还在原来各自计算机操作系统上，按照网络体系结构的各个协议标准进行开发。

5. 分布式操作系统

与 NOS 一样，分布式操作系统（distributed software systems）也是通过通信网络将物理上分布的具有自治功能的数据处理系统或计算机系统互连起来，实现信息交换和资源共享，协作完成任务。分布式系统是一个不共享公共存储器的处理机的集合，每个处理单元都包含有处理机和局部存储器。分布式操作系统强调的是分布处理、计算。由于分布式操作系统更强调分布式计算和处理，因此，对于多机合作和系统重构、可靠性和容错能力有更高的要求。更短的响应时间、高吞吐量、高可靠性是分布式操作系统所追求的目标。

4.2.2 操作系统的特征

多道程序系统的引入，提高了 CPU 的利用率，但也给操作系统的设计和实现带来了许多复杂问题，为了进一步了解现代操作系统的原理和实现机制，从资源管理和用户服务的观点出发，操作系统应该具有以下特征：

1．并发性

并发性是指多个事件同时发生。在多道程序系统中，多道程序同时驻留内存，它们是轮流交替地被 CPU 所调用，从宏观上看，它们"同时"处于运行状态，称为"多道程序"并发执行。因此，并发性是一种逻辑的宏观上的同时概念。

操作系统是管理并发系统的程序集合。操作系统的并发性体现在操作系统自身各程序之间，与用户程序以及系统应用程序之间的并发执行。

2．共享性

共享性是指多道程序或多个用户共同使用有限的资源。共享性是现代操作系统的一个最大特点，是操作系统所追求的主要目标之一，操作系统的主要职能之一就是组织好对资源的共享，使系统资源得到高效的利用。通常共享有以下两种方式：

①互斥共享：也称为顺序共享，所有系统资源均可顺序共享，即在一段时间内只允许一个进程访问该资源，只有当访问结束，以及资源释放后，才允许另一个进程访问。

②并发访问：也称为同时访问，允许在一段时间内有多个进程"同时"使用某资源，但在某一时刻该资源只能被一个进程访问，即多个进程对该资源的访问是交替进行的，例如，对磁盘的访问。

并发与共享是操作系统两个最基本的特征，资源共享是程序并发执行的必然结果，同时，只有对资源共享实施有效管理，才能实现和保证"程序"的并发执行。

3．虚拟性

虚拟的本质含义是把物理设备的一个变为逻辑上的多个，例如，在分时系统中，将一个物理 CPU 虚拟为多个逻辑上的 CPU，在存储管理中，使用虚拟技术，将一个统一编址的物理存储器变为多个逻辑上独立编址的存储器等。虚拟性是操作系统的奇妙功能，对于不同的对象实现虚拟的方法不同。

4．不确定性

不确定性是指在操作系统控制下各程序的执行顺序和每个程序的执行时间是不确定的。系统内部的各种活动是错综复杂的，如各种中断发生时间的随机性、程序运行错误及系统故障发生的随机性等。这些随机事件都造成了操作系统的不确定性。

操作系统的不确定性也是并发与共享的必然结果，操作系统必须具备随时响应和正确处理各种随机事件的能力。并发、共享是操作系统最基本的特征，资源共享是进程并发执行的必然结果，同时只有对资源实施有效管理，才能实现和保证进程的并发执行。

4.2.3 操作系统的发展历史

为了提高计算机资源的利用率和方便用户使用操作，从 20 世纪 50 年代至今，操作系统逐渐形成与发展，经历了从简单到复杂、从低级到高级的发展过程。

1. 手工操作阶段

1946 年第一台计算机诞生至 20 世纪 50 年代中期，还未出现操作系统，计算机工作采用手工操作方式。程序员将对应于程序和数据的已穿孔的纸带（或卡片）装入输入机，然后启动输入机把程序和数据输入计算机内存，接着，通过控制台开关启动程序，进行数据计算；计算完毕，打印机输出计算结果；用户取走结果并卸下纸带（或卡片）后，才让下一个用户上机，如图 4.6 所示。

图 4.6 手工操作阶段

手工操作方式的特点是：用户独占全机，不会出现因资源已被其他用户占用而等待的现象，但资源的利用率低；CPU 需要等待手工操作，CPU 的利用不充分。

20 世纪 50 年代后期，出现人机矛盾：手工操作的慢速度和计算机的高速度之间形成了尖锐矛盾，手工操作方式已严重损害了系统资源的利用率（使资源利用率降为百分之几，甚至更低），不能容忍。唯一的解决办法：摆脱人的手工操作，实现作业的自动过渡。这样就出现了成批处理。

2. 联机批处理系统

该系统作业的输入/输出由 CPU 来处理。主机与输入机之间增加一个存储设备——磁带，在运行于主机上的监督程序的自动控制下，计算机可自动完成：成批地把输入机上的用户作业读入磁带，依次把磁带上的用户作业读入主机内存并执行，并把计算结果向输出机输出。完成了上一批作业后，监督程序又从输入机上输入另一批作业，保存在磁带上，并按上述步骤重复处理。

监督程序不停地处理各个作业，从而实现了作业到作业的自动转接，减少了作业建立时间和手工操作时间，有效克服了人机矛盾，提高了计算机的利用率。但是，在作业输入和结果输出时，主机的高速 CPU 仍处于空闲状态，等待慢速的输入/输出设备完成工作：主机处于"忙等"状态，如图 4.7 所示。

图 4.7 联机批处理系统

3. 脱机批处理系统

脱机批处理系统由卫星机和主机组成。低档的卫星机完成输入/输出的工作，作业在主机上运行。这种工作方式使中央处理机与输入/输出等外围设备可以并行工作，从而提高了处理机的利用率。其工作原理如图 4.8 所示。

图 4.8　脱机批处理工作方式

4．管理程序阶段

脱机批处理虽缓解了 CPU 与 I/O 设备速度不匹配的矛盾，提高了 CPU 的利用率，但增加了用户的等待时间。

20 世纪 60 年代，计算机由于通道（channel）技术的引入和中断（interrupt）技术的发展而取得了突破性进展。通道是一种专用于控制输入/输出设备的小型处理机，又称 I/O 处理机。与中央处理机相比，通道的速度较慢，价格便宜，可借助于中断技术实现通道与中央处理机之间的并行工作，中断处理过程如图 4.9 所示。

图 4.9　CPU 中断处理过程

5．多道程序设计与多道批处理系统

虽然管理程序解决了 CPU 与 I/O 的并行操作，但由于作业仍然是串行执行的，在单道程序系统中，内存中只允许存在一道程序。例如执行一个计算量很少而需要输入大量数据的作业，CPU 仍然由于要等待通道完成输入任务而处于空闲状态，如图 4.10 所示。为了解决上述矛盾，出现了多道程序设计技术，如图 4.11 所示。

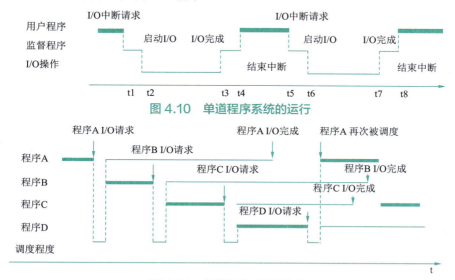

图 4.10　单道程序系统的运行

图 4.11　多道程序系统的运行

由于应用通道、中断技术及多道程序设计技术大大提高了 CPU 的利用率，这种并发性和共享性要求有更完善、更复杂的管理系统，并为用户提供更方便的操作，于是便形成了现代操作系统。

4.2.4 操作系统的功能

操作系统是计算机统一管理软硬件的系统软件，相对于直接针对硬件装置进行操作和编程而言，操作系统为一般用户使用计算机提供了一个更为高级的环境，因而降低了用户需要深入了解硬件结构方能使用计算机的需求。从系统资源管理的角度讲，一个功能完备的操作系统应具备文件管理、进程管理、存储器管理、设备管理和作业管理五大管理功能。

1. 文件管理

在计算机操作系统中，文件是指具有某种性质的信息集合。这一信息集合通常通过一个指定的名称（即文件名）来区分。文件通常存放在计算机的外部存储设备中，如磁盘、磁带等。在一个存储设备上可以存放许多文件。通过文件名可以对这些文件的内容进行读写操作。根据文件的不同用途或文件中信息的特征，可以对文件进行不同的分类。文件管理是与用户关系最为密切的功能。

（1）按名存取

用户使用外存空间时，并不需要了解磁盘盘区的复杂物理结构，而仅须用逻辑空间上的文件。一个文件占据一定容量的空间，用户使用时只需知道文件名就能存取，称为按名存取。

（2）文件组织

从用户使用的观点看，为了方便使用，文件有两种组织形式：一种称为记录式；另一种称为流式，它们统称为文件的逻辑结构组织。

① 记录式文件：文件被组织成一个个的记录，而记录是由多个有关联的数据项组成，文件存取以记录为单位进行。这种记录式文件用于结构型数据存储。

② 流式文件：文件是一种字符的序列，即它由一长串字符所组成。这种文件适用于非结构型数据的存储。

（3）文件目录

在磁盘空间上可以组织成多个文件，称为文件系统。为方便用户查找文件，设置有文件目录，文件目录为每个文件设立一个表目。文件目录表目包含文件名、文件内部标识、文件的类型、文件存储地址、文件的长度、访问权限、建立时间和访问时间等内容。

因此用户是按名查找文件，按目录使用文件。

（4）文件使用

为了使用文件，操作系统提供若干基本文件操作，它是文件的用户接口。这种操作一般有如下几种：

① 创建文件：建立一个新的文件，系统为其分配一个存储空间与一个文件控制块（FCB），并将文件初始信息及控制信息记录在 FCB 中。

② 删除文件：将文件从文件系统中删除，操作系统收回文件所占用的外存空间，同时删除该文件的 FCB。

③ 打开文件：在使用文件前，为读、写文件做准备，同时将该文件 FCB 调入内存。

④ 关闭文件：文件使用完毕，释放该文件使用的所有资源。

⑤ 读文件：在文件中读取数据，操作系统要为其分配一个内存读缓冲区，将读取的数据放至缓冲区。

⑥写文件：将数据写入文件，操作系统要为其分配一个内存写缓冲区，将数据通过缓冲区写入文件。

计算机的重要作用之一是快速处理大量信息，因此，信息的组织、存取和保管就成为一个极重要的内容，文件系统是计算机组织、存取和保存信息的重要手段。

2．进程管理

CPU 是计算机系统中的核心硬件资源，充分发挥 CPU 的功能，提高其利用率是处理机管理的主要任务。在多道程序设计技术出现后，处理机管理的实质是进程管理。因此，有时也把进程管理称为处理机管理。

进程是操作系统中最基本、最重要的概念，它是为刻画系统内部的状况、描述多个程序活动规律而引入的一个概念，进程是个可调度的指令集合及相关数据的一次运行活动，静态的指令集合及相关数据称为程序；进程描述的是程序的动态行为，进程从发生（创建）至结束（撤销）具有生存周期；程序可脱离机器而长期保存，而进程只在机器运行中临时存在；一个程序可以对应多个进程，一个进程也可以对应多个程序（如一次程序的运行活动中，可能会顺序使用几个程序）。

当前的操作系统均为多任务操作系统，多线程是实现多任务的一种方式。"同时"执行是人的感觉，在线程之间实际上是轮换执行的。为了反映进程的变化状况，一般把进程的运行分为以下三种基本状态：

①就绪状态：指当一个进程除处理机外，已获得了投入运行的一切资源时所处的状态。

②运行状态：指一个进程占用处理机，正处于运行之中时的状态。

③等待状态：指一个进程由于尚未获得某种资源，或某种希望的事件尚未发生，而处于暂停时的状态，该状态也称阻塞状态。

进程在能投入运行前，先处于就绪状态。处于这状态的进程从逻辑上讲，已是可运行的。它所需的所有运行调度条件均已满足，唯一不能运行的原因是 CPU 还未空闲。当 CPU 空闲，且按一定方式调度到某一就绪进程时，该进程就从就绪状态转入到运行状态。处于运行状态的进程可能由于多种原因而不能继续运行：若是 CPU 服务时间到，则运行中的进程直接转入就绪状态；若是等待其他事件发生时方能继续运行，则运行中的进程只能暂停，而转入等待状态，等待中的进程在重新具备可运行的条件后，再次回到就绪状态。

进程管理应具有以下功能：

①进程控制：基本功能为建立、撤销进程，控制进程在不同状态间的转换。

②进程同步：协调系统中并发执行的进程，控制它们以互斥方式或同步方式访问共享资源，协调进程的运行，使其合作完成同一任务。

③进程通信：对相互合作完成同一任务的进程，彼此间必须交换信息，实现进程间通信。

④进程调度控制：协调各进程对 CPU 的竞争使用，按照某种调度策略实现对 CPU 的分配和回收。

进程调度算法应以尽可能提高资源利用率、减少 CPU 空闲时间为原则，解决以何种次序对各就绪进程进行处理机分配的问题。因此，对进程调度性能的衡量是操作系统设计的一个重要指标。评价调度算法的优劣，通常考虑以下两个指标：

①周转时间（turnaround time，TT）或平均周转时间（average turnaround time，ATT）：周转时间是指从进程第一次进入就绪队列到进程运行结束的时间间隔，而平均周转时间是指

系统中各进程的 TT 平均值,表示为:

$$\text{ATT} = \frac{1}{n}\sum_{i=1}^{n} T_i$$

其中,T_i 是各进程的周转时间。

②响应时间(response time,RT):是指从提交一个请求开始到计算机作出响应、显示结果的一段时间间隔。

常用的调度算法有:

①先来先服务(first come first serve,FCFS)调度算法:该算法将就绪进程按进入的先后次序排成队列,并按先来先服务的方式进行调度,即每当进行进程调度时,总是选择就绪队列的队首进程运行。这是一种非剥夺式的调度算法,算法简单,容易实现。在一般意义下该算法是公平的,但对于那些执行时间较短的进程来说,如果它们在某些执行时间很长的进程之后到达,则将等待很长时间,服务质量差。因此,该算法一般只作为辅助的调度算法。

②最短 CPU 运行期优先(shortest CPU burst first,SCBF)算法:该算法针对 FCFS 算法对短进程服务质量差、等待时间长、平均周转时间长的缺点,最先调度 CPU 运行期短的进程。该算法 ATT 短,但因算法依赖于各进程的下一个 CPU 周期,实现较困难,通常采用近似估算的方法。

③时间片轮转(round-robin,RR)算法:该算法主要用于分时系统,其基本思想是,按照公平服务的原则,将 CPU 时间划分为一个个时间片,若一个进程在被调度选中后执行一个时间片,当时间片用完后,强迫执行进程让出 CPU 而排到就绪队列的末尾,等待下一次调度。同时,调度程序又去调度当前就绪队列中的第一个进程。

④最高优先级(highest priority first,HPF)调度算法:这是多道程序系统中广泛使用的算法,即进程调度每次都将 CPU 分配给就绪队列中具有最高优先级的进程。该算法的核心是确定进程的优先级。进程的优先级算法分为静态优先级算法和动态优先级算法。

静态优先级是在进程创建时根据进程初始特性或用户要求而确定的。例如,按进程的类型,系统进程的优先级高于用户进程。进程的静态优先级一经确定,在进程的生命期中就不可改变。显然,静态优先级算法简单,易实现,系统开销小,但可能导致某些优先级低的进程无限期地等待,使调度性能不高,系统效率较低。静态优先级一般用于实时进程。

动态优先级则是在进程创建时先确定一个初始的优先级,又称为基本优先级,在进程运行过程中按照某种原则使各进程的优先级随进程特性的改变而变化。

⑤高响应比优先调度算法(highest response ratio next,HRRN):算法将短进程优先级与动态优先级相结合。所谓高响应,是指进程获得调度的响应,即优先数 R,CPU 总是先调度优先数 R 高的进程。

$$R = (W+T)/T = 1+W/T$$

其中,T 为估计进程执行的时间,W 为进程等待的时间。

该算法是一种综合调度算法,既考虑了短进程优先,减少各进程的平均周转周期,同时也考虑对长进程的公平服务。

⑥多级反馈队列:在实际的操作系统中,所采用的调度算法往往是将几种基本算法相结合的综合调度。多级队列反馈法就是一种考虑了 HPF 法、RR 法和 FCFS 法的综合调度算法。

其基本思想是：
- 按优先级分别设置 n 个就绪队列，且优先级愈高的队列分配的时间片愈小。
- 某个进程并非固定在某一队列中，即采用动态优先级，进程的优先级在运行过程中按进程动态特性进行调整。
- 系统总是先调度优先级高的队列，仅当高优先级队列为空时，才调度下一高优先级队列中的进程。
- 同一优先级队列中的进程按到达先后次序排列，即按 FCFS 法与 RR 法相结合的策略调度。

需要说明的是：在实际的操作系统中一般采用综合调度策略，以提高系统的调度性能。

系统设计过程一定要高度重视死锁问题，死锁现象不仅浪费大量的系统资源，甚至会导致整个系统的崩溃。在系统中多个进程并发执行并共享系统软硬件资源的情况下，通常采用动态分配策略（即随时申请，随时分配）将各类资源分配给申请资源的进程。若对资源的管理使用不当，在一定条件下会导致系统发生随机故障，出现进程被阻塞的现象，即若干进程彼此互相等待对方所拥有且又不放的资源，其结果是谁也无法得到继续运行所需的全部资源，因而永远等待下去。这种现象称为死锁，处于死锁状态的进程称为死锁进程。

若干进程因使用共享资源不当容易造成死锁，一般系统中的资源分为可再用资源和消耗性资源两类。往往系统所提供的资源个数少于并发进程所要求的该类资源数，因而对资源的争夺可能引起死锁。图 4.12 所示为多进程要使用相同资源产生的死锁过程。

预防死锁本质上就是要使导致死锁的所有必要条件都不满足，一般可采取以下三种预防措施：

① 采用资源的静态预分配策略，破坏"部分分配"条件。即要求进程必须预先申请其所需的全部资源，只有当进程所需的全部资源满足时，系统才予以一次分配，且在进程整个运行期间不再申请新资源。

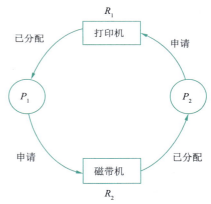

图 4.12　争夺 I/O 设备引起的死锁

② 允许进程剥夺使用其他进程占有的资源，从而破坏"不可剥夺条件"。即在允许进程动态申请资源的前提下，规定一个进程在请求新资源不能立即得到满足而变为等待状态前，必须释放已占有的全部资源。

③ 采用资源顺序使用法，破坏"环路"条件。即将系统中所有资源按类型线性排队，并按递增规则赋予每类资源唯一编号，进程申请资源时，必须严格按资源编号递增顺序分配。

总之，死锁是对计算机系统正常运行危害最大，但又是随机的、不可避免的现象。因此解决"死锁问题"是一个重要的研究课题。

3. 存储器管理

在计算机系统中，存储器可分为主存储器和辅助存储器，习惯上把前者称为内存，后者称为外存，内存可以分为系统区和用户区两部分。系统区用来存储操作系统等系统软件，用户区用于分配给用户作业使用。存储管理为用户提供了方便、安全和充分大的存储空间。

存储器管理是指对主存的管理，概括起来包括以下四方面内容：

① 存储空间地址的转换：由于程序在主存中的具体位置是预先不能确定的，所以用户写程序时不能直接使用实际的存储地址（即绝对地址），而需采用逻辑地址（或符号地址）。

在具体的内存空间位置确定后，必须把逻辑地址转换成计算机运行时所用的实际地址。这一转换过程就是存储空间的地址变换，或称程序的再定位。

②内存的分配和回收：当用户提出内存申请时，操作系统按一定策略从未分配分区表中选出符合申请者要求的空闲区进行分配，并写入该表内有关项，这称为内存的分配；若某个进程执行完毕，需归还内存空间时，操作系统负责及时回收相关存储空间，并修改表中有关项，这称为内存的回收。

③内存的保护：内存初期的地址保护功能一般由硬件和软件配合实现。

④内存的扩充：为保证用户程序对大存储空间的要求，引入虚拟存储管理技术，将内、外存结合起来管理，用大容量的外存对内存进行逻辑扩充，为用户提供一个容量比实际内存空间大得多的虚拟存储空间。

在分区管理中，内存分配常采用以下几种策略：

①首次适应算法（first fit，FF）。未分配分区按地址从小到大排列，每次分配时顺序查找分区分配表，选择所遇到的第一个足以满足请求容量的内存空闲区进行分配。这种算法优先使用了低地址部分空闲区，从而使高地址部分保持一个较大的空闲区，有利于后面大作业的装入。该算法简单，搜索速度快，回收被释放区方便；无论被释放区是否与空闲区相邻，都不用改变该区在可分配分区表中的位置，只需修改其大小或起始地址。所以首次适应算法是使用最多的算法。

②最佳适应算法（best fit，BF）。将空闲区按其大小以从小到大的次序排列，每次分配时总是从头顺序查找未分配分区表，找到第一个能满足要求的最小空闲区进行分配，这种分配算法是节约存储空间，保证一个小作业不会分割一个大的空闲区，即用最佳适应算法选出的是最适合用户要求的可用空闲区。保证了其后面的大作业的存储分配要求容易得到满足。这种算法的缺点是每次分区释放都要重排空闲区表，且容易产生无法使用的很小的碎片。

③最坏适应算法（worst fit，WF）。最坏适应算法要求空闲区按照从大到小的顺序排列，每次分配时总是挑选一个最大的空闲区分配给作业，这样剩余的空闲区不会太小，还能用来装下新的信息，但后面的大作业可能申请不到空闲分区。该算法适于中、小作业的存储分配。

以上分配算法各有特点，针对不同的请求队列，它们的效率和功能是不一样的。因此，最佳适应算法不一定是最优的，而最坏适应算法也不一定是最坏的。

存储器是计算机系统的重要资源，存储管理是操作系统研究的中心问题之一。存储管理的效率直接影响计算机系统性能，也最能反映一个操作系统的特点。内存管理的基本目的是提高内存的利用率及方便用户使用。

4．设备管理

设备管理是操作系统重要而又基本的组成部分，特别是在一个多用户、配备有多种输入输出设备的计算机系统中，更需要对设备进行有效管理。

设备管理的主要任务是：

①向用户提供使用外设的方便接口。按照用户的要求和设备的类型，控制设备的工作，完成用户的输入输出请求。

②充分发挥设备的使用效率，提高CPU与设备之间、设备与设备之间的并行工作程度。在多道程序环境下，按一定策略对设备进行分配和管理，保证设备高效运行。

为了完成上述任务，设备管理应具备下述功能：
- 建立统一的且独立于设备的接口。
- 按照设备类型和相应算法，进行设备的分配与回收。
- 进行设备驱动，实现真正的 I/O 操作及设备间的并行操作。
- 实现输入输出缓冲区管理，解决高速 CPU 与慢速设备速度不匹配的问题。
- 实现虚拟设备管理。

设备管理的主要任务之一是控制设备与内存或 CPU 之间的数据传送。选择控制方式的原则是：保证在足够的传送速度下数据的正确传送。要尽可能减少系统开销，充分发挥硬件资源能力，即使 I/O 设备尽量忙，而 CPU 等待时间少。

外设与内存间常用的数据传送方式有以下几种：

①中断控制方式：为了使用中断（interrupt）方式控制外围设备和内存与 CPU 之间的数据传送，要求 CPU 与设备间有相应的中断请求线，设备控制器的状态寄存器有相应中断位。当进程需要输入数据时，通过 CPU 发出指令启动外设，进程应放弃处理机，等待输入完成。在启动外设后，进程调度程序转去调度别的进程占用 CPU。当数据输入完成后，I/O 控制器发出中断请求信号，CPU 在接收到中断信号之后，转向中断处理程序对数据进行处理。图 4.13 所示给出了中断控制方式的处理过程。

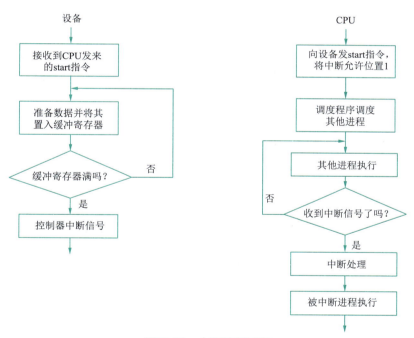

图 4.13　中断处理过程

②直接内存访问方式：为了减少中断次数，提高 CPU 利用率及设备的并行工作能力，常采用直接内存访问（direct memory access，DMA）方式。由于绝大多数的小型、微型机都采用总线结构，如图 4.14 所示，所以 DMA 方式的基本思想是："窃取"或"挪用"CPU 总线的控制权。它要求 CPU 暂停使用若干总线周期，由 DMA 控制器占用总线来进行 CPU 与设备间的数据交换。如图 4.15 所示为 DMA 控制流图。

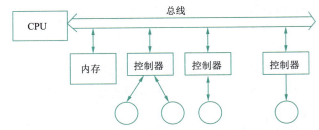

图 4.14　总线结构的计算机硬件组织

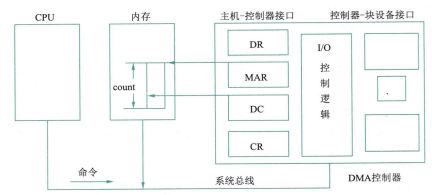

图 4.15　DMA 控制流图

③通道方式：通道（channel）是比 DMA 控制机构更完善、功能更强的 I/O 控制机构。与 DMA 一样，通道方式也是一种以内存为中心，实现设备和内存直接交换数据的控制方式，每次可传送一组数据块，在数据块传送期间，不产生中断，不需要 CPU 干预。当数据块传输完成后，DMA 控制器才归还 CPU 控制权，并向 CPU 发出中断请求信号。

但与 DMA 方式不同，通道是一种专门控制 I/O 工作的简单的处理机，也称 I/O 处理机，它有自己的简单指令系统，其指令称为通道控制字（channel command word，CCW）。由 CCW 编制成通道程序存放在内存，用于实现对外设的 I/O 操作的控制。

通道程序的起始地址存放在一个称为通道地址字（channel address word，CAW）的固定内存单元中，由 CPU 执行"启动 I/O"的指令，启动通道程序，若通道可用，启动成功，则 CPU 可转去执行其他任务；通道被启动后，根据 CAW 访问通道程序，逐条执行 CCW，向设备控制器发出 I/O 操作命令；设备控制器启动设备，经通道在内存与 I/O 设备之间传送数据；输入设备读入数据经通道送往指定的内存区，或将指定内存区的数据经通道送往输出设备输出。通道结构如图 4.16 所示。

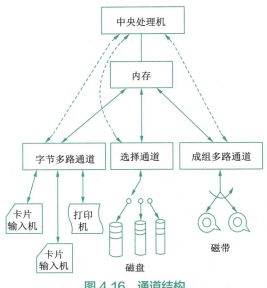

图 4.16　通道结构

计算机系统所连接的物理设备种类繁多、特性各异，设备管理的基本任务是为用户提供统一的与设备无关的接口，对各种外围设备进行调度、分配，实现设备的中断处理及错误处理等。采用虚拟设备技术和缓冲技术，尽可能发挥设备和主机的并行工作能力。

5．作业管理

计算机操作系统中，作业管理主要是负责人机交互，图形界面和系统任务的管理。它主要解决的是允许谁来使用计算机和怎样使用计算机的问题。在计算机操作系统中，把用户需要计算机完成某一项任务，要求计算机所做工作的集合称为一个作业。作业管理的主要功能是把用户的作业装入内存并投入运行，作业一旦进入内存就称为进程，作业可以包含一个或多个进程。

作业管理具有调度和控制作业执行的功能。当有多个用户同时要求使用计算机时，允许哪些作业进入，不允许哪些作业进入，怎样调配已经进入的作业的执行顺序，这些都是作业管理的任务，这个过程被称之为作业调度。常用的作业调度算法包括先来先服务法、最短作业优先法、最高响应比优先法、优先级调度法等。

为了方便用户使用操作系统，操作系统向用户提供了"用户与操作系统间的接口"。该接口一般分为用户接口和程序接口。用户接口主要功能是向作业发出命令以控制作业的运行，用户接口一般可以分为联机用户接口、脱机用户接口和图形用户接口三类。程序接口是为用户程序在执行过程中访问系统资源设置的，是用户程序取得操作系统服务的路径。程序接口由一组系统调用组成，每个系统调用都是一个能够完成特定功能的子程序。每个用户程序要求操作系统提供某种服务（功能）时，便调用具有相应功能的系统程序。

4.3 数据库系统

21 世纪是大数据时代。信息技术的飞速发展，特别是移动互联网和物联网的普及应用，每天都有大量的新数据产生，使我们置身于信息的海洋。如何管理如此庞大的数据并获取有用的信息，是数据处理技术面临的严峻挑战。数据库技术，作为信息系统科学的核心技术之一，是一种计算机辅助管理数据的方法，它研究如何组织和存储数据，如何高效地获取和处理数据。

4.3.1 数据管理技术及发展

数据管理技术是对数据进行分类、组织、编码、输入、存储、检索、维护和输出的技术。数据管理技术的发展大致经过了以下三个阶段：人工管理阶段、文件系统阶段、数据库系统阶段。

1．人工管理阶段

20 世纪 50 年代以前，计算机主要用于数值计算。从当时的硬件看，外存只有纸带、卡片、磁带，没有直接存取设备；从软件看（实际上，当时还未形成软件的整体概念），没有操作系统以及管理数据的软件；从数据看，数据量小，数据无结构，由用户直接管理，且数据间缺乏逻辑组织，数据依赖于特定的应用程序，缺乏独立性。

在人工管理阶段，应用程序与数据之间的一一对应关系如图 4.17 所示。

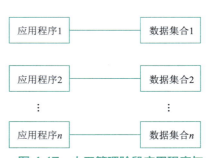

图 4.17　人工管理阶段应用程序与数据间的对应关系

2. 文件系统阶段

20 世纪 50 年代后期到 60 年代中期，出现了磁鼓、磁盘等数据存储设备。新的数据处理系统迅速发展起来。这种数据处理系统是把计算机中的数据组织成相互独立的数据文件，系统可以按照文件的名称对其进行访问，对文件中的记录进行存取，并可以实现对文件的修改、插入和删除，这就是文件系统。

文件系统实现了记录内的结构化，即给出了记录内各种数据间的关系。但是，文件从整体来看却是无结构的。其数据面向特定的应用程序，因此数据共享性、独立性差，且冗余度大，管理和维护的代价也很大。

文件系统阶段应用程序与数据之间的关系如图 4.18 所示。

3. 数据库系统阶段

20 世纪 60 年代后期以来，计算机用于管理的规模越来越大，应用越来越广泛，数据量急剧增长，同时多种应用、多种语言相互共享数据集合的要求越来越强烈。数据库技术应运而生，出现了统一管理数据的专门软件系统——数据库管理系统。目前较流行的数据库管理系统包括 Oracle、DB2、Sybase、SQL Server 和 MySQL 等，它们可以运行于中、小、微型计算机上。

在数据库管理系统支持下，数据与程序的关系如图 4.19 所示。

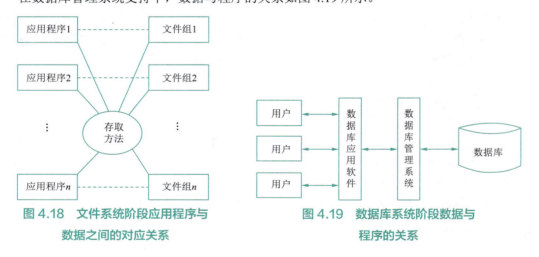

图 4.18 文件系统阶段应用程序与数据之间的对应关系

图 4.19 数据库系统阶段数据与程序的关系

数据库系统的主要特点是：

（1）数据结构化

结构化是数据库与文件系统的根本区别。在文件系统中，相互独立的文件的记录内容是有结构的。传统文件的最简单形式是等长同格式的记录集合。这样，可以节省许多存储空间，灵活性也可相对提高。但由于程序与文件独立性较差，所以，文件系统的灵活性仍有局限。数据库系统实现整体数据的结构化，不仅描述数据本身，还要描述数据之间的联系。

在数据库系统中，不仅数据是结构化的，而且存取数据的方式也很灵活，可以存取数据库中的某一个数据项、一组数据项、一个记录或一组记录。而在文件系统中，数据的最小存取单位是记录，粒度不能细到数据项。

（2）实现数据共享，减小数据冗余

在数据库系统中，对数据的定义和描述已经从应用程序中分离开来，通过数据库管理系统来统一管理。数据的最小访问单位是数据项,既可以按数据项的名称获取数据库中某一个或某一组数据项,也可以存取一条或一组记录。

在建立数据库时,以面向全局的观点来组织库中的数据,而不是像文件系统那样仅仅考虑某一部门的局部应用。数据库中存放全组织(比如企业)通用化的综合性的数据,某一类应用通常仅使用总体数据的子集,这样才能发挥数据共享的优势。

(3)数据独立性高

数据独立性是数据库领域中一个常用术语,包括数据的物理独立性和数据的逻辑独立性。

物理独立性是指用户的应用程序与存储在磁盘上的数据库中数据是相互独立的,也就是说,由数据库管理系统(DBMS)管理数据库中的数据在磁盘上的存储方式。应用程序要处理的只是数据的逻辑结构,这样即使当数据的物理存储改变了,应用程序也不用改变。

逻辑独立性是指用户的应用程序与数据库的逻辑结构是相互独立的,也就是说,数据的逻辑结构即使改变了,用户程序也可以不变。

数据与程序的独立是把数据的定义从程序中分离出去,加上数据的存取又由 DBMS 负责,从而简化了应用程序的编写,大大减少了应用程序的维护和修改工作量。

(4)具有统一的数据控制功能

数据库作为多个用户和应用的共享资源,对数据的存取往往是并发的,即多个用户同时使用同一个数据库。数据库管理系统必须提供并发控制、数据的安全性控制和数据的完整性控制等功能。

4.3.2 数据库系统的结构与组成

1. 数据库系统的结构

在数据模型中有"型"(type)和"值"(value)的概念。型是指对某一类数据的结构和属性的说明,值是型的一个具体赋值。

模式(schema)是数据库中全体数据的逻辑结构和特征的描述,它仅仅涉及型的描述,不涉及具体的值。模式的一个具体值称为模式的一个实例,同一个模式可以有很多实例。模式是相对稳定的,而实例是相对变动的。模式反映的是数据的结构及其关系,而实例反映的是数据库某一时刻的状态。

可以从多种不同的角度来看数据库系统的结构,从数据库管理系统的角度来看,数据库系统通常采用三级模式结构。在三级模式结构中使用二级映像来实现数据的独立性。数据库系统的三级模式结构是指数据库系统是由外模式、模式和内模式三级构成,如图 4.20 所示。

模式也称为逻辑模式,是数据库中全体数据的逻辑结构和特征的描述,是所有用户的公共数据视图。它是数据库系统模式结构的中间层,不涉及数据的物理存储细节和硬件环境,与具体应用程序、所使用的应用开发工具及高级程序设计语言无关。

外模式也称为子模式或用户模式,是数据库用户看见和使用的局部数据的逻辑结构和特征的描述,是数据库用户的数据视图,是与某一应用有关的数据的逻辑表示。

内模式也称为存储模式,是数据物理结构和存储结构的描述,是数据在数据库内部的表示方式。

数据库系统在三级模式之间提供了二级映像:外模式/模式映像和模式/内模式映像,这二级映像保证了数据库系统中的数据的逻辑独立性和物理独立性。

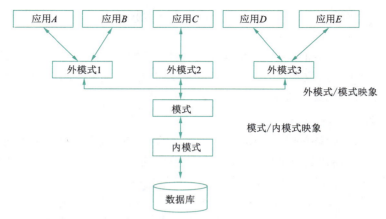

图 4.20　数据库系统三级模式结构图

在数据库系统中，对应于一个模式可以有任意多个外模式，对于每一个外模式，都有一个外模式/模式映像，它定义了该外模式与模式之间的对应关系。当模式改变时，由数据库管理员对各个外模式/模式的映像作相应改变，可以使外模式保持不变，从而应用程序不必修改，保证了数据的逻辑独立性。

数据库中只有一个模式，也只有一个内模式。模式/内模式映像是唯一的，它定义了数据全局逻辑结构与存储结构之间的对应关系。当数据库的存储结构改变了，由数据库管理员对模式/内模式映像作相应改变，可以使模式保持不变，从而保证了数据的物理独立性。

2．数据库系统的组成

数据库系统（DBS）一般由数据库（DB）、数据库管理系统（DBMS）及开发工具、应用软件、数据库管理员和用户组成，如图 4.21 所示。

数据库是存储数据的集合。数据库管理系统是为数据库建立、使用和维护而设计的软件，它是数据库系统的核心组成部分。除此之外还有支持数据库管理系统运行的操作系统、系统开发软件等。

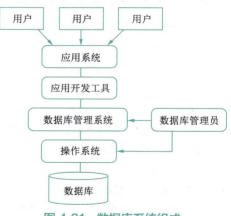

图 4.21　数据库系统组成

数据库系统一般需要专人来对数据库进行管理，这些人员称为数据库管理员（database administrator，DBA）。数据库管理员负责数据库系统建立、维护和管理。数据库管理员的职责包括：定义并存储数据库的内容；监督和控制数据库的使用；负责数据库的日常维护，必要时重组或改进数据库。数据库系统还涉及不同的用户，数据库系统的用户分为两类：一类是最终用户，主要对数据库进行联机查询或通过数据库应用系统提供的界面来使用数据库。这些界面包括菜单、表格和报表等。另一类是专业用户，即应用程序员，他们负责设计应用系统的程序模块，对数据库进行操作。

视频

数据模型

4.3.3　数据模型

大家对模型并不陌生，比如展览会中飞机模型、售楼中心的建筑设计沙盘等都是具体的模型,看到它们就会使人联想到真实生活中的事物。模型是现实世界中某个对象特征的模拟和抽象。

数据模型也是一种模型,它是对现实世界数据特征的抽象。也就是说数据模型是用来描述数据、组织数据和对数据进行操作的。

由于计算机不可能直接处理现实世界中的具体事物,所以人们必须事先把具体事物转换计算机能够处理的数据,也就是首先要数字化,把现实世界中具体的人、物、活动、概念等用数据模型这个工具来抽象、表示和处理。其实,数据模型就是对现实世界的模拟。

每一个数据库管理系统都是基于某种数据模型的,它不仅管理数据的值,而且要按照数据模型对数据间的联系进行管理。在设计数据库系统时,一般有两类不同层次的模型:概念数据模型和逻辑数据模型。

概念数据模型常简写成概念模型,它是按照用户的观点来对数据和信息建模,主要用于数据库设计,例如实体-联系模型。

逻辑数据模型常简写成逻辑模型,它是按计算机系统的观点对数据建模,面向 DBMS 软件,主要用于 DBMS 的实现,主要包括网状模型、层次模型、关系模型和面向对象模型。

1. 概念模型

从现实生活中事物特性到计算机数据库里数据的具体表示一般要经历三个世界。即现实世界-概念世界-机器世界。有时也将概念世界称为信息世界,将机器世界称为存储世界或数据世界。概念模型是现实世界到机器世界的一个中间层次,它用于对信息世界的建模,是现实世界到信息世界的第一层抽象。

（1）信息世界中的基本概念

信息世界是现实世界在人们头脑中的反映,是对客观事物及其联系的一种抽象描述。它不是现实世界的简单映象,而是经过对现实世界的选择、命名、分类等抽象过程而产生的。在信息世界里,对客观事物及其联系的描述一般都涉及实体、实体集、属性、主码和联系等术语。

- 实体:客观存在并可相互区别的事物称为实体。实体可以是实际事物,也可以是抽象事件。比如,一个学生、一个机房属于实际事物;学生的一次考试、应用程序的一次撤销、股民的一次投资都是比较抽象的事件。
- 实体集:同一类实体的集合称为实体集。例如,全体学生、所有教室。
- 属性:实体的具体特性称为属性。例如,教师实体可以用"工号""姓名""性别""职称"等属性来描述。属性的具体取值称为属性值,用以刻画一个具体实体的某一方面,这样适当属性的组合就可以具体地表示某一实体。例如,属性组合"980111""李萍""女""副教授"在教师名册中就表征了一个具体人。又如,机房实体由属性"编号""楼栋""名称""价值""建立年份"等来描述,属性组合"098765""外语楼""语音室""12万""2009年"则具体代表一个机房。
- 主码:如果某个属性或属性的集合能够唯一地标识出每一个实体,可以将它选作主码。用作标识的主码,也称为主关键字。上例中的"工号"可作为主码,由于可能有重名者存在,"姓名"不宜作主码。
- 联系:实体集之间的对应关系称为联系,它反映现实世界事物之间的相互关联。联系分为两种,一种是实体内部各属性之间的联系。例如,"出生日期"相同的有很多人,但一个学生只能对应一个"出生日期";另一种是实体之间的联系,例如,一个机房可以开设多门课程，同一门课程可以安排在不同的机房。

（2）概念模型的一种表示方法：实体 - 联系方法

概念模型是对信息世界建模，所以概念模型应该能方便、准确地表示出上述信息世界中的常用概念。概念模型的表示方法很多，其中最常用的是由 P.P.S.Chen 于 1976 年提出的实体 - 联系方法（entity-relationship approach，E-R），也称 E-R 模型，即实体 - 联系模型。

利用 E-R 图，可以方便地描述概念世界，建立概念模型。它可以进一步转换为任何一种 DBMS 所支持的数据模型。E-R 图一般有实体、属性以及实体间的相互联系三个要素。

实体（型）——用矩形框表示，框内标注实体名称。

属性——用椭圆形表示，并用连线与实体连接起来。如果属性较多，为使图形更加简明，有时也将实体与其相应的属性另外用列表来表示。

实体间的联系——用菱形框表示，框内标注联系名称，并将菱形框与有关实体用连线连接起来，在连线上注明联系类型。

实体间的联系虽然复杂，但都可以分解到几个实体间的联系，而最基本的是两个实体间的联系。联系一般有如下三种类型：

① 1:1（一对一联系）

设 A、B 为两个实体集。若 A 中的每个实体最多和 B 中的一个实体有联系，反过来，B 中的每个实体最多和 A 中的一个实体有联系，称 A 对 B 或 B 对 A 是 1:1 联系。

② 1:N（一对多联系）

如果 A 中的每个实体可以和 B 中的几个实体有联系，而 B 中的每个实体最多和 A 中的一个实体有联系，那么 A 对 B 属于 1:N 联系。这类联系比较普遍，一对一的联系可以看成是一对多联系的一个特殊情况，即 $N = 1$ 时的特例。

③ M:N（多对多联系）

若 A 中的每个实体可以和 B 中的多个实体有联系，反过来，B 中的每个实体也可以与 A 中的多个实体有联系，称 A 对 B 或 B 对 A 是 M:N 联系。

图 4.22 所示为网上购物系统的 E-R 图，每个用户都可以发布多条二手商品信息，同时也可以购买多个二手商品，因此用户与商品之间具有多对多的联系。每个商品有自己唯一的商品类型，而一个商品类型中有多个商品，所以商品与商品品种具有多对一的联系。由于是私人闲置物品，每个商品只能被成功交易一次，故生成一次订单，即一对一关系。一条评价只能评论一个订单，但订单包含追评模式，即每个订单可以有多条评价。

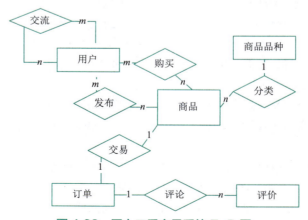

图 4.22　网上二手交易系统 E-R 图

2. 逻辑模型

逻辑模型是数据管理系统用来表示实体及实体间联系的方法，是从数据库实现的观点出发对数据建模，即将已设计好的概念模型转换为与 DBMS 支持的数据模型相符的逻辑结构。逻辑模型表达了数据库的整体逻辑结构，是设计人员对整个应用项目数据库的全部描述。

由于数据库系统不同的实现手段与方法，逻辑模型的种类较多，主要包括层次模型、网状模型、关系模型等，目前最为常用的是关系模型。

（1）层次模型

层次模型是数据库系统中最早出现的数据模型，层次数据库系统采用层次模型作为数据的组织方式。最典型的层次数据库系统是 IBM 公司的 IMS（information management system），这是 IBM 公司研制的最早的大型数据库系统程序产品。

在数据库中满足以下两个条件的基本层次联系的集合称为层次模型：

①只有一个结点没有双亲结点（双亲结点也称父结点），该结点称为根结点。

②根结点以外的其他结点有且只有一个双亲结点。

层次模型将数据组织成一对多关系的结构，用树状结构表示实体及实体间的联系，树中的每个结点代表一种记录类型，记录类型之间的联系用结点之间的连线（有向边）表示。

层次模型可以很自然地表示家族结构、行政组织结构等。

（2）网状模型

现实世界中事物之间的联系更多的是非层次关系的，用层次模型表示这种关系很不直接，网状模型则克服了这一弊病。

网状模型是用有向图结构表示实体及实体间的联系，是具有多对多类型的数据组织方式。

网状模型是满足以下两个条件的基本层次联系的集合：

①允许有一个以上的结点无双亲结点。

②一个结点可以有多于一个的双亲结点。

实际上，层次模型是网状模型的一个特例。网状数据模型的典型代表是 DBTG 系统，也称为 CODASYL 系统，是 20 世纪 70 年代数据库语言研究会（CODASYL）下属的数据库任务组（DBTG）提出的一个系统方案。DBTG 系统虽然不是实际的软件系统，但它提出的基本概念、方法和技术具有普遍意义，对于网状数据库系统的研制和发展起了重大的影响。后来许多系统都采用 DBTG 模型或者简化的 DBTG 模型，如 Cullinet Software 公司的 IDMS、HP 公司的 IMAGE 等。

（3）关系模型

关系模型是最重要的一种数据模型。关系数据库系统采用关系模型作为数据的组织方式。关系模型是用二维表的形式来表示实体和实体间联系的数据模型。从用户观点来看，关系的逻辑结构是一个二维表，在磁盘上以文件形式存储。表 4.1～表 4.3 分别代表机房、项目以及项目－机房三个关系结构图。

表 4.1 机房关系

机房编号	机房名称	容纳人数	建立年份
08404106	210	90	2004
08404107	211	80	2004

表 4.2　项目关系

项目编号	项目名称	完成时间
J02	智慧城市	2018 年
J03	物联网家居时代	2019 年

表 4.3　项目-机房关系

项目编号	机房编号	学生人数
J02	08404107	5
J03	08404106	6

二维表简单、易懂，用户只需用简单的查询语句就可以对数据库进行操作，并不涉及存储结构、访问技术等细节。但与网状、层次模型比起来实现较复杂，效率也比较低，因为很多任务都由系统承担。随着硬件的发展，效率已不再成为问题。关系模型是比较数学化的模型，要用到离散数学、集合论等知识，是一种具有严格设计理论的模型，它已成为几种数据模型中最主要的模型。自 20 世纪 80 年代以来，新推出的数据库管理系统几乎都支持关系模型。早期的许多层次和网状模型系统的产品也加上了关系接口。

关系模型中的基本术语如下：

- 关系：一个关系就是一张二维表，每个关系有一个关系名。在计算机里，一个关系可以存储为一个文件。
- 元组：表中的行称为元组。一行为一个元组，对应于存储文件中的一个记录值。例如，表 4.1 的机房关系有两个元组。
- 属性：表中的列称为属性，每一列有一个属性名。这里的属性与前面讲的实体属性相同，属性值相当于记录中的数据项或者字段值。
- 域：属性的取值范围，即不同元组对同一个属性的取值所限定的范围。例如，逻辑型属性只能从逻辑真或逻辑假两个值中取值。
- 分量：元组中的一个属性值。
- 目或度：关系模式中属性的数据项数目是关系的目或度。如机房关系是四元关系，项目关系是三元关系。
- 主码：属性或属性组合，其值能够唯一地标识一个元组。一个表中只能有一个主码。例如，机房关系中的机房编号，项目关系中的项目编号。
- 外码：关系中的某个属性虽然不是这个关系的主键，但它却是另外一个关系的主键时，则称之为外键或者外码。
- 关系模式：对关系的描述称为关系模式，格式为

关系名（属性名1，属性名2，…，属性N）

一个关系模式对应一个关系文件的结构。例如，上述三个关系可描述为：

机房（机房编号，机房名称，容纳人数，建立年份）。

项目（项目编号，项目名称，完成时间）。

项目-机房（项目编号，机房编号，学生人数）。

在关系模型中，记录之间的联系是通过主码来体现的。例如，要查询项目"J03"所用的机房编号以及建立年份，首先要在项目-机房关系中找到"J03"对应的机房编号是

"08404106",然后在机房关系中找到对应建立的年份,是 2004 年。在上述查询过程中,主码"机房编号"起到了连接两个关系的作用。

关系可以有三种类型:基本关系(通常又称为基本表或基本表)、查询表和视图表。基本表是实际存在的表,是实际存储数据的逻辑表示。查询表是查询结果对应的表。视图表是由基本表或其他视图表导出的表,是虚表,不对应实际存储的数据。

关系是二维表,但不是每个二维表都能作为关系,基本关系具有以下七个性质:

①元组个数有限性:二维表中元组个数是有限的。
②元组的唯一性:二维表中元组均不相同。
③元组的次序无关性:二维表中元组的次序可以任意交换。
④元组分量的原子性:二维表中元组的分量是不可分割的基本数据项。
⑤属性名唯一性:二维表中属性名各不相同。
⑥属性的次序无关性:二维表中属性与次序无关,可以任意交换。
⑦分量值域的统一性:二维表属性的分量具有与该属性相同的值域。

4.3.4 数据库设计与管理

1. 数据库设计

数据库设计(database design)是指对于一个给定的应用环境,构造最优的数据库模式,建立数据库及其应用系统,使之能够有效地存储数据,满足各种用户的应用需求,包括信息要求和处理要求。在数据库领域内,常常把使用数据库的各类系统统称为数据库应用系统。

从数据库应用系统开发的全过程来考虑,可将数据库的设计划分为六个阶段,每个阶段都有相应的成果。

(1)需求分析阶段

需求分析阶段主要准确收集用户的信息需求和处理需求,并对收集的结果进行整理和分析,形成需求说明。需求分析的方法很多,可以采用结构化分析方法、面向对象分析方法。需求分析是整个设计活动的基础,也是最困难和最耗时的一步。如果需求分析不准确或不充分,那么可能会导致整个数据库设计的返工。

(2)概念结构设计阶段

概念结构设计是数据库设计的重点,主要是对用户需求进行综合、归纳、抽象,形成一个独立于具体数据库管理系统的概念模型(常用 E-R 模型)。

(3)逻辑结构设计阶段

逻辑结构设计是将概念结构(常为 E-R 图)转化为所选用的 DBMS 所支持的逻辑数据模型,并对其进行优化,同时为各种用户和应用设计外模式。

(4)物理结构设计阶段

物理结构设计是为逻辑数据模型选取一个最适合应用环境的物理结构(包括存储结构和存取方法)。

(5)数据库实施阶段

数据库实施阶段就是设计人员用 DBMS 提供的数据库语言及其宿主语言,将逻辑设计和物理设计结果建立数据库,编写与调试应用程序,然后将实际数据载入数据库,并试运行。

（6）数据库运行和维护阶段

数据库应用系统经过试运行后正式投入使用。在数据库系统运行过程中必须不断地对其进行评价、调整和修改。数据库的维护工作一般由数据库管理员来负责，主要包括数据库的转储和恢复、数据库的安全性和完整性控制、数据库性能的监控、数据库性能的分析和改造、数据库的重组和重构。

设计一个优秀的数据库应用系统是不可能一蹴而就的，往往是上述六个阶段的不断反复。

2．数据库管理

数据库管理的主要目的是：防止不合法用户对数据库进行非法操作，实现数据库的安全性；防止不合法数据进入数据库，实现数据库的完整性；防止并发操作产生的事务不一致性，进行并发控制；防止计算机系统硬件故障、软件错误、操作等所造成数据丢失，采取必要的数据备份措施，并能从错误状态恢复到正确状态。

（1）数据库的安全性管理

数据库的安全性管理是指保护数据库以防止非法用户访问数据库，造成数据泄露、更改或破坏。在数据库系统中大量数据集中存放，并为许多用户直接共享，数据库的安全性相对于其他系统更为重要。对数据库进行安全控制的主要技术有用户标识与鉴别、存取控制、审计管理，数据加密等。

（2）数据库的完整性管理

数据库的完整性管理是指维护数据的正确性和相容性。与数据库的安全性管理不同，数据库的完整性管理是为了防止错误数据的输入，其防范对象是不合语义的数据，而安全性防范对象是非法用户和非法操作。维护数据库的完整性是数据库管理系统的基本要求。

为了维护数据库的完整性，数据库管理系统（DBMS）必须提供一种机制来检查数据库中的数据是否满足语义约束条件。这些加在数据库数据之上的语义约束条件称为数据库的完整性约束条件。DBMS检查数据是否满足完整性约束条件的机制称为完整性检查机制。

关系数据库系统中，最重要的完整性约束条件是实体完整性和参照完整性，其他完整性约束条件则可以归入用户定义的完整性。

①实体完整性：基本关系的所有主属性都不能取空值，以便唯一地标识实体。

②参照完整性：若属性或属性组 F 是基本关系 R 的外码，它与基本关系 S 的主码 K 相对应，则对于 R 中的每个元组在 F 上的值必须为空值或等于 S 中某个元组的主码值。其中 S 和 R 可以是同一关系。参照完整性定义了外码和主码之间的引用规则。

③用户定义完整性：除了实体完整性和参照完整性外，针对某一具体的关系数据库，如果需要一些特殊的约束条件，用户可以自行定义其约束条件。

（3）数据库的并发控制

数据库的并发控制和恢复技术与事务密切相关，事务（transaction）是用户定义的一个数据库操作序列，这些操作要么全做，要么全不做，是一个不可分割的工作单位。多用户数据库系统中，并行执行的事务为并发事务。并发事务可能产生多个事务存取同一数据的情况，如果不对并发事务进行控制，就可能出现存取不正确的数据，破坏数据的一致性。对并发事务进行调度，使并发事务所操作的数据保持一致性的整个过程称为并发控制。

并发控制是数据库管理系统的重要功能之一。并发控制方法主要有封锁（locking）方法、时间数（timestamp）方法、乐观（optimistic）方法等。

（4）数据库恢复技术

在数据库系统运行过程中，如果发生故障，数据库管理系统把数据库从错误状态恢复到已知的正确状态的功能就是数据库的恢复（recover）功能。数据库管理系统的恢复功能是否行之有效，不仅对系统的可靠性起决定性的作用，而且对系统的运行效率也有很大影响。

故障发生后，利用数据库备份（backup）进行还原（restore），在还原的基础上利用日志文件（log）进行恢复，重新建立一个完整的数据库，然后继续运行。恢复的基础是数据库的备份和还原以及日志文件，只有完整的数据库备份和日志文件，才能有完整的恢复。

4.3.5 SQL 语言概述

结构化查询语言（structured query language，SQL）是关系数据库的标准语言，也是一个通用、功能强大的关系数据库语言，其功能不仅包括查询，还包括数据库模式创建、数据库数据的插入与修改、数据库安全性和完整性定义与控制等一系列功能。

本节简要介绍 SQL 的基本功能，并进一步讲述关系数据库的基本概念。

1．定义和删除模式

在现代的关系数据库管理系统中，一个关系数据库管理系统的实例中可以建立多个数据库，一个数据库中可以建立多个模式，一个模式下通常包含多个表、视图和索引等数据库对象。

（1）定义模式

在 SQL 中，模式定义格式如下：

```
CREATE SCHEMA <模式名> AUTHORIZATION <用户名>;
```

如果没有指定＜模式名＞，那么＜模式名＞隐含为＜用户名＞

例 4.1 为用户 XIAO 定义一个教师模式 Teacher。

```
CREATE SCHEMA Teacher AUTHORIZATION XIAO;
```

定义模式实际上定义了一个命名空间，在这个空间中可以进一步定义该模式包含的数据库对象，如基本表、视图、索引等。

（2）删除模式

在 SQL 中，删除模式格式如下：

```
DROP SCHEMA <模式名> <CASCADE/RESTRICT>
```

说明：CASCADE 和 RESTRICT 必选其一。

CASCADE 是级联的意思，如果选 CASCADE，则执行删除模式的语句时，连同此模式里面的表、视图、索引等所有的数据都会一同全部被删除。

RESTRICT 的意思是限制，如果执行此删除语句时有限制，如果该模式下定义了下属的数据库对象，则拒绝删除；只有当该模式下为空时，才能执行该语句删除此模式。

2．定义、修改和删除基本表

用 SQL 可以定义、修改和删除基本表。定义一个基本表相当于建立一个新的关系，也就是定义了一个关系的基本框架。此时基本表中还没有数据。

定义基本表就是对基本表的名称，以及基本表中的各个字段及数据类型作出具体规定。

(1) 定义基本表

使用 CREATE TABLE 语句定义基本表，其格式如下：

```
CREATE TABLE <表名>
(<列名><数据类型>[列级完整性约束条件]
[，<列名><数据类型>[列级完整性约束条件]]…[，<表级完整性约束条件>]
);
```

其中，<表名>是所要定义的基本表的名称，它可以由一个或多个属性（列）组成。创建表的同时通常还可以定义与该表有关的完整性约束条件。

例 4.2 创建"教师"基本表。

```
CREATE TABLE 教师
(工号 char (6) not null,
姓名 char (8) not null,
系别 char (10),
性别 char (2),
籍贯 char (20),
住址 char (20)
);
```

执行上述语句将在数据库中建立一个名为"教师"的基本表，它有六个列，也就是关系中指的属性，分别是"工号""姓名""系别""性别""籍贯"和"住址"，它们都是字符型，只是长度不一样，"工号"的长度为6，"姓名"的长度为8，"系别"的长度为10，"性别"的长度为2，"籍贯"的长度为20，"住址"的长度为20。

SQL 语言的常见数据类型如表 4.4 所示。

表 4.4 SQL 语言的常见数据类型

数据类型	含义说明
INTEGER	4 字节整数
SMALLINT	2 字节整数
DECIMAL(*m*,*n*)	十进制数，共 *m* 个数字位
FLOAT	4 字节浮点数，数据大小从 0.1e-307 到 0.9e+308，以指数形式表示
CHAR(*n*)	固定长度的字符串，长度最大为 *n*
VARCHAR(*n*)	可变长度的字符串，长度最大为 *n*
DATA	8 字节日期型数据

SQL 语言支持空值，即 NULL，空值是不知道或不能用的值，如果基本表中某一列的定义不允许出现空值，则要加上 NOT NULL。例中的 NOT NULL 指出"工号"和"姓名"两列在输入数据时不允许出现空值，而其他字段可以为空。

(2) 修改基本表

SQL 语言用 ALTER TABLE 语句修改基本表，其格式如下：

```
ALTER TABLE <表名>
[ADD <新列名><数据类型>[完整性约束]]
```

```
    [DROP <完整性约束名>]
    [MODIFY <列名><数据类型>];
```

其中，<表名>是要修改的基本表；ADD 子句用于增加新列和新完整性约束条件；DROP 子句用于删除指定的完整约束条件；MODIFY 子句用于修改原有的列定义，包括修改列名和数据类型。

例 4.3 为"教师"基本表增加"职称"字段。

```
ALTER TABLE 教师 ADD  职称 CHAR(10);
```

新增加的列将处于表的最右面，而且这列不能指定为 NOT NULL，应允许空值，因为如果基本表中原来已经有数据，各记录的新增列肯定是空值，以后可以用更新语句来修改。

（3）删除基本表

当基本表没有用时，可以用 DROP TABLE 语句将基本表删除，其格式如下：

```
DROP TABLE <表名>;
```

基本表定义一旦删除，表中的数据、其上的索引以及以基本表为基础所建立的所有的视图将全部被删除，并释放出所占用的存储空间。

例 4.4 删除"教师"基本表。

```
DROP TABLE 教师;
```

3．定义和删除视图

数据库系统中一般都有若干个基本表。在基本表中保存着多个用户共享的数据。某一个具体应用可能只使用其中一部分数据，基本表的字段有时也不能直接满足用户的具体要求。这时，可以从一个或几个基本表以及现有的视图导出适合具体应用的视图。用户对视图的查询与基本表一样。基本表和视图都是关系，但视图是虚表，不对应于一个存储的数据文件，因此通过视图对数据的修改也要受到一些限制。

显然，建立和使用视图，可以简化查询语句。

通过对用户授以对视图的访问权限，可以限制不同用户的查询范围。未授权的用户不能访问任何基本表和视图。将视图授权给用户，可以避免暴露全部的基本表。

（1）定义视图

在 SQL 语言中，用 CREATE VIEW 语句建立视图，其格式如下：

```
CREATE VIEW <视图名>[(<列名>[, <列名>]…)]
AS <子查询>[WITH CHECK OPTION];
```

其中，子查询可以是任意复杂的 SELECT 语句，但通常不允许含有 ORDER BY 子句和 DISTINCT 短语。WITH CHECK OPTION 表示对视图进行 UPDATE、INSERT 和 DELETE 操作时要保证更新、插入或删除的行满足视图定义中的子查询中的条件表达式。

例 4.5 建立计算机系的教师视图，视图名为 V_TEACHER。

```
CREATE VIEW V_TEACHER AS
SELECT 工号,姓名,性别,职称
FROM  教师
```

```
WHERE 系别='计算机系';
```

由于建立的视图的字段名和 SELECT 子句中所列出字段相同,所以可以省略不写。

(2) 删除视图

删除视图语句是 DROPVIEW,其格式如下:

```
DROP VIEW <视图名>;
```

视图被删除之后,它的定义和在它基础上所建立的其他视图将被自动删除。

例 4.6 删除名为 V_TEACHER 的视图。

```
DROP VIEW V_TEACHER;
```

4. 建立和删除索引

基本表或视图中可能存放有大量的记录,此时查找满足条件的记录可能要花很长时间,为了提高数据的检索速度,可以根据实际应用情况为一个基本表建立若干个索引。

(1) 建立索引

在 SQL 语言中,建立索引使用 CREATE INDEX 语句,其格式如下:

```
CREATE [UNIQUE][CLUSTER] INDEX <索引名>
ON <表名>(<列名>[<次序>][,<列名>[<次序>]]…);
```

其中,<表名>是要建索引的基本表的名称。索引可以建立在该表的一列或多列上,各列名之间用逗号分隔。<次序>表示排序方式,可以是 ASC(升序)或 DESC(降序),省略值是 ASC。UNIQUE 表明此索引的每一个索引值只对应唯一的数据记录。CLUSTER 表示建立的索引是聚簇索引,它是指索引项的顺序与表中记录的物理顺序一致的索引组织。建立聚簇索引可以提高查询效率,但更新聚簇索引数据开销大,因此,对于经常更新的列不宜建立聚簇索引。

例 4.7 对基本表"教师"建立以"工号"为关键字的升序索引。

```
CREATE UNIQUE INDEX TEA_NO ON 教师(工号)ASC;
```

其中,UNIQUE 为可选项,表示唯一索引,即基本表中相应列的值不能相同。

(2) 删除索引

维护索引会增加系统开销,因此,可以使用 DROP INDEX 删除一些不必要的索引。删除索引语句的格式如下:

```
DROP INDEX <索引名>;
```

删除索引时,系统会同时删除有关该索引的描述。

例 4.8 将索引 TEA_NO 删除。

```
DROP INDEX TEA_NO;
```

5. 数据查询

SQL 语言中最主要、最核心的部分是它的查询功能。所谓查询就是从数据库中提取出满足用户需要的数据,查询是由 SELECT 语句实现的。在 SQL 语言中,许多操作都涉及 SELECT 语句。例如,将 SELECT 语句查询得到的数据插入到另外一个关系中;使用 SELECT

语句用满足条件的数据创建一个视图等。所以，SELECT 语句也是 SQL 语言中最灵活、最复杂的语句。

通常，一个 SELECT 语句可以分解成三个部分：查找什么数据，从哪里查找，查找条件是什么。因此，SELECT 语句可以分成以下几个子句：

```
SELECT [ALL | DISTINCT] <目标列表达式>[,<目标列表达式>]…
FROM <表名或视图名>[,<表名或视图名>]…
[WHERE <条件表达式>]
[GROUP BY <列名 1>[HAVING <条件表达式>]]
[ORDER BY <列名 2>[ASC | DESC]];
```

SELECT 语句含义是，根据 WHERE 子句的条件表达式从 FROM 子句指定的基本表、视图或派生表中找出满足条件的元组，再按 SELECT 子句中的目标列表达式选出元组中的属性值形成结果表。

如果没有 GROUP BY 子句，则将结果按 <列名 1> 的值进行分组，该属性列值相等的元组为一个组。通常会在组中使用聚合函数。如果后面还带 HAVING 短语，则只有满足指定条件的组才予以输出。

如果有 ORDER BY 子句，则结果还要按 <列名 2> 的值的升序（ASC）或降序（DESC）排序，默认是升序。

其中，FROM 子句指出上述查询目标及下面 WHERE 子句的条件中所涉及的所有关系名。WHERE 子句指出查询目标必须满足的条件，系统根据条件进行选择运算，输出条件为真的元组集合。WHERE 子句常用的查询条件见表 4.5。

表 4.5 常用的查询条件

查询条件	谓　　词
比较	=，>，<，>=，<=，!=
确定范围	BETWEEN…AND…
	NOT BETWEEN …AND…
字符匹配	LIKE，NOT LIKE
多重条件	AND、OR
空值	IS NULL，IS NOT NULL

不同系统所提供的功能有所区别，这里只介绍一般支持 SQL 的系统共有的基本功能。以一个简单的学生选课管理关系为基础，通过示例来介绍 SELECT 语句的使用方法。设学生选课管理关系数据模型包括以下三个关系模式：

教师（工号，姓名，性别，出生日期，职称，系别）
选课（工号，课程编号，选课人数）
课程（课程编号，课程名称，课程类型，总学时，学分，备注）

（1）简单查询

例 4.9　找出教师"李碧华"所在的系部。

```
SELECT 姓名,系别
FROM 教师
```

```
WHERE 姓名="李碧华"
```

SELECT 子句中允许有字符串常量出现，如本例可改写为：

```
SELECT "姓名：",姓名,"系别：",系别
FROM 教师
WHERE 姓名="李碧华"
```

在例 4.9 中，"姓名："和"班级："起到提醒的作用，使得查询的结果易于阅读。

例 4.10　查看所有教师的全部情况。

```
SELECT * FROM 教师;
```

SELECT 子句里的星号"*"是表示全部属性的通配符。当不需要进行投影操作时，属性名就没有必要一一列出。

例 4.11　查询所有已开设选课的教师的工号。

```
SELECT DISTINCT 工号 FROM 选课;
```

本例是针对已开设选课的教师而言的，每一教师都可能开设多门选修课程，而只要已选了一门课，就要将其工号显示出来，而且开设多门选修课程的教师只要显示一个就够了，所以在本例中加上了 DISTINCT 选项，目的是去掉重复的元组，如不加该选项，则将列出所有的工号，包括重复的工号。

例 4.12　查询所有课程学分小于 4 的课程名和总学时，且结果根据总学时升序排列。

```
SELECT 课程名称,总学时
FROM 课程
WHERE 学分<4
ORDER BY 总学时 ASC;
```

用 ORDER BY 对查询结果进行排序。ASC 表示升序，DESC 表示降序。升序是系统默认的，可以省略，因此本例中的 ASC 可以去掉。

例 4.13　查询学分在 1.5 到 3 之间的课程编号和学分。

```
SELECT 课程编号,学分
FROM 课程
WHERE 学分 BETWEEN 1.5 AND 3;
```

例 4.14　查询姓"王"老师的基本信息。

```
SELECT *
FROM 教师
WHERE 姓名 LIKE '王%';
```

本例中，谓词 LIKE 后面必须是字符串常量，其中可以使用两个通配符：

下划线"_"，代表任意一个单个字符；

百分号"%"，代表零到任意多个任意字符。

（2）连接查询

简单查询一般只涉及一个关系，如果查询目标涉及两个或几个关系，就需要进行连接运算。

连接运算一般是在 FROM 子句中列出关系名称，而在 WHERE 子句中则指明连接的条件，这样连接运算就由系统完成并实现优化。

例 4.15 查询所有开课教师的工号、姓名和系别。

```
SELECT DISTINCT 工号，姓名，系别
FROM 教师，选课
WHERE 教师.工号=选课.工号；
```

本例中教师和选课两种关系中有相同的属性名，因此在属性前面要加上关系名用以区分不同的关系。

例 4.16 查询教师"李小东"开设的所有选修课课程的编号和名称。

```
SELECT 姓名,课程.课程编号,课程.课程名称
FROM 教师,选课,课程
WHERE 教师.工号=选课.工号 AND 教师.姓名="李小东" AND 选课.课程编号=课程.课程编号；
```

小　　结

计算机通过操作系统协调、管理计算机系统中的所有软硬件资源，合理地组织计算机的工作流程。面对庞杂的信息数据，数据库技术作为信息系统科学的核心技术之一，采用 SQL 结构化查询语言，可用于存取数据以及查询、更新和管理数据库系统，能有效地组织和存储数据。

习　　题

一、简答题
1. 怎样理解"由于计算机上装有操作系统，从而扩展了原计算机的功能"？
2. 试对分时操作系统和实时操作系统进行比较。
3. 请简述数据库、数据库系统、数据库管理系统三者之间的关系。

二、选择题
1. 操作系统是一种（　　）。
   A．通用软件　　　B．应用软件　　　C．系统软件　　　D．软件包
2. 操作系统的（　　）管理部分负责对进程进行调度。
   A．主存储器　　　B．控制器　　　　C．运算器　　　　D．处理机
3. 操作系统是对（　　）进行管理的软件。
   A．软件　　　　　B．硬件　　　　　C．计算机资源　　D．应用程序
4. 从用户的观点看，操作系统是（　　）。
   A．用户与计算机之间的接口
   B．控制和管理计算机资源的软件
   C．合理地组织计算机工作流程的软件
   D．由若干层次的程序按一定的结构组成的有机体

5. 操作系统的功能是进行处理机管理、（　　）管理、设备管理及信息管理。
   A. 进程　　　　　　B. 存储器　　　　　　C. 硬件　　　　　　D. 软件
6. 操作系统中采用多道程序设计技术提高 CPU 和外围设备的（　　）。
   A. 利用率　　　　　B. 可靠性　　　　　　C. 稳定性　　　　　D. 兼容性
7. 在 SQL 中，条件"Not 工资额 >2 000"的含义是（　　）。
   A. 选择工资额大于 2 000 的记录
   B. 选择工资额小于 2 000 的记录
   C. 选择除了工资额大于 2 000 之外的记录
   D. 选择除了字段工资额之外的字段，且大于 2 000 的记录
8. 数据库（DB）、数据库系统（DBS）和数据库管理系统（DBMS）之间的关系是（　　）。
   A. DBS 包括 DB 和 DBMS　　　　　　B. DBMS 包括 DB 和 DBS
   C. DB 包括 DBS 和 DBMS　　　　　　D. DBS 就是 DB，也就是 DBMS
9. 概念模型是现实世界的第一层抽象，这一类模型中最著名的模型是（　　）。
   A. 层次模型　　　　　　　　　　　　B. 关系模型
   C. 网状模型　　　　　　　　　　　　D. 实体 – 联系模型
10. 下列四项中，不属于数据库系统特点的是（　　）。
    A. 数据共享　　　　　　　　　　　　B. 数据完整性
    C. 数据冗余度高　　　　　　　　　　D. 数据独立性高

三、填空题

1. 采用多道程序设计技术能充分发挥_____与_____并行工作的能力。
2. 操作系统是计算机系统的一种系统软件，它以尽量合理、有效的方式组织和管理计算机的_____，并控制程序的运行，使整个计算机系统能高效地运行。
3. 在主机控制下进行的输入 / 输出操作称为_____操作。
4. 按内存中同时运行程序的数目可以将批处理系统分为两类：_____和_____。
5. 并发和_____是操作系统的两个最基本的特征，两者之间互为存在条件。
6. _____系统不允许用户随时干预自己程序的运行。
7. 操作系统的主要性能参数有_____和_____等。

第 5 章
计算机网络与信息安全

20世纪90年代，随着通信技术的发展以及计算机应用的深入，人们试图突破地域的限制，使用各种传输介质（铜导线、光纤、红外线、微波和通信卫星等）将物理上分散的计算机连接起来，实现了计算机资源最大规模的共享，从而使计算机技术进入到一个新的时代，出现了覆盖全球的Internet。本章主要介绍计算机网络、Internet的相关技术以及信息安全相关知识。

学习目标

◎掌握计算机网络的概念及组成。
◎了解计算机网络的体系结构及分类。
◎掌握局域网技术。
◎了解Internet相关内容。
◎理解信息安全的相关知识。

5.1 计算机网络概述

21世纪是一个以网络为核心的信息时代，信息时代的主要特征是数字化、网络化和信息化，而我们现在所说的互联网，就是大家熟悉的Internet。互联网始于1969年美国的阿帕网（ARPANET），是由美国国防部组建的高级研究计划署筹建的分布式网络成果。如今，计算机网络早已成为信息社会的命脉和发展知识经济的重要基础，它涉及计算机、通信及网络等诸多方面，复杂而有秩序。它也普遍存在于军事、工业、教育、家庭、娱乐等各个领域。计算机网络把一个看上去很庞大的世界关联成了一个整体，但实际上，它似乎又让这个世界变得很小，因为通过计算机网络，原来根本不认识的人，可能认识了，原来根本不了解的问题，现在也明白了，人与人之间也可以通过计算机网络进行交流和沟通了。在网络高速发展的现代，人们早已习惯了使用手机银行、支付宝、微信等，电子商务、电子政务也已经成为人们参与经济、政治的新途径。

5.1.1 计算机网络的概念

首先，从逻辑功能上看，计算机网络是一个以数据通信为目的，用通信线路将多个计算机连接起来的计算机系统的集合，计算机网络的实体主要包括传输介质和通信设备。

其次，从用户角度上看，计算机网络是一个能对用户进行数据管理、帮助用户完成所有资源的调用和共享的载体，整个网络好像一个虚拟的存在，对用户来说是透明的。

如果要对计算机网络给出一个综合定义的话，那就是：利用通信线路将地理上分散的、具有独立功能的计算机和通信设备按不同的形式连接起来，在网络操作系统、网络管理软件及网络通信协议的协调下，实现资源共享和数据通信的计算机系统。

所以，最简单的计算机网络就是由两台计算机和连接它们的一条链路构成的，即两个节点和一条链路。

计算机网络之所以能如此迅速地被广泛应用，是因为它具备的强大功能：

①数据通信。计算机网络最基本的功能之一，即计算机与终端、计算机与计算机之间的数据传送及发布。就是让互联网上的用户之间，不受任何时间和空间的限制，都可以便捷、迅速、经济地交换各类数据信息。用户可以通过计算机网络实现文件传输、网页浏览、网络电话、视频会议、电子邮件等众多的应用。

②资源共享。"资源"指的是网络中所有的软件、硬件和数据资源。"共享"指的是网络中的用户都能够部分或全部地享受这些资源。实现了资源共享，就可以大大地减少系统的投资费用，它是计算机网络最本质的功能。

③分布式处理。计算机网络中，系统通常会将大型的综合性问题进行任务分解，并将分解后的子任务分别交给网络上不同的计算机同时去完成，用户可以根据自身需要，合理地选择网络资源，就近、快速地进行处理，从而实现分布式处理。

④集中管理。计算机网络可以对系统中的计算机进行集中管理，确保每台计算机的可靠性和可用性，并让计算机通过网络相互成为后备机，一旦某台计算机出现故障，它的任务就可以由其他的计算机代为完成，这样可以避免在单机情况下因一台计算机发生故障而引发整个系统瘫痪的情况出现，从而提高系统的可靠性。同时，当网络中的某台计算机负担过重时，网络又可以将新的任务交给较空闲的计算机完成，均衡负载，从而提高计算机的可用性。

5.1.2 计算机网络的组成

通常，一个完整的计算机系统是要包括计算机硬件和软件两部分的。而计算机网络的组成需要从不同角度进行分类：

1. 按逻辑功能分类

从逻辑功能上说，计算机网络是由"通信子网"和"资源子网"两部分组成的。

随着计算机网络结构的不断完善，人们从逻辑上把计算机网络数据处理功能和数据通信功能分开，将数据处理部分称为"资源子网"，将通信功能部分称为"通信子网"。"资源子网"通常由计算机系统、终端以及各种终端软件资源与信息资源组成，而"通信子网"是指网络中实现网络通信功能的设备及其软件的集合，比如中继器、集线器、网桥、路由器、网关等。

2．按系统组成分类

从系统组成上说，计算机网络是由网络硬件和网络软件组成的。

网络硬件包括网络的拓扑结构、网络服务器、网络工作站、传输介质和所有的网络连接设备。

①拓扑结构：网络中各个站点相互连接的形式。简单来说，就是服务器、工作站和传输介质的连接形式，它决定网络中服务器和工作站之间的通信方式。

②网络服务器：在网络中充当核心部件的计算机。它控制和协调网络中各计算机之间的工作，存储和管理共享资源，对网络进行监控，为各工作站的应用程序服务。

③网络工作站：通过网络接口卡（网卡）连接到网络，来享受网络提供的各种服务的计算机，它既可作为独立的个人计算机为用户服务，又可以按照被授予的一定权限访问服务器。在网络中，一个工作站即是网络服务的一个用户。

④传输介质：网络通信用的信号通道，即网络中传输信息的载体，常用的传输介质分为有线传输介质和无线传输介质两大类。

⑤网络连接设备：包括路由器和交换机等。交换机是将计算机连接成网络，路由器是将网络互联成更大的网络。

网络软件则包括网络操作系统、专用通信软件及通信协议等。网络操作系统是管理网络中的软、硬件资源，提供网络管理的系统软件，常见的网络操作系统有 Windows、UNIX、Netware 和 Linux 等。专用通信软件主要包括实现资源共享的软件和方便用户使用的各种工具软件等。网络通信协议是网络中计算机交换信息时的约定，规定了计算机在网络中互通信息的规则。互联网采用的协议是 TCP/IP，该协议也是目前应用最广泛的协议，其他常见的协议还有 Novell 公司的 IPX/SPX 等。

视频

网络协议

5.1.3　计算机网络的体系结构

计算机网络是结构非常复杂的系统，相互通信的两个计算机之间必须高度协调才能正常工作，而这种"协调"也是相当复杂的。为分析和解决计算机网络系统的复杂性，早在最初的因特网前身阿帕网设计时即提出了"分层"的方法，因为"分层"可将庞大而复杂的问题转化为若干较小的局部问题，而这些较小的局部问题就比较易于研究和处理。1974年，美国的 IBM 公司制定了网络体系结构 SNA（system network architecture），这个著名的体系结构标准就是按照分层的方法制定的，现在在使用 IBM 大型机构建的专用网络中仍在使用 SNA。不久后，其他一些科技公司也相继推出供自己产品使用的具有不同名称的体系结构。然而，全球经济的发展使得不同网络体系结构的用户迫切要求能够互相交换信息，为了使不同体系结构的计算机网络都能互连，国际标准化组织 ISO 于 1977 年成立了专门机构研究该问题。他们提出了一个试图使各种计算机在世界范围内互连成网的标准框架，即开放系统互连基本参考模型 OSI/RM（open systems interconnection reference model），简称为 OSI。这里的"开放"是指非独家垄断的，也就是说，只要遵循 OSI 标准的任何一个系统都可以和位于世界上任何地方的也使用同一标准的其他任何系统进行通信，这一点很像在世界范围内广泛使用的有线电话和邮政系统，这两个系统也都是开放系统。

计算机网络采用分层概念来划分层次结构的模型主要有两种。

1. OSI 参考模型

七层结构模型，分别是物理层、数据链路层、网络层、传输层、会话层、表示层和应用层。它的分层原则是处在高层次的系统利用较低层次的系统提供的接口和功能，而不需要了解底层实现该功能的过程，每一层负责相应的工作，当其中一层提供的某解决方案更新时，不会影响到其他层。每个层次的具体的功能如下：

①物理层：OSI 模型中的最底层，它是整个参考模型的基础，提供物理链路所需要的机械和电气等特性，如电压、比特率、最大传输距离、物理连接介质等。

②数据链路层：OSI 参考模型中的第二层，介于物理层和网络层之间。数据链路层获取物理层提供的服务，并向网络层提供服务，在网络层实体间提供数据发送和接收的功能。

③网络层：管理网络中的数据通信，将数据设法从源端经过若干个中间节点传送到目的端，从而向传输层提供最基本的端到端的数据传送服务。

④传输层：提供建立、维护和拆除传送连接的功能；选择网络层所提供的最合适的服务；在系统之间提供可靠的、透明的数据传送，提供端到端的错误恢复和流量控制。

⑤会话层：会话层不参与具体的传输，主要功能是对话管理、数据流同步等，如服务器验证用户登录便是由会话层完成的。

⑥表示层：这一层主要解决用户信息的语法表示问题，如数据的压缩和解压缩、加密和解密等工作。

⑦应用层：OSI 的最高层，也是唯一面向用户的层，它向用户提供 OSI 用户服务，例如事务处理程序、文件传送协议和网络管理等。

2. TCP/IP 的分层模型

因为 OSI 是一套概念清晰的理论模型，它总试图让全球的计算机网络都遵循这个统一的标准，但因为种种原因，它并没有在实际中应用。1982 年，诞生了另外一种体系结构，这种体系结构因为 TCP/IP 协议大受欢迎而被广泛使用，后来居上，成为了事实上的工业标准，这就是 TCP/IP 体系结构。TCP/IP 也是一种分层模型，它由基于硬件的四个层次构成，即网络接口层、网络层、传输层、应用层，OSI 与 TCP/IP 模型分层对比如图 5.1 所示，每个层次的具体功能如下：

①网络接口层：也称数据链路层，这是 TCP/IP 模型最底层。它负责接收 IP 数据报并将它发送至选定的网络。

②网络层：即 IP 层，它处理计算机之间的通信，即接收来自传输层的请求，将带有目的地址的数据发送出去。

③传输层：它提供应用层之间的通信，即端到端的通信。负责管理信息流，提供可靠的传输服务，以确保数据无差错地按序到达。

④应用层：应用程序之间进行沟通的层，如简单电子邮件传输（SMTP）、文件传输协议（FTP）、网络远程访问协议（Telnet）等。

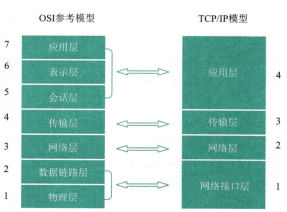

图 5.1 OSI 与 TCP/IP 分层对比

5.1.4 计算机网络的分类

计算机网络的分类方式很多，根据不同的分类标准可以将计算机网络分为不同的类型，常见的有按照拓扑结构分类和按照网络覆盖的地理范围分类。计算机网络的拓扑结构是指网络中的节点和通信链路连接后得到的几何形状，而节点是指所有连接到网络中的计算机设备（如个人计算机、交换机等）。拓扑学把实体抽象成与大小、形状无关的点，将连接实体的线路抽象成线，进而研究点、线、面之间的关系。下面主要介绍这两种不同的分类标准下的网络类型。

1. 根据网络的拓扑结构分类

根据网络的拓扑结构分类可分为：总线网络、星状网、环状网、树状网、网状网。

（1）总线网络

在总线网络中，所有网络节点都连接在一条公共的通信线路上，这条公共的通信线路即为"总线"，其结构如图 5.2 所示。在总线网络中，各个网络节点地位平等，公用总线上的信息从发送信息的节点开始向两端扩散，在总线上以广播方式发送，但只有与该信息携带的目标地址相符的节点才能真正接收这一信息。

图 5.2 总线拓扑结构

总线结构的优点：结构简单，扩充容易，另外，使用共享总线，线路成本低，信道利用率高。

总线结构的缺点：节点的个数有限制，节点个数太多会导致每个节点能够使用的有效带宽减少，通信效率下降；对总线性能要求较高，一旦总线出现故障，网络将无法正常工作。

（2）星状网

在网络中有一个中心节点，此点称为网络的集线器，网络中的其他节点都通过一条单独的通信线路与中心节点相连，中心节点控制全网的通信。因此该类网络又称之为集中式网络。星状网的结构如图 5.3 所示。

星状结构的优点：结构简单，配置方便，便于集中控制；易于维护、安全可靠，单个结点发生故障，不会影响全网，故障诊断和隔离比较容易。

星状结构的缺点：成本较高，因每个节点都要和中央节点直接连接，需要耗费大量的电缆，也增加了网络安装的工作量；中央节点的负荷较重，中央节点一旦损坏，整个系统便不能正常工作。

（3）环状网

网络中的各个节点通过通信链路首尾相接形成一个闭合环路。数据在闭合环路上单向或双向传送。环状网络的结构如图 5.4 所示。

图 5.3　星状拓扑结构

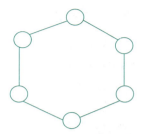
图 5.4　环状拓扑结构

环状结构的优点：结构简单；信息沿环路传送，控制简单；所有节点共享环路，电缆长度短，成本较低。

环状结构的缺点：当环中节点过多时，会影响信息的传输速率，使网络响应时间延长；环路是封闭的，不便于扩充；此外，网络中任何一个节点的损坏都可能导致整个系统不能正常工作，可靠性低。

（4）树状网

树状网是一种层次结构的网络，最顶层是根节点，每个节点的下一层可以有多个子点，但每个节点只能有一个父点，整个网络看起来像一棵倒挂的树。树状网络结构如图 5.5 所示。

树状网络的优点：结构简单，成本较低；网络中节点扩展方便。

树状网络的缺点：网络中各节点对根节点的依赖性较强，如果根节点失效，会导致整个网络瘫痪。

（5）网状网

在网络中节点的连接是无任何规律的，成网状相连。其结构如图 5.6 所示。

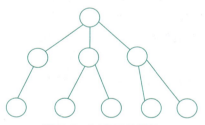
图 5.5　树状拓扑结构

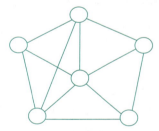
图 5.6　网状拓扑结构

在实际应用时，网络的拓扑结构有可能是以上的一种或几种基本拓扑结构的结合。选择拓扑结构时，要考虑诸多因素：既要便于安装，又要易于扩展，还要有较高的可靠性、易于维护等。

2. 根据计算机网络的覆盖地理范围和通信终端之间的距离分类

可将网络分成以下三类：

（1）局域网（LAN）

特点：范围小，一般距离在 0.5～10 km 之间；带宽大，数据传输率高，一般在 10～1 000 Mbit/s；数据传输延迟小，误码率低；易于安装，便于维护；局域网的拓扑结构简单（总线，星状，环状），容易实现。常用双绞线、同轴电缆和光纤作为传输媒介；采用无线传输的无线 LAN 正在得到迅速发展应用。

（2）城域网（MAN）

特点：具有 LAN 的特性，但规模比 LAN 大，地理分布范围在 10～50 km，传输媒体主要使用光纤。通常城域网由政府或大型集团公司建设，例如城市信息港、企业 Intarnet 网络。

（3）广域网（WAN）

特点：覆盖一个国家甚至全世界，也称远程网。利用网关（gateway）连接不同类型的网络，并完成相应的转换功能。

目前，Internet 可以看作世界上最大的广域网。

5.2 局域网技术

5.2.1 局域网的发展与特点

1．局域网的发展

1975 年，美国 Xerox 公司研制成第一个总线网络——以太网（Ethernet），到了 20 世纪 80 年代，各种新型局域网技术相继推出，在各行各业得到广泛应用。

计算机局域网（LAN）可以说是最小的网络单位。与广域网（WAN）相比，局域网技术之所以广受欢迎，是因为局域网成本低、建网快，而且应用广、使用方便，适合一个单位或部门内的信息传递和资源共享，也可以满足单位内部管理信息系统建设的需要。

2．局域网的特点

局域网主要有以下几个特点：

①网络覆盖的地理范围小，通常分布在一座办公大楼或集中的建筑群内，涉及的范围一般只有几千米。

②通信速率高，局域网传输速率至少在 10 Mbit/s 以上，一般为 100～1 000 Mbit/s，目前最高已达 10 Gbit/s。

③传输质量好，误码率低。

④易于安装、配置和维护，造价低。

⑤可采用多种传输媒体，如双绞线、同轴电缆、光纤等。

5.2.2 局域网的基本组成

一个局域网一般来说包含三大要素，即网络的结构、网络的硬件以及网络的操作系统及软件。所以，在组建局域网时，我们就应该首先选择网络的操作系统类型，然后，根据网络操作系统来选定所支持的网络结构，并由此确定硬件设备。

1．局域网操作系统

局域网使用的网络操作系统有很多种，比如 Microsoft 公司的 Windows 系列、Novell 公司的 Netware 网以及 UNIX 和 Linux 等，目前应用最广泛的是 Windows 系列操作系统，其次是 Linux。

2. 局域网的网络结构

Novell 的 Netware，微软的 Windows NT、Windows 2000 等都支持总线结构和星状结构，但目前总线结构已被淘汰，常用的是星状结构或是几种基本拓扑结构的结合。

3. 局域网硬件系统

组建局域网常用的硬件主要有以下几种：

①服务器。服务器通常是网络的核心，它为整个局域网提供服务，所以服务器一般采用配置较高且品牌较好的计算机，以保证稳定可靠。如图 5.7 所示。

图 5.7　服务器示意图

②工作站。工作站实际上就是一台普通的 PC，任何微机都可以作为网络工作站。

③集线器。集线器又称 Hub，其外观如图 5.8 所示。集线器的主要功能是对接收到的信号进行再生、整形、放大，以扩大网络的传输距离，同时把所有节点集中在以它为中心的网络上。集线器与网卡、网线等传输介质一样，属于局域网中的基础设备。

④交换机。交换机一般用于 LAN-WAN 之间的连接，作用于数据链路层。它与一般集线器的不同之处是，集线器将数据转发到所有的集线器端口，而交换机可将收到的数据包根据目的地址转发到特定的端口，这样可以降低整个网络的数据传输量，提高效率。

⑤路由器。路由器用于 WAN 和 WAN 之间的连接，作用于网络层。它可以将从一条线路上接收到的数据向另一条线路进行转发。这两条线路可以分属于不同的网络，并采用不同协议。此外，路由器还提供防火墙服务，所以它的功能比交换机更强，但速度相对较慢，价格较昂贵。

⑥网卡。网卡也称网络适配器，如图 5.9 所示。网卡给计算机提供与通信网络相连的接口，一台计算机可以同时安装一块或多块网卡。

图 5.8　集线器示意图

图 5.9　网卡示意图

每一块网卡都有一个唯一的编号，此编号称为 MAC（media access control）地址，MAC 地址被记录在网卡的随机存储器（ROM）中。

网卡的类型较多，按网卡的总线接口类型来分，一般可分为 ISA 网卡、PCI 网卡、USB 接口网卡以及笔记本电脑使用的 PCMCIA 网卡。按网卡的带宽来分，主要有 10 Mbit/s 网卡、10 Mbit/s/100 Mbit/s 自适应网卡、1 000 Mbit/s 以太网卡等三种。按网卡提供的网络接口来分，主要有 RJ-45 接口、BNC 接口和 AUI 接口等。有的网卡提供了两种或多种类型的接口，如有的网卡同时提供 RJ-45 和 BNC 接口，此外还有无线接口的网卡等。

⑦其他硬件。除了上述硬件外，组成局域网所需的硬件还有传输媒体、UPS 电源、网络连接配件（如 BNC 接头、T 形接头、RJ-45 接头、终端电阻）等，如图 5.10 所示。

局域网使用的传输介质主要有双绞线、同轴电缆、光纤等，在局域网中使用的这三种传输介质的外观如图 5.11 所示，其中使用最普遍的是双绞线，其最大传输距离一般不能超过 100 m。

BNC 接头　　　　　　T 型接头　　　　　　终端电阻　　　　　　RJ-45 接头

图 5.10　网络连接配件

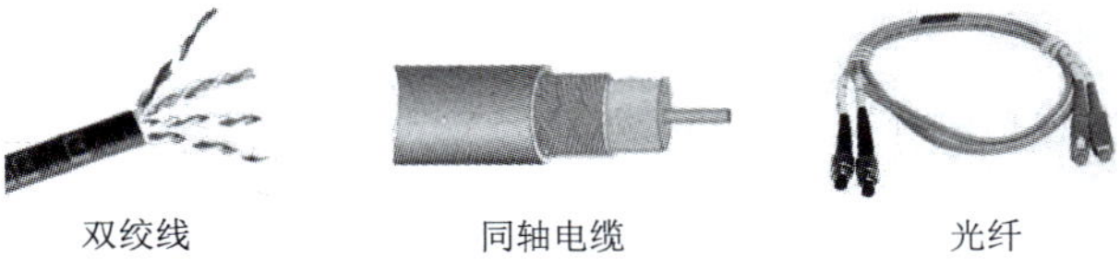

双绞线　　　　　　同轴电缆　　　　　　光纤

图 5.11　局域网中使用的传输介质

5.2.3　常用局域网

目前常见的局域网类型包括以太网（Ethernet）、光纤分布式数据接口（FDDI）、异步传输模式（ATM）、令牌环网（token ring）、交换网（switching）等，它们在拓扑结构、传输介质、传输速率、数据格式等多方面都有许多不同。其中应用最广泛的当属以太网（一种总线结构的 LAN），是目前发展最迅速、最经济的局域网。

5.2.4　局域网的组建案例

1．网线制作标准和方法

网线水晶头有两种做法标准，标准分别为 T568B 和 T568A。制作水晶头时，首先将水晶头有卡的一面向下，有铜片的一面朝上，有开口的一方朝向自己身体，从左至右排序为12345678，如图 5.12 所示。T568B 和 T568A 网线线序分别为：

T568B：①橙白，②橙，③绿白，④蓝，⑤蓝白，⑥绿，⑦棕白，⑧棕

T568A：①绿白，②绿，③橙白，④蓝，⑤蓝白，⑥橙，⑦棕白，⑧棕

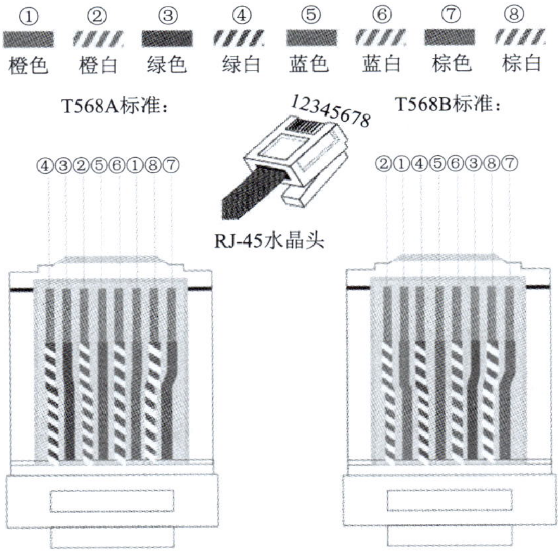

图 5.12　RJ-45 水晶头

网线有两种做法：一种是交叉线；一种是平行线（又叫直通线）。交叉线的做法是：一头采用 T568A 标准，另一头采用 T568B 标准。平行线的做法是：两头采用同样的标准（同为 T568A 标准或 T568B 标准），工程中使用比较多的是 T568B 布线标准。

如果网线要连接的设备相同就应做交叉线，若是连接不同的设备则应做平行线。例如若是两台计算机的网卡通过双绞线直接连接，则双绞线的一端按 T568A 标准连接，而另一端要按 T568B 标准连接。

2．局域网的组建方法

三台或三台以上的计算机互联才成为网络。

①三台主机仅利用网卡就可组成局域网。这种方式是最简单也是最经济的一种。方法是在三台计算机中的任意一台（选择性能最佳者）主机上安装两块网卡，同时用两根网线与另外两台主机相连。这样即可实现共享。

②小型局域网组建方案：买一个路由器（如 8 口的路由器），将宽带线接入路由器中的 WAN 端口，剩下的 7 个 LAN 端口可以与 7 台主机相连构成一个局域网。

③大型局域网组建就比较麻烦了，需要使用集线器和路由器。将所有主机与集线器相接，然后集线器与路由器相接，这样组建起来的局域网，理论上可以连接 N 台主机。

3．局域网的网络地址、IP 地址分配

在局域网上的所有计算机，其 IP 地址的前三个字节都应该是相同的。比如说，若有一个包括 128 台主机的局域网，这些主机的 IP 地址就可以从 192.168.1.× 开始分配，其中 × 表示 1 到 128 中任意一个数字。局域网的规模大小取决于保留地址范围以及子网掩码。

IP 地址和子网掩码将在下节内容中介绍。

5.3　Internet 基础

5.3.1　Internet 技术及组成

Internet 的中文名称是"国际互联网"或"因特网"，它指的是网络与网络之间所串连成的庞大网络，这些网络以一组通用的 TCP/IP 协议相连，形成逻辑上的单一且巨大的全球性网络。在这个网络中有各种硬件终端，如交换机、路由器等网络设备，各种不同的连接链路，种类繁多的服务器和数不尽的计算机终端。因此，从硬件角度来说，Internet 是建立在一组公共协议上的路由器和线路的物理集合，从软件上来说，它是一组可共享的资源集。Internet 已成为全球最大、最重要的计算机网络。

5.3.2　Internet 的工作方式

Internet 连接了世界上不同国家和地区数不胜数的计算机，但这些计算机都拥有截然不同的软硬件配置。为了保证这些计算机之间能够畅通无阻地交换信息，Internet 除了通过路由器将不同的网络进行物理连接之外，还必须使用统一的通信协议来避免数据在传输过程中丢失或传错。那么，TCP/IP 就是 Internet 所使用的这样一个通信协议标准。

因此，TCP/IP 协议所采用的分组交换方式就成为了 Internet 的工作方式。大多数计算机网络都不能连续地传送任意长的数据，所以实际上，网络系统会在数据传送之前，把它分割成小块，然后逐块地发送，这种小块就称作分组（packet），有时候，我们也把这些小块称为网络层的协议数据单元。

TCP/IP 协议主要包括两个主要的协议，即 TCP 协议和 IP 协议，它们在数据传输过程中主要完成的功能是：TCP 协议负责把数据分成若干分组，并给每个分组写上序号，以便接收端把数据还原成原来的格式。而 IP 协议则负责给每个数据分组写上发送主机和接收主机的地址，一旦写上源地址和目的地址，数据分组就可以在网上进行传送了。这些数据分组可以通过不同的传输路径（路由）进行传输，在传输过程中，IP 协议负责分组的传输，TCP 协议负责分组的可靠传输。如由于路径不同，加上其他的原因，数据在到达接收端时，出现了顺序颠倒、数据丢失、数据失真甚至重复的现象，那么，TCP 协议就会出面来处理，因为它具有检查和纠错的功能，必要时还可以请求发送端重发数据分组。

5.3.3 IP 地址

网络中每台设备都有一个唯一的物理标识，这个地址叫 MAC 地址或网卡地址，由网络设备制造商生产时写在硬件内部，它也被称为物理地址，作用于物理层。而 IP 地址是 IP 协议为互联网上的每一个节点分配的一个统一的逻辑地址，以此来屏蔽物理地址的差异，它是作用于网络层的，也被称为网络地址，即 Internet 地址。其中，节点可以是工作站、客户端、网络用户或个人计算机，还可以是服务器、打印机和其他网络连接的设备，即每一个拥有自己唯一网络地址的设备都是网络节点。

Internet 地址通常有两种表现形式：IP 地址格式和域名格式。

1．IP 地址的概念和分类

（1）IP 地址的概念

IP 地址是一个 32 位的二进制数，通常被分割为四个"8 位二进制数"（也就是 4 个字节）。IP 地址通常用"点分十进制"表示成（a.b.c.d）的形式，其中，a，b，c，d 都是 0~255 之间的十进制整数。例如：点分十进 IP 地址（100.4.5.6），实际上就是一个 32 位二进制数（01100100.00000100.00000101.00000110）。

在 Internet 发送数据包时，数据包中就包含了源节点的 IP 地址和目标节点的 IP 地址，在 Internet 转发数据包的过程中，就是根据源节点和目标节点的 IP 地址来了解数据包来自何方、要发往何处。

而 IP 地址与网络节点之间的关系是非常微妙的。在 Internet 中，一个 IP 地址是不能同时分配给两个不同的网络节点的，否则发往同一个 IP 地址的数据包就会无所适从，不知道通信对端是哪一个节点，会引起通信的混乱。但一个网络节点是可以有多个 IP 地址的，比如，网络中的某一台主机安装了两块网卡，则该主机的每块网卡都可以有一个不同的 IP 地址。另外，某些网络接入设备（如路由器）在连接两个或两个以上不同的网络时，也可能被分配到两个以上的 IP 地址，但它们分属于不同的网络。但是无论如何，数据在网络中通信时，一个 IP 地址只能唯一标识网络中的一个节点。

为了便于寻址以及层次化构造网络，每个 IP 地址包括两个标识码，即网络号和主机号。同一个物理网络上的所有主机都使用同一个网络号，网络上的一个主机（包括网络上工作站，服务器和路由器等）有一个主机号与其对应。IP 地址的结构如图 5.13 所示。

图 5.13　IP 地址的结构

（2）IP 地址的分类

Internet 委员会定义了五种 IP 地址类型以适合不同容量的网络，即 A 类～E 类。其中 A、B、C 三类是最为常用的 IP 地址，详细情况见表 5.1。

表 5.1　IP 地址范围及网络号和主机号长度

分　类	地址范围	最高位数字	网络地址	主机地址	能容纳的最多主机数目
A	0.0.0.0 ～ 127.255.255.255	0	8 位	24 位	$2^{24}-2=16\ 777\ 214$
B	128.0.0.0 ～ 191.255.255.255	10	16 位	16 位	$2^{14}-2=16\ 382$
C	192.0.0.0 ～ 223.255.255.255	110	24 位	8 位	$2^{8}-2=254$

由此可见，A 类 IP 地址就由 1 字节的网络地址和 3 字节主机地址组成，网络地址的最高位必须是"0"，A 类 IP 地址最多能有 $2^{7}-2=126$ 个网络，每个网络最多能有 $2^{24}-2=16\ 777\ 214$ 台主机，A 类地址适合大型网络使用；B 类 IP 地址最多能有 $2^{14}-2=16\ 382$ 个网络，每个网络最多能有 $2^{16}-2=65\ 534$ 台主机，B 类地址适合中型网络使用；C 类地址最多能有 $2^{21}-2=2\ 097\ 150$ 个网络，C 类地址适合小型网络使用。

2．子网掩码

子网掩码是一种用来指明一个 IP 地址的哪些位标识的是主机所在的子网，以及哪些位标识的是主机的位置。子网掩码不能单独存在，它必须结合 IP 地址一起使用，子网掩码只有一个作用，就是将某个 IP 地址划分成网络地址和主机地址两部分。子网掩码也是一个 32 位的模式，设置子网掩码的规则是：凡 IP 地址中表示网络地址部分的那些位，在子网掩码对应位上置 1，表示主机地址部分的那些位设置为 0。

例如，中国教育科研网的地址 210.43.248.243，属于 C 类，其网络地址共 3 字节，故它默认的子网掩码是 255.255.255.0。显然，A 类网络地址共有 1 个字节，故默认的子网掩码应是 255.0.0.0，B 类网络地址共有 2 字节，故默认的子网掩码是 255.255.0.0。

在 Windows 的网络属性对话框中可对局域网上的主机设置子网掩码，通常情况下指定静态 IP 地址的主机需要设置子网掩码，而拨号上网的计算机采用动态 IP 地址。

3．路由器

在互联网中数据传输是用路由器（router）根据 IP 地址指引而实现的，因此路由器在数据传输中起到关键性的作用。路由器实际上是一种指引数据传输的专用计算机，它起到了网与网间的转接作用，即在不同物理网间转发数据的作用。路由器在网络中是作为一个网络节点而存在的，因此路由器也有 IP 地址。由于它所起的转发作用，因此它往往与网络中的若干个子网相连，故而路由器往往有多个 IP 地址。例如当节点 01 由子网 A 向节点 02 发送数据时，首先检查 01 与 02 是否在同一网内，如是，就由 01 直接发送给 02，如不在同一网内则节点 01 将数据发送给该网内路由器，此时路由器开始工作。由于路由器跨接若干个子网，由路由器选定数据传送到下一个子网 B，接着检查节点 02 是否在子网 B 内，若是，直接将数据发送，如不是，则将数据传送给子网 B 中的另一个路由器……如此不断检查，直到找到节点 02 所在子网为止。

4．数据报

由于互联网内各物理网的数据包格式各不相同，因此它影响到网内数据传递，为此须建立各互联网内的统一数据格式，它就是 IP 数据报（IP digram）。这是 TCP/IP 中网络层 IP 协议中所规范的格式，所有数据包在互联网内进行数据传输时都须转换成 IP 数据报格式。

IP 数据报由两部分组成，它们是头部区与数据区。其中，头部区主要给出网络中数据传输的路由，而数据区则是传输的数据。

IP 数据报在 TCP/IP 中是由传输层中的 TCP 数据报转换而成的，而在底层的网络接口层中它封装成为以太网中的帧格式及 ATM 信元格式。

5．IPv6

由于 IPv4 的网络地址资源有限，已严重制约了互联网的应用和发展。因此 IETF（Internet engineering task force，互联网工程任务组）设计用 IPv6 替代现行版本 IP 协议（IPv4），IPv6 号称可以为全世界的每一粒沙子编上一个网址。前面章节所涉及的 IP 地址均为 IPv4 版本。

IPv6 的地址长度为 128 位，采用十六进制表示。IPv6 有三种表示方法。

（1）冒分十六进制表示法

格式为 X:X:X:X:X:X:X:X，其中，每个 X 表示地址中的 16 位，以十六进制表示，例如：ABCD:0DB8:0000:0023:0008:0800:200C:417A。

这种表示法中，每个 X 的前导 0 是可以省略的，上面 IPv6 地址可以用写成：ABCD:DB8:0:23:8:800:200C:417A。

（2）0 位压缩表示法

在某些情况下，一个 IPv6 地址中间可能包含很长的一段 0，采用 0 位压缩表示法可以将连续的一段 0 压缩为"::"。但为保证地址解析的唯一性，地址中"::"只能出现一次，例如：

FF01:0:0:0:0:0:0:1101 可以写成 FF01::1101；0:0:0:0:0:0:0:1 可以写成 ::1；0:0:0:0:0:0:0:0 可以写成 ::。

（3）内嵌 IPv4 地址表示法

为了实现 IPv4 与 IPv6 互通，IPv4 地址会嵌入 IPv6 地址中，此时地址常表示为：X:X:X:X:X:X:d.d.d.d，前 96 位采用冒分十六进制表示，而最后 32 位地址采用 IPv4 的点分十进制表示，例如 ::192.168.0.1 与 ::FFFF:192.168.0.1 就是两个典型的例子，注意在前 96 位中，压缩 0 位的方法依旧适用此表示法中。

由于 IPv4 和 IPv6 地址格式、技术等不同，IPv6 不可能立刻替代 IPv4，因此在相当长的一段时间内中会出现 IPv4 和 IPv6 共存的局面。

5.3.4　域名服务系统

1．域名的概念

由于 IP 地址是一串抽象的、容易记错的二进制数字，所以人们为了方便记忆，引入了 Internet 地址的另一种表现形式——域名。也可以说，域名就是一个 IP 地址的另外一个名称，它也是 IP 地址的"面具"。

域名系统（domain name system，DNS）是因特网的一项核心服务，它就是用来完成域名和 IP 地址相互映射的分布式数据库，也就是给 IP 地址佩戴面具的那个"人"。一个完整的域名一般用英文字母和数字来表示，如 www.cctv.com。域名在因特网上也是唯一的，即一个 IP 地址对应一个域名，例如 www.wikipedia.org 是一个域名，它和 IP 地址 208.80.152.2 相对应。为了便于理解，我们也可以把域名与 IP 地址的关系类比成电话号码簿中的电话号码和姓名的关系，电话号码簿就是域名系统 DNS，它负责管理域名与 IP 地址的映射，当我们需要联系某人（目标节点）时，我们可以通过直接拨打姓名（域名）来代替拨打电话号码（IP 地址）。当然，域名只是为了方便用户识别一些特殊的服务器或主机，并不是说网络上的每个主机都必须拥有一个域名。

域名采用层次结构，每一层之间用圆点隔开，在域名中，大小写是没有区分的。域名一般不能超过五级，从左到右域的级别变高，高的级域包含低的级域。域名在整个 Internet 中是唯一的，当高级子域名相同时，低级子域名不允许重复。其一般形式为：四级域名.三级域名.二级域名.顶级域名，如 mail.hut.edu.cn 就是一个域名，它包含四个子域名"mail""hut""edu""cn"，其中"mail"是主机名，表示这一主机是一台邮件服务器，"com"表示"商业机构"，"edu"表示"教育机构"，"cn"为顶级域名，表示"中国"。

顶级域名通常按机构和国家（地区）划分，按机构划分的顶级域名见表 5.2。

表 5.2　按机构划分的顶级域名

com（商业机构）	firm（企业和公司）
net（网络服务机构）	store（商业企业）
gov（政府机构）	web（与 Web 相关实体）
mil（军事机构）	arts（文化艺术单位）
org（非营利组织）	rec（休闲娱乐业实体）
edu（教育部门）	info（信息服务机构）
int（国际机构）	nom（个人活动）

我国在 cn 顶级域名下的二级域名按两种方式划分，即类别域名和行政区域名。

类别域名有七个，依照申请机构的性质依次分为：ac，科研机构；com，商业企业；edu，教育机构；gov，政府部门；net，网络服务；org，非营利性组织；mil，军事部门。行政区域名按照我国的各个行政区来划分，如湖南的行政区域名为 HN。

2．域名的分配

在 DNS 中，国际顶级域名由国际网络信息中心（network information center，NIC）来定义和分配。中国互联网信息中心（China internet network information center，CNNIC）负责中国顶级域名的管理。在我国，申请国内二级域名需向 CNNIC 提交申请，其域名形式是在域名的最后用".cn"来表示中国。也可以通过本地的网络管理机构进行申请，还可以在网上通过代理机构在线申请域名。

3．域名解析

域名是为了方便记忆而专门建立的一套地址转换系统，虽然人们习惯记忆域名，但机器间互相只认 IP 地址。所以当我们要访问一台互联网上的服务器时，最终还是要通过 IP 地址来实现。域名解析就是域名解析服务器来完成将域名重新转换为 IP 地址的这样一个过程。

域名解析的过程：当应用程序需要将一个主机域名映射为 IP 地址时，就调用域名解析函数，解析函数将待转换的域名放在 DNS 请求中，以 UDP（user datagram protocol，用户数据报协议）报文方式发给本地域名服务器。本地的域名服务器查到域名后，将对应的 IP 地址放在应答报文中返回。若本地域名服务器不能回答该请求，则此域名服务器就暂成为 DNS 中的另一个客户，向根域名服务器发出请求解析，根域名服务器一定能找到下面的所有二级域名的域名服务器，这样以此类推，一直向下解析，直到查询到所请求的域名。

5.3.5　Internet 信息服务

Internet 上的信息资源是很丰富的，但对那些刚刚踏入 Internet 这个网络世界里来的生手，会感觉无所适从，难以理出头绪。那么，资源共享作为 Internet 的关键功能之一，必定会想方设法为用户提供方便快捷的网络服务和应用。常见的 Interent 服务包括远程登录 Telnet、文件传输服务 FTP、BBS、WWW、即时通信、电子商务、电子政务、博客（blog）、微博（micro blog）、网络新闻服务、网上聊天室、电子杂志等。下面我们介绍几种典型的 Internet 信息服务。

1．FTP

FTP（file transfer protocol）服务是 TCP/IP 网络中的文件传输应用，它是在网络通信协议 FTP 的支持下进行的。用户在上网的过程中，一般不希望在远程联机情况下浏览存放在他人计算机或服务器上的文件，而更乐意先将这些文件取回到自己的计算机中，这样不但能节省时间和费用，还可以从容地阅读和处理这些取来的文件。Internet 提供的文件服务 FTP 正好能满足用户的这一需求。Internet 网上的两台计算机在地理位置上无论相距多远，只要两者都支持 FTP 协议，网上的用户就能将一台计算机上的文件传送到另一台。

FTP 与 Telnet 类似，也是一种实时的联机服务。使用 FTP 服务，用户首先要登录到对方的计算机上，与远程登录不同的是， 用户只能进行与文件搜索和文件传送等有关的操作。使用 FTP 可以传送任何类型的文件，如文本文件、二进制文件、图像文件、声音文件、数据压缩文件等。

2．电子邮件

电子邮件即通常所说的 E-mail（electronic mail），与传统邮件相比，电子邮件简单、方便、快速、费用低，可以通过网络在几秒内将邮件发送到世界上任何地方，并且通过电子邮件可以传递文字、图像、声音等各种信息，是一种高效的、现代化的交流方式，因此电子邮件成为 Internet 中应用最广、最受欢迎的服务之一。

电子邮件服务也是一种客户机/服务器系统，客户端软件用于处理信件，如信件写作、编辑、读取管理等。这种客户端软件称为用户代理（user agent，UA），常用的电子邮件客户端软件有 Outlook Express、Foxmail 等。服务器软件用来发送、接收、存储、转发电子邮件，它将邮件从发送端传送到接收端。常用的邮件服务器软件有 Exchage、CMailServer、Foxmail 等。

3．BBS

电子公告牌（bulletin board system，BBS）是 Internet 上的一个电子信息服务系统，登录 BBS 网站后，根据网站所提供的菜单，用户就可以使用信息浏览、信息发布、发表意见、解答问题、文件传送等服务。国内许多高校的网站都提供了 BBS 服务，如北京大学的北大未名（bbs.pku.edu.cn）、武汉大学的珞珈山水（bbs.whu.edu.cn）和复旦大学日月光华（bbs.fudan.edu.cn）等，都是很不错的 BBS 站点。

4．WWW

WWW 是 World Wide Web（环球信息网）的缩写，也可以简称为 Web，中文名字为"万维网"。WWW 是当前 Internet 上最受欢迎、最为流行的信息检索服务系统。

（1）WWW 的工作方式

WWW 是一种客户机/服务器技术，其服务器称为 WWW 服务器（或 Web 服务器），客户机称为浏览器（browser）。WWW 服务器和浏览器之间通过 HTTP（超文本传输协议）传递信息，信息以 HTML（超文本标注语言）格式编写，浏览器把 HTML 信息显示在用户屏幕上。

常用的浏览器有：微软的 Edge 浏览器、谷歌的 Chrome 浏览器、火狐 Firefox 浏览器等。

（2）统一资源定位符

HTTP 使用了统一资源定位符（uniform resource locator，URL）这一概念，简单地说，URL 就是文档在环球信息网上的"地址"。URL 用于标识 Internet 或者与 Internet 相连的主机上的任何可用的数据对象。

URL 通常包括三个部分，其一般格式为：

<协议>：//<主机>/<路径>

第一部分是协议（又称为服务方式或访问方式），如 http、ftp 等。

第二部分是主机，即存放该资源的主机 IP 地址（有时还包括端口号），实际上一般用域名表示。

第三部分是资源在该主机的具体路径，即目录和文件名。

其中，第一部分和第二部分之间用符号"://"隔开，第二部分和第三部分用符号"/"隔开，第三部分有时可以省略。

例如，想要访问湖南工业大学的 Web 站点，其 URL 为 http://www.hut.edu.cn/cn/index.asp 在这一 URL 中，指出访问协议是 http，主机为 www.hut.edu.cn，路径为 /cn/index.asp（cn 文件夹下的 index.asp 文件），http 协议默认的端口号是 80，通常可以省略。

用户使用 URL 不仅能访问 Web 页面和 FTP 站点，而且还能够通过 URL 使用其他 Internet 应用程序，如 Telnet、News、E-mail 等，而且用户在使用这些应用程序时，只需使用 Web 浏览器即可。

5．电子商务

（1）电子商务概述

电子商务（electronic commerce），是以网络技术为手段，以商品交换为中心的商务活动。也可以理解为在互联网上以电子交易方式进行商品或相关服务的活动，是传统商业活动各环节的电子化、网络化、信息化。所有以互联网为媒介的商业行为均属于电子商务的范畴，比如，网上购物、网上交易和在线电子支付等。

（2）电子商务的功能

电子商务可提供网上交易和管理等全过程的服务，因此它具有广告宣传、咨询洽谈、网上订购、网上支付、电子账户、服务传递、意见征询、交易管理等功能。

（3）电子商务的工作模式

业界普遍把电子商务分为 B2B（business to business）、B2C（business-to-consumer）、C2C（consumer-to-consumer）、B2M（business-to-marketing）四类模式。

①企业与企业之间的电子商务（B2B）。B2B 是企业对企业之间的营销关系。它将企业内部网通过 B2B 网站与客户紧密结合起来，通过网络的快速反应，为客户提供更好的服务，从而促进企业的业务发展。

②企业与消费者之间的电子商务（B2C）。B2C 的中文简称为"商对客"。"商对客"是电子商务的一种模式，也就是通常说的商业零售，直接面向消费者销售产品和服务。这种形式的电子商务一般以网络零售业为主，主要借助于互联网开展在线销售活动。如今的 B2C 电子商务网站非常多，比较大型的有天猫商城、京东商城、唯品会、亚马逊、苏宁易购、国美在线等。

③消费者与消费者之间的电子商务（C2C）。C2C 是消费者对消费者的交易模式，C2C 电子商务平台就是通过为买卖双方提供一个在线交易平台，使卖方可以主动提供商品上网售卖，而买方可以自行选择商品进行购买。

④面向市场营销的电子商务企业（B2M）。B2M 模式是指面向市场营销的电子商务企业（电子商务公司或电子商务是其重要营销渠道的公司）。B2M 电子商务公司以客户需求为核心建立起的营销型站点，并通过线上和线下多种渠道对站点进行广泛的推广和规范化的导购管理，从而使得站点作为企业的重要营销渠道。

6．电子政务

电子政务（electronic government）是指国家机关在政务活动中，利用计算机、网络和通信等现代信息技术手段进行办公、管理和为社会提供公共服务的一种全新的管理模式，它可以整合政府资源、优化重组政府组织结构和工作流程，突破时间、空间和部门限制，形成一个公开、精简、高效、公平的政府运作模式，使各级行政机关都能全方位地向社会提供优质、规范、透明、符合国际水准的管理与服务。

相对于传统行政方式，电子政务的最大特点就在于其行政方式的电子化，即行政方式的无纸化、信息传递的网络化、行政法律关系的虚拟化等。目前的电子政务工作模式主要四种：G2G、G2B、G2C 和 G2E。G2G（government to government）是政府间电子政务，即上下级政府、不同地方政府和不同政府部门之间实现的电子政务活动。G2B（government to business）是指政府通过电子网络系统进行电子采购与招标，精简管理业务流程，快捷迅速地为企业提供各种信息服务。G2B 模式目前主要运用于电子采购与招标、电子化报税、电子证照办理与审批、相关政策发布、提供咨询服务等。G2C（government to citizen）是指政府通过电子网络系统为公民提供各种服务。G2E（government to employee）是政府机构通过网络技术实现内部电子化管理的重要形式，也是 G2G、G2B 和 G2C 电子政务模式的基础。

5.4 信息安全

随着互联网应用的快速发展，信息安全已深入到诸多领域，越来越多的行业和个人开始认真思考一个问题：当各种各样针对信息安全的威胁来临之时，如何在日益繁多并更为复杂的各种应用中有效地进行自我保护？如何将思路创新、技术创新与信息安全更好地融合在一起，守好自己的那一方阵地呢？

信息安全是指整个信息系统受到保护，即硬件、软件、数据、人、物理环境及基础设施等不因偶然的或恶意的原因而遭到破坏、更改、泄露，系统仍然能连续、可靠、正常地运行，以至于信息服务不中断，实现业务的连续。

通俗一点来说，信息安全就是保护计算机或计算机网络中的数据不受破坏或非法访问，其中强调的是"合法"，也就是指数据只能被具有"合法"身份的用户使用"合法"的手段来获取或更改，否则，其他的一切行为都是不被允许的。这里的"法"即指用户或行为必须遵守的网络安全的相关内容、通过系统或网络的认证和鉴别。

所以，信息安全的最终目标是通过各种技术手段实现信息系统的可靠性、保密性、完整性、有效性、可控性和拒绝否认性，这也是信息安全所应具备的六个特性。

- 可靠性：指信息系统能够在规定的条件与时间内完成规定功能的特性。
- 保密性：指信息系统防止信息非法泄露的特性，信息只限于授权用户使用。
- 完整性：指信息未经授权不能改变的特性。
- 有效性：指信息资源容许授权用户按需访问的特性。
- 可控性：指信息系统对信息内容和传输具有控制能力的特性。
- 拒绝否认性：指通信双方不能抵赖或否认已完成的操作和承诺。

5.4.1 信息安全威胁

目前，由于互联网越来越发达，信息的重要程度越来越高，信息安全事件也层出不穷。而信息安全威胁主要来自以下几个方面：

1. 客观环境的不利影响

自然界的不可抗力或客观因素所造成的破坏，如洪水、飓风、地震、战争、火灾等引起电力中断、网络瘫痪、硬件设备受损等。

2. 计算机或计算机网络的自身威胁

计算机及计算机网络中的硬件、软件所引发的信息安全障碍，如软硬件设计漏洞、设备兼容性问题等。

3. 人为操作失误所造成的安全问题

网络用户或系统管理员行为失当或操作失误所引发的信息安全威胁，如操作员安全配置不当造成的安全漏洞，用户安全意识不强，用户口令选择不慎，用户将自己的账号随意转借他人或与别人共享等都会对网络安全带来威胁。

4. 恶意攻击

如今的信息安全威胁最大的隐患来自人为的恶意攻击，这种攻击是以破坏信息为目的的，具有很强的主观恶性，也是我们本节所讨论的安全威胁的主要内容。恶意攻击主要包括被动攻击和主动攻击，其中：

①被动攻击：是指攻击者从网络上窃听他人的通信内容，通常把这类攻击称为截获。

②主动攻击：是指攻击者对某个连接中通过的数据单元进行各种处理，以更改信息和拒绝用户使用资源。主动攻击与被动攻击最大的区别就是，被动攻击不干扰信息内容本身，而主动攻击对信息内容进行了处理。主动攻击常见的方式有：

- 篡改。攻击者故意篡改网络上传送的报文，这里也包括彻底中断传送的报文，甚至是把完全伪造的报文传送给接收方，这种攻击方式有时也称为更改报文流。
- 恶意程序（rogue program）。恶意程序种类繁多，如计算机病毒、计算机蠕虫、特洛伊木马、逻辑炸弹、后门入侵流氓软件等。

视频

计算机病毒

- 拒绝服务 DoS（denial of service）。攻击者向互联网上的某个服务器不停地发送大量分组，使服务器无法提供正常服务，甚至完全瘫痪。

5.4.2 信息安全策略

信息安全不仅要注重结构性与层次性，同时也要注重完全性与整体性。一个坚固安全的系统哪怕只要有一小处疏忽都会造成不可设想的后果，这正好比"千里之堤，溃于蚁穴"。因此，一个系统要非常注重其安全的均衡性，即系统的安全要体现在系统各个层次及各个方面、采用多种技术、考虑到多种不同的需求等。这好比一只气球，只要有哪怕像针孔大小的漏洞，即会产生破裂，因此，这种均衡性原则又称气球原理。同样，由长短一致的木板所箍成的木桶可以盛满水，而当木板长短不一时所箍成的木桶，其所能盛水的高度，只能以最短木板为准，这就是木桶原理或称短板效应。

信息安全的均衡性原则告诉我们，一个系统的安全取决于其最薄弱的那个部位，因此又称木桶原理。信息的均衡性原则的主要思想是追求整体、全局的安全，而不是部分、局部的安全。对一个系统而言，信息安全主要包含以下四个层次：

1．实体安全

实体安全指的是系统中单个实体（包括计算机、路由器及交换器等）中的数据安全。实体安全是系统中信息安全的基础，因此它是信息安全层次中的第一层。

2．网络安全

网络安全是指数据在网络中传输的安全以及数据进/出网络的安全。这是建立在实体安全基础上的一种信息安全，它是信息安全层次中的第二层。

3．应用安全

应用安全指的是建立在网络上的应用系统中的数据安全。这是一种系统性的安全，这种系统指的是在网络上特定的、具体的系统，应用安全是信息安全的第三层。

4．管理安全

管理安全主要指的是整个系统全局性的数据安全，它包括各实体、整个网络以及建立在它们之上的所有应用系统的整体数据安全。管理安全虽名为"管理"，但所采用的均为技术性手段。管理安全是信息安全中的第四层，也是整个层次中的最上层。

信息安全的均衡性原则告诉我们，这四个层次在信息安全中具有同等的重要性。

5.4.3 信息安全技术

信息安全领域常用的技术有访问控制、加密、防火墙、入侵检测等，除此之外，为了保障信息安全可靠，我们还要在系统容灾和管理策略方面下功夫，具体的技术描述如下：

1．访问控制技术

访问控制是保证网络资源不被非法使用和访问，是网络安全防范和保护的主要核心策略，它规定了主体对客体访问的限制，并在身份识别的基础上，根据身份对提出资源访问的请求加以权限控制：

①防止非法的主体进入受保护的网络资源。
②允许合法用户访问受保护的网络资源。
③防止合法的用户对受保护的网络资源进行非授权的访问。

为获取系统的安全，授权应该遵守访问控制的三个基本原则。

（1）最小特权原则

最小特权原则是系统安全中最基本的原则之一。所谓最小特权（least privilege），指的是"在完成某种操作时赋予网络中的每个主体（用户或进程）必不可少的特权"。最小特权原则是指，"应限定网络中每个主体所必需的最小特权，确保可能的事故、错误、网络部件的篡改等原因造成的损失最小"。

最小特权原则使得用户所拥有的权力不能超过他执行工作时所需的权限，它一方面给予主体"必不可少"的特权，这保证了所有的主体都能在所赋予的特权之下完成所需要完成的任务或操作；另一方面，它只给予主体"必不可少"的特权，这就限制了每个主体所能进行的操作。

（2）多人负责原则

多人负责原则即权力分散化，对于关键的任务必须在功能上进行划分，由多人来共同承担，保证没有任何个人具有独立完成任务的全部授权或信息。如将任务作分解，使得没有一个人具有重要密钥的完整副本。

（3）职责分离原则

职责分离是保障安全的一个基本原则。职责分离是指将不同的责任分派给不同的人员以期达到互相牵制，消除一个人执行两项不兼容工作的风险。例如，收款员、出纳员、审计员应由不同的人担任。计算机环境下也要有职责分离，为避免安全上的漏洞，有些许可不能同时被同一用户获得。

2. 加密技术

数据加密是对数据中的符号排列方式进行改变或将数据按某种规律进行替换，加密后的数据只有合法的接收者能读懂它的内容，而其他人员则即使获得数据也无法知道数据的内容，这就是数据加密。

在数据加密中原始的数据称为明文（plaintext），加密后的数据称为密文（ciphertext），而明文与密文间互相转换的算法则称为密码（cipher），将明文转换成密文的过程称为加密，反之，将密文转换成明文的过程称为解密。在密码中有一个或多个关键性的变量称为密钥（key），密钥在数据加密中起着重要作用。密钥一般有两种：当发送方与接收方双方的密钥相同，时此种数据加密称为对称密钥加密方法，亦可称私有密钥；而当发送与接收方双方的密钥不相同时，则称为非对称密钥加密方法或公共密钥。

下面介绍两种数据加密方法：

（1）对称密钥加密

对称密钥加密方法是发送与接收数据的双方使用相同的密钥，发送方用密钥 K 对明文加密后作数据传送，而接收方在收到密文后用相同的密钥 K 解密，从而得到明文。

例 5.1 设有一常规的英文字母排列如下：abcdefghijklmnopqrstuvwxyz。

我们可以用一种方法改变其排列次序，即循环的顺序右移两位，此后即成为 cdefghijklmnoparstuvwxyzab。

这是一种循环移位算法，是对称密钥加密方法中常用的密码，它的密钥是移位数 k，此处 $k=2$。在有了密码和密钥后即可实施数据加密，其过程如下：

①发送方对明文加密。如有数据：she is my girlfriend，经加密后所得到的密文为：uig ku oa iktnhtkgpf。

②对密文作传输，接收方接到密文。

③接收方如未获得密钥，则所收到的仍为密文，这是一段无法理解的文字，如接收方获取密钥，此时他只要将英文字母序列左移两位后，即可解密成为正确的明文。

此种加密方法目前使用较为普遍，常用的有美国的 DES 加密标准。但是，这种加密方法存在着明显的不足之处：

①这种加密方法容易被破解，因此它仅适用于对安全性要求并不严格的系统。

②这种加密方法存在着密钥管理与分发的问题。我们知道，发送者为使接收者正确接收到数据，他必须将密钥告知接收方。密钥是可以经常变化的，而接收方也是可以改变的，这样就存在着复杂的密钥的管理与分发问题。同时密钥在分发过程中也存在着安全问题。

基于这两种安全隐患，对称密钥加密方法并不是最理想的方法。因此，近年来非对称密钥加密（也称为公开密钥加密）方法开始流行起来，下面介绍这种方法。

（2）非对称密钥加密

非对称密钥加密就是公共密钥加密，这种方法是一种不同于对称密钥的加密方法，在这种方法中每个用户有两个密钥：一个是私有密钥（简称私钥），它是保密的，只有用户本人知道；另一个是公共密钥（简称公钥），它并不保密，可以让其他用户知道。该方法的加密算法是用数学中的数论理论所设计的一种方法，在该算法中用公钥加密的数据只有用相应的私钥才能解密。同样，用私钥加密的数据只有用相应的公钥才能解密。

公共密钥加密方法与对称密钥加密方法有所不同，发送方只要使用接收方公开的密钥来加密数据，那么就只有接收方才能解读该数据了，从而达到安全目的。

目前，将两种方法混合使用是一种合理的选择方案。即在一组数据中将其分为核心部分与非核心部分，前者采用公共密钥加密方法，而后者则采用对称密钥加密方法。

数据加密方法既可用软件也可用硬件方法实现，但目前为加速加 / 解密速度，硬件方法实现一般采用加密卡的方法，早前也有采用加密机的方法。

数据加密方法主要用于数据传输中，特别是网络数据的传递。同时，它还可以用于文件数据及数据库数据的存储中。

3．防火墙

防火墙的本义原是指古代人们房屋之间修建的那道墙，这道墙可以防止火灾发生的时候蔓延到别的房屋，但在网络中，所谓"防火墙"是指一种将内部网和公众访问网（如 Internet）分开的方法，它实际上是一种隔离技术。防火墙是在两个网络通信时执行的一种访问控制尺度，它能允许你"同意"的人和数据进入你的网络，同时将你"不同意"的人和数据拒之门外，最大限度地阻止网络中的黑客来访问你的网络。换句话说，入侵者必须首先穿越防火墙的安全防线，才能接触目标计算机。防火墙在计算机系统中的位置如图 5.14 所示。

一套完整的防火墙系统通常是由屏蔽路由器和代理服务器组成。

屏蔽路由器是一个多端口的 IP 路由器，它依据组规则检查每一个到来的 IP 包来判断是否对之进行转发。屏蔽路由器从报头取得信息，例如协议号、收发报文的 IP 地址和端口号、连接标志以及另外一些 IP 选项，对 IP 包进行过滤。

代理服务器是防火墙中的一个服务器进程，它能够代替网络用户完成特定的 TCP/IP 功能。

一个代理服务器本质上是一个应用层的网关,一个为特定网络应用而连接两个网络的网关。比如,用户就一项 TCP/IP 应用(Telnet 或者 FTP),与代理服务器打交道,代理服务器会要求用户提供其要访问的远程主机名,当用户答复并提供了正确的用户身份及认证信息后,代理服务器连通远程主机,为两个通信点充当中继,并且整个过程对用户完全透明。

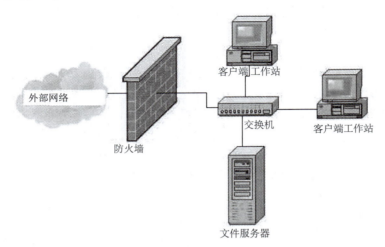

图 5.14　防火墙在计算机系统中的位置

(1)防火墙的功能

随着安全性问题上的失误和缺陷越来越普遍,对网络的入侵不仅来自高超的攻击手段,也有可能来自配置上的低级错误或不合适的口令选择。因此,防火墙的作用是防止不希望的、未授权的通信进出被保护的网络。从总体看,防火墙主要有以下五个功能:

①过滤进/出内部网络的数据。
②管理进/出内部网络的访问行为。
③封堵某些禁止的行为。
④记录通过防火墙的数据内容和活动。
⑤对网络攻击进行检测和报警。

由于防火墙假设了网络边界和服务,因此更适合于相对独立的网络,例如 Internet 等种类相对集中的网络。

(2)防火墙的类型

按照防火墙处理的数据所处的层级,可以将防火墙分为两大类:网络层防火墙和应用层防火墙。前者以以色列的 Checkpoint 防火墙和 Cisco 公司的 PIX 防火墙为代表,后者以美国 NAI 公司的 Gauntlet 防火墙为代表。

①网络层防火墙。网络层防火墙是一种 IP 封包过滤器(允许或拒绝封包资料通过的软硬结合装置),运作在底层的 TCP/IP 协议堆栈上,以枚举的方式,只允许符合特定规则的封包通过,其余的一概禁止穿越防火墙(病毒除外,防火墙不能防止病毒侵入)。这些规则通常可以经由管理员定义或修改,不过某些防火墙设备可能只能套用内置的规则。

②应用层防火墙。应用层防火墙是在 TCP/IP 堆栈的"应用层"上运作,使用浏览器时所产生的数据流或是使用 FTP 时的数据流都是属于这一层。应用层防火墙可以拦截进出某应

用程序的所有封包，并且封锁其他的封包（通常是直接将封包丢弃）。理论上，这一类的防火墙可以完全阻绝外部的数据流进到受保护的机器里。XML 防火墙是一种新形态的应用层防火墙。

4. 入侵检测

随着网络安全风险系数不断提高，作为对防火墙及其有益的补充，IDS（入侵检测系统）能够帮助网络系统快速发现攻击的发生，它扩展了系统管理员的安全管理能力（包括安全审计、监视、进攻识别和响应），也提高了信息安全基础结构的完整性。

入侵检测系统是一种对网络活动进行实时监测的专用系统，该系统处于防火墙之后，可以和防火墙及路由器配合工作，用来检查一个 LAN 网段上的所有通信，记录和禁止网络活动，可以通过重新配置来禁止从防火墙外部进入的恶意流量。入侵检测系统能够对网络上的信息进行快速分析或在主机上对用户进行审计分析，通过集中控制来对数据进行管理、监测。

理想的入侵检测系统的功能主要有：
①用户和系统活动的监视与分析。
②系统配置及其脆弱性分析和审计。
③异常行为模式的统计分析。
④重要系统和数据文件的完整性监测和评估。
⑤操作系统的安全审计和管理。
⑥入侵模式的识别与响应，包括切断网络连接、记录事件和报警等。

本质上，入侵检测系统是一种典型的"窥探设备"。它不跨接多个物理网段（通常只有一个监听端口），无须转发任何流量，而只需要在网络上被动地、无声息地收集它所关心的报文即可。IDS 分析及检测入侵阶段一般通过以下几种技术手段进行分析：特征库匹配、基于统计的分析和完整性分析。其中，前两种方法用于实时的入侵检测，而完整性分析则用于事后分析。

5. 系统容灾

一个完整的网络安全体系，只有"防范"和"检测"措施是不够的，还必须具有灾难容忍和系统恢复能力。因为任何一种网络安全设施都不可能做到万无一失，一旦发生漏防漏检事件，其后果将是灾难性的。此外，天灾人祸、不可抗力等所导致的事故也会对信息系统造成毁灭性的破坏，这就要求即使发生系统灾难，也能快速地恢复系统和数据，这样才能完整地保护网络信息系统的安全。系统容灾主要有基于数据备份的系统容灾和基于集群技术的系统容灾。

6. 管理策略

除了使用技术措施之外，在网络安全中，通过制定相关的规章制度来加强网络的安全管理，对于确保网络安全、可靠地运行，也将起到十分有效的作用。网络的安全管理策略包括：制订有关人员的管理制度和网络操作使用规程；确定安全管理等级和安全管理范围；制定网络系统的维护制度和应急措施等。

小　　结

在信息化时代，计算机网络和信息安全息息相关，计算机网络具有数据通信和资源共享两大基本功能，同时，在处理复杂的工程任务时，它也能体现出优秀的分布式处理和集中管理的强大功能。计算机网络在逻辑上可被分为通信子网和资源子网，而在系统组成上则分为网络软件和网络硬件，计算机网络的分层结构模型主要有 OSI 和 TCP/IP 两种。计算机网络可以根据不同的网络拓扑结构被划分为总线网、星状网、环状网、树状网以及网状网，它们都有各自的优缺点。同时也可根据网络的覆盖范围分为局域网、城域网和广域网。在计算机网络中，每一台物理设备都有两个地址，即物理地址和网络地址。物理地址也是 MAC 地址，网络地址即为 IP 地址，IP 地址是物理设备进入网络的有效身份认证，而域名则是 IP 地址在网络中的另一种便于记忆的表现形式。信息安全威胁主要来自于客观环境影响和人为的原因，包括自然界的不可抗力因素影响、计算机自身威胁、人为失误以及人为的恶意攻击，而对于一个完善的安全系统而言，应包括四个层次，即实体安全、网络安全、应用安全和管理安全，具体的安全技术和策略包括访问控制、加密、防火墙、入侵检测等。

习　题

一、简答题

1. 什么是计算机网络？其主要功能有哪些？
2. 什么是 IP 地址，IP 地址与域名有何关系？
3. Internet 有哪些主要的信息服务？
4. 什么是信息安全的主要内容？主要特征有哪几个？
5. 信息安全的威胁主要来自于哪些方面？
6. 主动攻击常见的方式有哪些？

二、选择题

1. 计算机网络的主要目的是（　　）。
   A. 使用计算机更方便
   B. 学习计算机网络知识
   C. 测试计算机技术与通信技术结合的效果
   D. 共享联网计算机资源
2. 网络要有条不紊地工作，每台联网的计算机都必须遵守一些事先约定的规则，这些规则称为（　　）。
   A. 标准　　　　B. 协议　　　　C. 公约　　　　D. 地址
3. 在没有中继的情况下，双绞线的最大传输距离是（　　）。
   A. 30 m　　　　B. 50 m　　　　C. 100 m　　　　D. 200 m
4. 局域网的网络硬件主要包括服务器、工作站、网卡和（　　）。
   A. 网络拓扑结构　B. 微型机　　　C. 传输介质　　　D. 网络协议
5. 调制解调器（modem）的功能是实现（　　）。
   A. 模拟信号与数字信号的转换　　　B. 模拟信号放大
   C. 数字信号编码　　　　　　　　　D. 数字信号的整型
6. www.hut.edu.cn 是 Internet 上一台计算机的（　　）。
   A. 域名　　　　B. IP 地址　　　C. 非法地址　　　D. 协议名称

7. 万维网引进了超文本的概念，超文本指的是（　　）。
   A. 包含多种文本的文本　　　　　　B. 包括图像的文本
   C. 包含多种颜色的文本　　　　　　D. 包含链接的文本
8. 在常用的传输媒体中，（　　）的传输速度最快，信号传输衰减最小，抗干扰能力最强。
   A. 双绞线　　　　B. 同轴电缆　　　　C. 光纤　　　　D. 微波
9. 路由器运行于 OSI/RM 的（　　）。
   A. 数据链路层　　B. 网络层　　　　C. 传输层　　　　D. 物理层
10. 在下面给出的 IP 地址中，（　　）属于 C 类地址。
    A. 102.10.10.10　　　　　　　　B. 10.20.00.00
    C. 197.43.68.112　　　　　　　 D. 1.2.3.4
11. 在 Internet 中，收发电子邮件需用到的协议是（　　）。
    A. HTTP　　　　B. FTP　　　　C. ARP　　　　D. SMTP

三、填空题

1. 负责主机 IP 地址与主机名称之间的转换协议称为_____，_____是 WWW 客户机与服务器之间的应用层传输协议。

2. Internet 中的用户远程登录，是指用户使用_____命令，使自己的计算机暂时成为远程计算机的一个远程终端。

3. 计算机网络按作用范围（距离）可分为_____、_____和_____。按拓扑结构来分可以分为_____、_____、_____、_____和不规则型等。

4. 在 OSI/RM 中将计算机网络的体系结构分成七层，从上至下分别是_____、_____、_____、_____、_____、_____和应用层。

5. URL 一般可以分成三个部分，即_____、_____和_____，IP 地址可以分成网络号和主机号两部分，主机号如果全为 1，则表示_____地址，127.0.0.1 被称作_____地址。

6. 恶意攻击主要包括_____和_____。

第 6 章
网络软件与应用

一个完整的计算机网络系统是由网络硬件和网络软件组成的。网络系统除了要利用各种网络通信设备和线路将不同地理位置的、功能独立的多个计算机互连起来之外，还必须依靠功能完善的网络软件来实现网络中资源的高度共享和便捷的信息传递。可以说，在网络系统中，硬件的选择对网络起着决定性的作用，而网络软件则是挖掘网络潜力的工具。

学习目标

◎掌握计算机网络软件的概念和结构。
◎掌握 Web 开发的基础内容。
◎掌握信息检索的方法和技巧。
◎了解互联网新技术。

6.1 网络软件概述

6.1.1 网络软件的概念和结构

网络软件一般是指在计算机网络环境中，用于支持数据通信和各种网络活动的软件，包括系统的网络操作系统、网络通信协议和应用级的提供网络服务功能的专用软件。计算机网络通常会根据自身的特点、能力和服务对象，配置不同的网络软件环境。为此，每个计算机网络都制定了一套全网共同遵守的网络协议，并要求每个主机配置相应的协议软件，以确保网络中不同系统之间能够可靠、有效地相互通信和合作。

目前，互联网上使用的分布式网络软件结构有三种，分别是 C/S（client/server）结构、B/S（browser/server）结构及 P2P（peer-to-peer）结构。

（1）C/S 结构

C/S 结构是建立在计算机网络上的一种分布式结构，该结构由一个服务器（server）及若干客户机（client）组成。在 C/S 结构中，服务器存放共享数据，而客户机则存放应用程序及用户界面等。目前，还有一种 C/S 结构的扩充方式，即将服务器分为数据库服务器及应用服务器两层，其中，数据库服务器存放数据，而应用服务器则存放应用程序。

（2）B/S 结构

B/S 结构也是建立在互联网上的一种分布式结构，但该结构由三个层次组成，分别是数据库服务器、Web 服务器以及浏览器。其中，数据库服务器存储共享数据，Web 服务器存储应用程序、Web 应用、人机界面及 Web 接口，浏览器是用户直接接口部分，它一般可有多个，分别与多个用户相接。同样，也有一种 B/S 结构的扩充，即将 Web 服务器分成应用服务器与 Web 服务器两层，原 Web 服务器中的应用程序改存于应用服务器内，从而构成一个四层的 B/S 结构方式。

（3）P2P 结构

P2P 结构是建立在互联网上的另一种分布式结构，在该结构中，每一台计算机既存储数据也运行程序、展示界面，且也有 Web 功能，是集多种功能于一体的计算机实体。它们之间通过网络按一定拓扑结构相连，实现资源共享。这种结构中每一个节点是对等的，每一个节点既充当服务器，为其他节点提供服务，也充当客户端，享受其他节点提供的服务，因此大大降低了系统的应用和使用成本，提高了网络及系统设备的利用率。P2P 结构的拓扑结构图如图 6.1 所示。

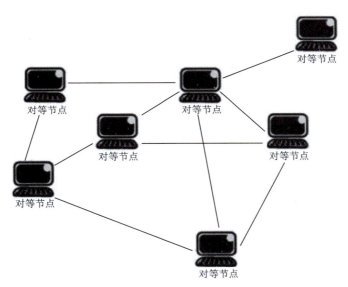

图 6.1　P2P 结构的拓扑结构图

目前，计算机网络中大都采用 C/S 结构，互联网中则以采用 B/S 结构为主。网络软件的分布式结构为构建网络上的软件系统提供了结构上的基础。

6.1.2 网络中的软件

网络软件是建立在计算机网络及互联网上的软件，这些软件可以分为若干个层次，如图 6.2 所示。

计算机网络与互联网是由计算机、通信网络及相关协议组成的，而在其实现中就需要用到软件，特别是协议的实现是以软件为主的。因此，计算机网络与互联网实际上是一种软硬件的结合，而并非一种纯的硬件。

另外，在计算机网络与互联网中，特别是其协议中，明确规范了网络软件所应遵循的一些基

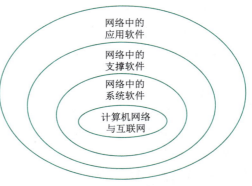

图 6.2　网络软件层次示意图

本规则与约束。例如，在 TCP/IP 中的应用层有 SMTP 协议，规范了电子邮件使用方法，FTP 协议规范了远程文件存取使用方法，又如 TCP/IP 中的传输层有 TCP 协议，它规范了操作系统进程间通信的方式。计算机网络及互联网是网络软件的基础层，它不但自身包含有软件，同时还为计算机网络软件提供了指导性的规范。

除了以上提到的计算机网络与互联网的内容之外，其他三个层次都属于网络中的软件，具体内容包括：

1．网络中的系统软件

传统计算机中系统软件是建立在单机环境下的，但是在网络中的计算机则是建立在网络环境下的，为适应此种环境，必须对系统软件作一定的改造，这就是网络软件中的系统软件，它包括如下的一些内容：

- 网络操作系统：一种为在计算机网络上运行服务的操作系统。
- 数据库管理系统：能在网络环境 C/S 及 B/S 结构上运行的数据库管理系统。
- 网络程序设计语言：能在网络环境中运行的程序设计语言，如 Java、C# 等。
- Web 软件开发工具：用于开发 Web 应用的软件工具。

2．网络中的支撑软件

网络中的支撑软件主要包括网络中的众多工具软件、接口软件以及中间件。在计算机网络与互联网中，为方便开发网络中的应用软件所提供的集中、统一的软件平台称为中间件。由于这种平台是在网络系统软件之上、在网络应用软件之下的一种中间层次软件，因此称之为中间件。支撑软件构成了网络软件中的第三个层次。

3．网络中的应用软件

应用软件主要是根据网络的组建目标和发展，为完成网络总体规划和各项任务而需要使用到的软件，属于网络应用系统。网络应用软件有通用和专用之分，通用软件适用于较广泛的领域和行业，如数据库查询系统、即时通信类软件、电子邮件等；专用软件则只适用于特定的行业和领域，如银行核算系统、铁路控制系统、军事指挥系统等。它是直接面向用户应用的软件。

6.2　Web 开发基础

6.2.1　Web 基础

Web 也称 WWW（World Wide Web）、万维网，即全球广域网，是一种基于超文本和 HTTP 的全球性、动态交互式跨平台的信息系统，是建立在 Internet 上的一种网络服务，为浏览者在 Internet 上查找和浏览信息提供了图形化的、易于访问的直观界面。Web 是互联网上的一种最大的应用，为开发这种软件须有一些专用开发工具，这就是 Web 软件开发工具，主要有下面三种：

1．HTML

为了使万维网的信息能够在全世界传播，人们亟需一种所有计算机都能够理解的互联网语言，这就是现在 WWW 上广泛使用的 HTML（hyper text markup language）语言，即超文本标记语言。随着技术的进步，网络上出现了越来越多的网页设计语言，例如 Dynamic HTML、XML、JavaScript、VBScript 等，但它们都是在 HTML 基础上衍生和发展而来，可以说，HTML 是构成网页的最"基础"的要素。

HTML 文件是一种非格式化文本，是标准的 ASCII 文件，它看起来像是加入了许多被称为链接签（tag）的特殊字符串的普遍文本文件。因此，HTML 可以使用任何一种文本编辑器来编写，如 Windows 中的记事本、写字板、Word 或用其他专门的 HTML 文件编辑器，如 Microsoft SharePoint Designer（原名为 Microsoft FrontPage）、Adobe Dreamweaver 等。

视　频

Dreamweaver
简介

HTML 语言是一种文本型标记语言，每个标记都有其特定的含义。我们可以把 HTML 文档中的每个标记理解为一个特定指令，一个完整的 HTML 文档就是这样一个指令序列。当浏览器接收到一个 HTML 文档后，将按照 HTML 语法对这些标记进行解释和执行。

2．脚本语言

脚本语言（JavaScript、VBscript 等）介于 HTML 和 C、C++、Java、C# 等编程语言之间。HTML 通常用于格式化和链接文本。而编程语言通常用于向机器发出一系列复杂的指令。HTML 不能编程，但实际上编程常常在网页编制时要用到，因此需要有一种能直接嵌入 HTML 中能编程的语言，这种语言称脚本语言。脚本语言又被称为扩建的语言，或者动态语言，是一种编程语言，用来控制软件应用程序。HTML 与脚本语言有效结合使得 Web 开发中与用户对话成为可能。

目前常用的脚本语言有 JavaScript 及 VBScript 等。

脚本语言一般具有表示简单、使用方便的特点，并且与平台无关，它们往往可以在 HTML 中混合编程。

3．服务器页面

传统的 HTML 编制的是静态网页，而实际上人们常常要求网页具有动态变化的效果，即动态页面。为了解决这个问题，就要使用服务器页面。服务器页面是一种互联网上的技术框架，它主要用于处理动态页面和 Web 数据库的开发，其主要特色是将 HTML、脚本语言以及一些组件等有机组合在一起，用于建立动态与交互的 Web 服务器应用程序。

目前常用的服务器页面有 ASP、JSP 及 PHP 等，其中，ASP 主要用于 Windows 中的 Web

开发，JSP 主要用于 Java 应用的 Web 开发，而 PHP 则主要应用于 UNIX 中的 Web 开发。

上面介绍的 HTML、脚本语言和服务器页面为在互联网上的 Web 应用开发提供了基本的开发工具，若想要编制的网页既能实现对话又能实现动态效果，往往要将三者有机结合起来。

6.2.2 网络程序设计语言

网络程序最主要的工作就是在发送端把信息按照规定好的协议封装成数据包，在接收端按照规定好的协议把数据包进行解析，从而提取出对应的信息，达到通信的目的。网络程序设计语言就是用来完成网络程序功能的一组记号和规则，它也具有程序设计语言的三个要素，即语法、语义和语用。同时，在功能上，网络程序设计语言还应该具备两个必要条件：

① 能在网络上传递数据，因此必须有按协议进行数据通信的能力。
② 所编写的程序能在网络中的任一个节点运行，即具有跨网络、跨平台的运行能力。

目前，网络编程语言主要有 PHP、ASP、JSP 和 .NET 等。

1．PHP

PHP（page hypertext preprocesso）是当今主流的脚本语言之一，其语法借鉴了 C、Java、PERL 等语言，但只需要很少的编程知识就能使用 PHP 建立一个真正交互的 Web 站点。它与 HTML 语言具有非常好的兼容性，使用者可以直接在脚本代码中加入 HTML 标签从而更好地实现页面控制。PHP 提供了标准的数据库接口，数据库连接方便，兼容性强，是一种面向对象的编程语言。

2．ASP

ASP（active server pages）是微软开发的一种类似 HTML（超文本标识语言）、Script（脚本）与 CGI（公用网关接口）的结合体，它没有提供自己专门的编程语言，而是允许用户使用许多已有的脚本语言编写 ASP 的应用程序。ASP 的最大好处是可以包含 HTML 标签，也可以直接存取数据库及使用无限扩充的 ActiveX 控件，而且它的程序编写过程比 HTML 更方便灵活，但 ASP 程序语言最大的不足就是安全性不够好。由于其主要工作环境仍然是在微软的 IIS 应用程序结构下，又因 ActiveX 对象具有平台特性，所以 ASP 技术不能很容易地实现在跨平台 Web 服务器上工作。

3．JSP

JSP（Java server pages）是由 Sun Microsystems（已被甲骨文收购）公司于 1999 年 6 月推出的新技术，是基于 Java Servlet 以及整个 Java 体系的 Web 开发技术。JSP 和 ASP 在技术方面有许多相似之处，不过两者来源于不同的技术规范组织，以至 ASP 一般只应用于 Windows NT/2000 平台，而 JSP 则可以在 85% 以上的服务器上运行，而且基于 JSP 技术的应用程序比基于 ASP 的应用程序易于维护和管理，所以被许多人认为是未来最有发展前途的动态网站技术。

4．.NET

.NET 是 ASP 的升级版，也是由微软开发，但是和 ASP 却有天壤之别。.NET 是网站动态编程语言里最好用的语言，不过易学难精。.NET 网站开发使用编译执行，效率比 ASP 高很多，在功能性、安全性和面向对象方面都做得非常优秀，是一种很不错的网站编程语言。

6.3 信息检索基础

6.3.1 信息检索概述

1. 信息检索的定义

近年来,随着人类社会信息环境的数字化、网络化进程的日益加快和各类信息资源的爆炸性增长,"信息检索"这一学术名词逐渐变得流行起来,并被越来越多的人所认识、了解和使用。那么,信息检索的准确含义是怎样的呢?

所谓"信息存储与检索"(information storage and retrieval),是指将信息按照一定的方式组织和存储起来,并能根据用户的需要找出其中相关信息的过程。

在通常情况下,大多数人讲到"信息检索"时,一般只涉及"取",即主要关注如何从存储的信息集合中快速获取各种需要的信息。这是对信息检索概念的一种狭义理解。

2. 信息检索系统的组成

信息检索系统(information retrieval system)是指根据特定的信息需求而建立起来的一种有关信息搜集、加工、存储和检索的程序化系统,其主要目的是为人们提供信息服务。

信息检索系统的组成包括以下三个部分:

①硬件:系统中采用的各种硬件设备的总称,包括具有一定性能的计算机主机、外围设备以及与数据处理或数据传输有关的其他设备。

②软件:系统中有关程序和各种文件资料的总称,包括系统软件(如操作系统,输入输出控制程序)和应用软件。

③数据库:是以一定的组织方式存储在一起的相关数据的集合。数据库是计算机技术与信息检索技术相结合的产物。它既是现代人们从事信息资源管理的工具,同时也是计算机信息检索的基础。

3. 信息检索的基本原理

计算机信息检索广义上讲包括信息的存储和检索两个方面。

信息的存储过程是:将收集到的原始文献进行主题概念分析,根据一定的检索语言抽取出主题词、分类号以及文献的其他特征进行标识或者写出文献的内容摘要,然后再把这些经过"前处理"的数据按一定格式输入到计算机存储起来。

信息的检索过程是:用户对检索课题加以分析,明确检索范围,弄清主题概念,并用系统检索语言来表示,然后形成相应的检索标识及检索策略进行检索。

作为一种有目的和组织化的信息存取活动,信息检索中的"存储"与"检索"之间存在着密不可分的关系。首先,两者是相互依存的:不存储无从检索,不检索存储将失去意义;其次,两者又是互相矛盾和制约的:从存储的角度看,越简单越好,但过于简单的存储,势必影响到检索的质量与效率。因此,"存储"与"检索"之间的这种互动关系在实际检索系统的开发与设计中,需要给予某种合理化的兼顾与平衡。

6.3.2 信息检索的方法与技巧

1. 关键词检索

根据用户输入的关键词,在数据库或网络上进行匹配搜索,并返回相关的信

视频
搜索引擎的使用技巧

息。关键词检索有如下技巧：

①使用准确的关键词：使用能准确描述所需信息的关键词。避免使用太宽泛或模糊的词汇，以免扩大搜索范围。关键词是表达用户信息需求和检索课题内容的基本元素，也是计算机检索系统进行匹配的基本单元。因此，务必要在分析课题的主题概念中掌握课题的内容实质，概括出能最恰当代表主题概念的关键词。

②使用具体的关键词短语：将多个关键词组合成短语进行检索，以获得更精确的结果。普通检索通常会出现许多无关信息，要想获得更精确的检索结果的简单方法就是添加尽可能多的检索词，检索词之间用一个空格隔开。如：想找有关大学计算机课程课件的相关信息，检索式：大学计算机课程 课件。

③考虑同义词和近义词：将关键词的同义词和近义词也考虑进来，以扩大搜索范围，获得更多相关信息。

④使用引号限定关键词：将一个或多个关键词用引号括起来，以指示搜索引擎将其作为一个短语而不是单独的关键词进行匹配。搜索引擎返回的结果页面包含双引号中出现的所有词，而且字与字之间的顺序一致。如我们想找有关湖南工业大学的有关信息，则应检索为："湖南工业大学"。

⑤指定文档类型检索。如果想在网上下载一些文档，可以采用指定文档类型进行检索。许多中文搜索引擎可以搜索的文件格式有 PDF、DOC、XLS、PPT、RTF、ALL，其中，ALL 表示搜索所有支持的文件类型。检索格式为 filetype: 格式 + 空格 + 检索词，或检索词 filetype: 格式。如：想找有关网络基础的 word 文档，检索式为 filetype:doc 网络基础，或网络基础 filetype:doc。

⑥使用高级搜索选项：学习和使用搜索引擎的高级搜索语法，如搜索特定文件类型（filetype）、限制关键词位置（intitle、inurl、intext）、搜索范围（site）等，以提高检索效果。针对标题进行检索的可以使用 TITLE: 或 INTITLE: 来进行限定。如想查找标题中包括网络基础的有关信息，检索式为 TITLE: 网络基础，或 INTITLE: 网络基础。

⑦在指定网站内搜索（使用 site:）。检索格式为关键词 + 空格 +site:（英文半角 :）+ 网址。如在"百度经验"里面搜索包含"老师"的相关的信息，检索式：老师 site:jingyan.baidu.com。

⑧利用减号（-）去掉无关资料。在搜索时，减号表示搜索不包含减号后面的词语。搜索格式是搜索词 + 空格 + 减号 + 排除词。如想查"玉米但不是甜玉米"方面的文献，检索式：玉米 - 甜玉米。

不同的搜索引擎和数据库可能具有不同的关键词检索功能及选项，用户可以根据个人需求和平台提供的搜索功能，灵活运用关键词检索技巧。

2．布尔检索

使用布尔运算符（如 AND、OR、NOT）组合关键词，以确定检索结果是否包含特定的词语或短语。

布尔检索是一种通过使用布尔逻辑运算符（AND、OR、NOT）组合关键词的检索方法，以确定检索结果是否包含特定的词语或短语。以下是一些布尔检索的技巧：

① AND 运算符：使用 AND 运算符连接两个或多个关键词，以获取同时包含这些关键词的结果。例如，检索"人工智能 AND 机器学习"将返回同时包含"人工智能"和"机器学习"的结果。

② OR 运算符：使用 OR 运算符连接两个或多个关键词，以获取包含其中任意一个或多个

关键词的结果。例如，检索"人工智能 OR 机器学习"将返回包含"人工智能"和"机器学习"任意一个或两者都有的结果。

③ NOT 运算符：使用 NOT 运算符排除某个关键词，以获取不包含该关键词的结果。例如，检索"人工智能 NOT 机器学习"将返回包含"人工智能"但不包含"机器学习"的结果。

④使用括号：使用括号可以控制布尔表达式的优先级。例如，"（人工智能 OR 机器学习）AND（深度学习 OR 神经网络）"将返回同时包含"人工智能"或"机器学习"，且同时包含"深度学习"或"神经网络"的结果。

⑤考虑权重和顺序：布尔检索中的关键词顺序和权重可能影响结果的相关性。将最重要、最具体的关键词放在前面，并根据需要调整关键词的顺序和优先级。

⑥迭代调整检索表达式：根据初始检索结果的质量和相关性，对布尔检索表达式进行迭代调整，直到获得满意的结果。

需要注意的是，布尔检索是一种精确的检索方法，结果可能会受到关键词选择和逻辑运算符使用的影响。因此，在进行布尔检索时，需要灵活运用布尔运算符和不同关键词的组合，以获得符合要求的结果。

3．通配符检索

使用通配符（如"*""、""?"）替代部分关键词，以便搜索相关的词汇形式。

通配符检索是一种在关键词中使用特殊符号来匹配多个字符或单词形式的检索方法。以下是一些通配符检索的技巧：

①使用星号（*）：星号通配符可以匹配任意数量的字符。例如，搜索"informat*"将匹配"information""informatics""informative"等单词。

②使用问号（?）：问号通配符可以匹配单个字符。例如，搜索"Wom?n"将匹配"Woman"、"Women"等单词。

③适度使用通配符：通配符检索可以扩展搜索范围，但也可能引入更多不相关的结果。适度使用通配符，尽量避免过度使用，以确保结果的准确性。

④结合其他检索技巧：通配符检索可以与其他检索技巧结合使用，如布尔检索、短语检索等。通过合理组合使用通配符、布尔运算符和短语来细化搜索条件，获得更精确的结果。

⑤注意搜索引擎或数据库的支持：不同的搜索引擎或数据库对通配符的支持可能有所不同。在使用通配符检索之前，先了解使用的搜索引擎或数据库是否支持通配符，并查看相关的文档和帮助信息。

需要注意的是，通配符检索会增加搜索的复杂度，尤其是在大型数据库或搜索引擎中。此外，使用过多的通配符可能会导致搜索速度变慢。因此，在使用通配符检索时，要根据实际情况适度调整，并结合其他的检索技巧，以达到更好的检索效果。

4．模糊检索

在关键词上加入模糊的匹配条件，以获取相似或相关的结果。模糊检索是一种基于近似匹配的检索方法，旨在通过使用模糊的关键词或短语来查找与之相关的文档或信息。与精确检索相比，模糊检索更容忍关键词或查询条件的拼写错误、同义词或近义词的使用以及文档内容的变化。

模糊检索的实现主要依赖于信息检索技术和自然语言处理技术。常见的模糊检索方法包括基于通配符或正则表达式的模糊匹配、基于近似字符串匹配的模糊匹配和基于语义相似度计算的文本匹配等。

在信息检索系统中，模糊检索可以提高用户体验，帮助用户找到相关的文档或信息，即使用户输入的关键词或短语存在一定的错误或变体。在实际应用中，模糊检索被广泛应用于搜索引擎、文档管理系统、数据库查询以及文本挖掘等领域。

5. 推荐检索

推荐检索是一种基于用户行为和兴趣的信息检索方法，通过分析用户的历史行为、兴趣偏好和其他相关数据，向用户推荐可能感兴趣的文档或信息。推荐检索可以提高用户的检索效果和体验，帮助用户发现更多相关的内容。推荐检索方法主要包括以下几个方面：

①协同过滤推荐：根据用户的历史行为和其他用户的行为数据，寻找与当前用户兴趣相似的其他用户，然后将这些相似的用户喜欢的文档或信息推荐给当前用户。

②基于内容的推荐：根据文档或信息的内容特征，如关键词、标签或描述，来衡量文档之间的相似性，然后将与用户历史兴趣相似的文档推荐给用户。

③混合推荐：结合协同过滤和基于内容的方法，综合考虑用户历史行为和文档的内容特征，为用户推荐多样性和个性化的文档或信息。

④增强学习推荐：通过不断与用户的交互和反馈，利用增强学习算法逐步优化用户的兴趣模型，提供更精准的推荐结果。

⑤实时推荐：根据用户当前的需求和上下文信息，实时地为用户生成推荐结果，以满足用户即时的信息需求。

推荐检索方法可以根据不同的应用场景和需求进行调整和组合。通过分析用户行为和喜好，推荐检索可以帮助用户发现更多有价值的信息，并提高用户的检索效率和满意度。

6. 结构化检索

结构化检索是一种基于事先定义好的结构化数据模型进行的信息检索方法。在结构化检索中，文档或信息以固定的数据结构形式表示，包括字段、属性和关系等。这种结构化的表示方式使得检索系统可以更精确地理解和处理文档的内容，提供更准确和有针对性的检索结果。以下是结构化检索的一些特点和方法：

①数据模型：结构化检索使用事先定义好的数据模型来组织和管理文档或信息。常见的数据模型包括关系型数据库模型、面向对象模型和 XML 模型等。

②数据结构：在结构化检索中，文档或信息的结构被明确地定义。字段、属性和关系等信息被存储在结构化表中，方便系统进行索引和检索。

③查询语言：结构化检索使用特定的查询语言来执行检索操作。针对不同的数据模型，可以使用 SQL 语言、XPath、SPARQL 等查询语言进行检索。

④精确匹配：结构化检索可以进行精确匹配，基于字段值的比较和匹配。通过设定查询条件，可以准确指定搜索的范围和要求，提供精准的检索结果。

⑤索引和优化：结构化检索系统通常会建立索引以提高检索效率。通过对字段或属性进行索引，可以快速定位相关文档。此外，系统可以采用优化技术，如查询优化和索引优化，进一步提升检索性能。

⑥数据一致性：结构化检索可以通过数据模型的约束规则来确保数据的一致性。对于关系型数据库，可以使用主键、外键和关系约束等来维护数据的完整性和一致性。

结构化检索广泛应用于关系型数据库、XML 数据库和企业知识管理系统等领域。它提供了一种强大而灵活的方式来组织和检索结构化文档和信息,使得用户能够更准确和高效地获取所需的数据。

6.3.3 数据库检索系统概述

本节通过对国内外常用数据库资源的介绍,让大家对各个数据库的收录范围、检索功能、收录核心期刊、检索结果等情况进行有效的分析和评价,因而能够确切地区分其特点和功能,进行有目的的选用。

1. 常用中文检索数据库

(1)期刊检索

CNKI(中国知识基础设施工程)工程于 1995 年正式立项,在政府及社会各界多方努力下,经过 10 年建成了世界上全文信息量规模最大的"CNKI 数字图书馆",并全力建设《中国知识资源总库》,以"中国知网(www.cnki.com)"为网络出版与知识服务平台,通过产业化运作,为全社会提供最丰富的信息资源和数字化学习平台。CNKI 收录包括学术期刊、学位论文、会议论文、报纸、图书、专利等多种类型的文献资源,涵盖了人文社科、自然科学、工程技术、医药卫生、农业科技等多个学科领域。CNKI 提供了丰富的检索功能,支持关键词检索、篇名检索、作者检索、机构检索、基金项目检索等,还可以根据出版时间、文献类型、检索范围等进行高级检索。CNKI 收录了众多核心学术期刊,包括中国科学、光谱学与光谱分析、计算机科学、材料科学与工程等领域的重要期刊。此外,CNKI 还收录了国际权威期刊的中文翻译版本。

可以通过中国知识基础设施工程(CNKI)的网址(http://www.cnki.net/)或者各高校图书馆的"数字资源",如图 6.3 所示,进入中国期刊全文数据库并实施数据库的检索。首次阅读时,要先下载阅读器,如 CAJViewer 和 Adobe Reader 等。

图 6.3 高校数字资源检索主页

图 6.4 所示为中国期刊全文数据库的检索界面,可见,选择检索词,可按主题、篇名、关键词、作者等加以限定;词频指检索词在相应检索结果中出现的次数,可指定具体的词频;还可以选择更新的起止时间和收录范围以及匹配模式等方式对检索内容加以限定。

图 6.4　中国期刊全文数据库的检索页面

需要注意的是,具体的收录范围、核心期刊和检索结果可根据具体情况和不同的订阅级别而有所变化。建议在使用 CNKI 时查看相关指南和文档,了解具体的搜索技巧和使用方法。

（2）电子图书检索

电子图书是指以数字代码方式将图、文、声、像等信息存储在磁、光、电介质上,通过计算机或类似设备来使用,并可复制发行的大众传播体。类型有电子图书、电子期刊、电子报纸和软件读物等。电子图书平台有很多,例如:

① Dangdang 阅读:当当网的电子图书平台,提供小说、教育、经济管理等各种类型的电子图书。

② 京东读书:京东旗下的电子图书平台,提供各种类型的电子图书资源,用户可以通过京东阅读 App 进行阅读。

③ iBooks（苹果 iBooks）:苹果公司的电子图书平台,用户可以通过苹果设备如 iPhone、iPad 等进行阅读。

④ Kindle Store（亚马逊 Kindle）:亚马逊旗下的电子图书平台,提供大量的电子图书资源,用户可以通过 Kindle 设备或 Kindle 阅读软件进行阅读。

电子图书格式很多,如 EXE 文件格式、PDF 格式（Adobe 公司推出）、PDG 格式（超星）、CAJ 格式（清华同方,阅读器为 CAJViewer）等。

目前有很多电子图书的检索,下面就以超星为例介绍电子图书。

超星电子图书是中国知名的电子图书平台之一。它提供了丰富的电子图书资源,涵盖了教科书、教辅材料、学术著作、小说、社科人文、经济管理等多个领域的图书。超星电子图书平台致力于为用户提供高质量的电子图书,满足用户的学习和阅读需求。在超星电子图书平台上,用户可以通过关键词搜索、分类浏览、作者检索等方式快速找到所需的电子图书。

用户可以通过 PC 端、移动端以及超星阅读器等设备进行电子图书的阅读。超星电子图书也支持在线阅读和离线下载，在线阅读时用户可以进行书签、笔记、标注等操作，方便用户管理和学习。此外，超星电子图书平台还提供了课程教材相关的电子图书资源，为教育教学提供了便利。学校、教师和学生可以通过超星电子图书平台获取到所需的课程教材和学习资料。下面就具体介绍超星电子图书的检索方法：

①进入超星电子图书。进入超星电子图书无须任何阅读器，即能在浏览器上直接阅读。在浏览器地址栏中输入网址 http://book.chaoxing.com 即可进入，如图 6.5 所示。

图 6.5　超星电子图书

②图书检索。使用图书搜索只需在图书搜索框中输入要查找的关键字或短语，再单击"搜索"按钮即可。

例如：查询关于 Excel 的图书，在搜索栏中输入"excel"，然后单击"搜索"按钮，则搜索出图 6.6 所示的结果，选择感兴趣的图书即可。

图 6.6　按条件搜索

还有其他电子图书检索工具，如超星数字图书馆（开放式的数字图书馆）等，这里就不再描述。

（3）中国学位论文文摘检索数据库（CDDB）

CDDB 收录了自 1977 年以来我国自然科学、哲学、经济、管理、语言、文学等领域博士、博士后及硕士研究生论文，它不但是我国最早建设的全国性学位论文数据库，而且也是我国目前收录学位论文信息最多、最全的数据库。收录范围包括：

①学位论文文摘：CDDB 收录了来自中国各大学、研究机构和教育机构的学位论文的文摘信息。这些论文涵盖了各个学科领域和研究主题，包括自然科学、工程技术、医学、社会科学、人文科学等多个学科领域。

②博士论文文摘：CDDB 汇集了中国博士学位论文的文摘信息。博士论文是在深入研究领域的基础上完成的高水平学术研究成果，对于研究人员和学术界来说具有重要的参考价值。

③硕士论文文摘：CDDB 也收录了中国硕士学位论文的文摘信息。硕士论文是研究生阶段的学术研究成果，涉及的研究范围较窄，但具有一定的研究深度。

CDDB 提供了多种检索方式和功能，以方便用户获取所需的学位论文文摘信息。主要的检索功能包括：

①关键词检索：用户可以通过输入相关的关键词来检索相关的学位论文文摘信息。

②作者检索：用户可以通过输入论文作者的姓名来检索特定作者的学位论文文摘。

③学科分类检索：用户可以根据自己研究领域或感兴趣的学科领域来进行检索，以获取相关的学位论文文摘信息。

④学位类型检索：用户可以选择博士、硕士或其他学术型学位来进行检索，以获取特定类型的学位论文文摘信息。

中国学位论文全文数据库检索方法具体如下：

①访问数据库：访问中国学位论文全文数据库的官方网站或数据库平台，可以是由中国知网、超星等提供的学位论文数据库。例如：登录某图书馆主页，单击"电子（或数字）资源"，进入万方数据知识服务平台，选择镜像后再在打开网页中单击"学位"按钮，即可进入检索界面，如图 6.7 所示。

图 6.7　万方数据知识服务平台

②登录或注册：若数据库要求用户登录或注册账号才能进行检索，按照要求完成账号的登录或注册流程。

③设置检索条件：进入数据库的检索页，设置检索条件。常见的检索条件可以包括题名、作者、关键词、专业、学位授予单位、导师等，如图 6.8 所示。

图 6.8　设置检索条件

④输入关键词：根据自己的研究需求，输入相关的关键词或选择其他检索条件。关键词应该是与所要研究的话题或领域相关的术语或关键词。例如选择学位授予单位为"湖南工业大学"，关键词为"计算机"，如图 6.9 所示。

图 6.9　输入关键词

⑤开始检索：单击"检索"按钮，开始进行检索。系统会根据输入的关键词和检索条件，

在数据库中检索相关的学位论文全文。

⑥查看检索结果：检索结果将以列表或瀑布流的形式呈现。浏览检索结果，可以查看每篇学位论文的题目、作者、摘要、关键词等基本信息。

⑦选择文献：根据摘要和关键词等信息，评估检索结果的相关性和质量。选择感兴趣的学位论文，进一步了解其内容和全文。

⑧获取全文：若学位论文全文可在线阅读或下载，根据数据库提供的功能，选择相应选项获取全文。有些数据库可能要求付费或需要订阅才能获取全文，如图 6.10 所示。

图 6.10　下载全文

（4）其他中文学位论文网站

CNKI（http://www.cnki.net/）中国优秀博硕士论文全文数据库：收录了博硕士学位论文全文文献，且可免费检索文摘。

国家科技图书文献中心（http://www.nstl.gov.cn/）的学位论文：收录了中文学位论文和外文学位论文。

中国国家图书馆（http://www.nlc.cn/）的学位论文：中国国家图书馆是教育部指定的全国博士论文、博士后研究报告收藏机构，并收藏我国海外留学生的部分博士论文。

2．三大外文检索数据库

（1）EI 数据库检索

美国《工程索引》（*The Engineering Index*）简称 EI，创刊于 1884 年，由美国工程信息公司编辑出版。所报道的文献学科覆盖面广，涉及工程技术领域各个方面。经过 100 多年的发展，《工程索引》已经成为全球工程技术领域著名的检索系统，同时它也是世界引文分析和文献评价的四大检索工具之一。

Engineering Village 2 是 Engineering Information Inc. 出版的工程类电子资料库，其核心数据库 Ei Compendex 是《工程索引》的网络版，是目前全球全面的工程领域二次文献数据库，侧重提供应用科学和工程领域的文摘索引信息，涉及核技术、生物工程、交通运输、化学和工艺工程、照明和光学技术、农业工程和食品技术、计算机和数据处理、应用物理、电子和通信、控制工程、土木工程、机械工程、材料工程、石油、宇航、汽车工程以及这些领域的子学科。

检索方法举例：

步骤一：进入某图书馆（如中南大学图书馆电子资源），如图 6.11 所示。

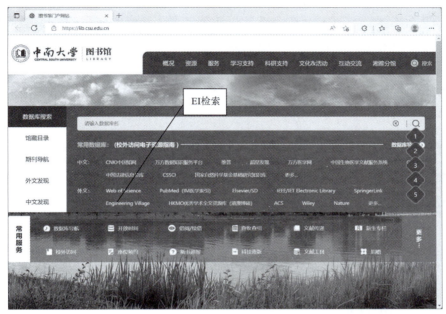

图 6.11　中南大学图书馆首页

步骤二：选择 EI 数据库，进入检索入口，如图 6.12 所示。

图 6.12　检索首页

步骤三：选择入口方式，进入检索页面，系统默认为快速检索页面，如图 6.13 所示。

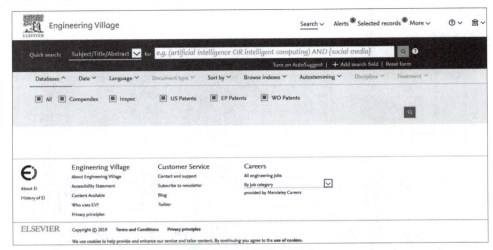

图 6.13　快速检索界面

EI 提供三种检索方式：快速检索（quick search）、专家检索（expert search）、工程学院模式（engineering school profile）。

（2）SCI 数据库检索

Sci Finder Scholar 数据库为 CA（化学文摘）的网络版数据库，SCI 所收录期刊的内容主要涉及数、理、化、农、林、医、生物等基础科学研究领域，选用刊物来源于 40 多个国家，50 多种文字。SCI 引文检索不仅可以从文献引证的角度评估文章的学术价值，还可以迅速方便地组建研究课题的参考文献网络。

Sci Finder Scholar 检索方法与 EI 类似，在此不再赘述。

（3）ISTP-科技会议录索引

《科技会议录索引》（index to scientific & technical proceedings，简称 ISTP）创刊于 1978 年，由美国科学情报研究所编辑出版。该索引收录生命科学、物理与化学科学、农业、生物和环境科学、工程技术和应用科学等学科的会议文献，包括一般性会议、座谈会、研究会、讨论会、发表会等。其中，工程技术与应用科学类文献约占 35%，其他涉及学科基本与 SCI 相同。

在 ISTP、EI、SCI 这三大检索系统中，SCI 最能反映基础学科研究水平和论文质量，该检索系统收录的科技期刊比较全面，可以说它是集中各个学科高质优秀论文的精粹，该检索系统历来成为世界科技界密切注视的中心和焦点。ISTP、EI 这两个检索系统评定科技论文和科技期刊的质量标准方面相比之下较为宽松。

6.3.4　信息资源综合利用实例

1. 文献信息资源的收集与整理

（1）文献资源的类型

文献资源是信息资源的主要组成部分，我们通常说的信息检索主要是指文献信息的检索。

按照不同的分类标准，将文献信息资源进行以下分类：

①按出版形式分，文献可分为图书、期刊、报纸、科技报告、会议文献、专利文献、标准文献、政府出版物、产品样本、技术档案和学位论文等。

②按加工层次分，文献可分为一次文献、二次文献和三次文献。

- 一次文献（primary document）：是指作者以本人在生产与科研或理论探讨中所获得的第一手材料为基本素材撰写的论文，如期刊论文、科技报告、会议论文、专利说明书等。
- 二次文献（secondary document）：是指将分散的无组织的一次文献进行搜集、提炼、浓缩、加工、整理，并按一定的科学方法编排、编辑出版的文献，如目录、题录、文摘、索引、各种书目数据库等。
- 三次文献（tertiary document）：是对一次文献和二次文献的内容进行综合分析、系统整理、高度浓缩、评述等深加工而形成的文献，如综述、述评、词典、百科全书、年鉴、指南数据库等。

（2）文献信息资源的整理与组织

通过各种方法搜集获得的信息资源通常是无序的，而且有可能混杂着许多陈旧、虚假甚至错误的信息。因此有必要对所搜集的资料进行筛选、鉴别并进行整理与组织，以便更好地利用。

文献信息的组织方法有按文献信息的形式特征组织和按文献信息的内容特征组织两种方法：

①按文献信息的形式特征即按文献的题名、作者、发表或出版时间、地区等特征进行组织。

②按文献信息的内容特征即按文献的分类、主题等特征组织。

（3）信息资源的评价与分析

当我们利用检索系统或其他信息源找到一些与研究相关的信息资料，并且经过整理组织归类之后，还是发现并非所有的资料都是适合课题研究的。因此，有必要对文献资料进行去粗取精、去伪存真的工作，从中筛选出高质量、高水平、真正有价值的材料。

①文献信息资源的评价。

一是可靠性，指资料的技术内容的科学性、真实性、准确性及完整性。一般来说，由著名学者和专家撰写、著名出版社出版、官方与专业机构人员提供、登载在核心期刊上以及引用利用率较高的文献，其可靠性较大。

二是先进性，可以从时间和空间两方面来考虑。表现在时间上，主要指信息内容的新颖性以及文献内容在原有基础上是否有创新或突破。表现在空间上，可以通过信息内容的领先程度和水平来判断，也可从资料的来源、发表的时间等方面来判断，如由世界著名期刊刊载的等。

三是适用性，是指文献资料对用户的适合程度与范围，即资料是否与所从事的课题相关或密切相关。

②文献信息的分析。

文献信息的分析就是根据特定课题的需要，对搜集到的大量文献信息资料和其他多种有关的信息进行研究，通过一定的方法，系统地提出可供用户使用的分析结果的一项工作。文献信息的分析结果，既可作为文献信息评价的依据，也可以作为一种研究成果，以论文形式发表或以研究报告的形式予以公布。

（4）文献综述的撰写

文献综述既是一种文献信息调研报告，又是学术论文的一种形式。它是通过全面系统地搜集某一特定研究领域的全部或大部分相关文献资料，并经过阅读、理解、分析、比较、归纳，对该课题的发展过程、发展趋势及存在的问题等进行全面介绍、综合分析和评论而形成的一种不同于一般论文的文体。

文献综述撰写的要求和注意事项：

①应系统全面查阅与自己研究方向有关的国内外文献，特别不能遗漏那些有代表性、经典的、重要的文献。做到既要大量占有文献，又要有所取舍，突出精华。

②要对选择好的文献进行仔细消化，通过阅读原始文献，阐述自己研究内容的背景和发展情况，以及前人的主要研究成果及存在的问题。

③综述某一领域中的最新进展，应该有述有评，要有自己的观点和见解，切忌局限在对前人工作的简单机械罗列。

④在分析评价前人研究的基础上归纳出几个热点或前沿问题，并提出对未来发展的展望以及今后的研究方向。

⑤要注意引用文献的代表性、可靠性和科学性。引用的文献应是能反映主题全貌并且是作者直接阅读过的文献资料，主要参考文献尤其是文中引用过的参考文献不能省略。

2. 学术论文的撰写

（1）学术论文简介

学术论文是某一学术课题在实验性、理论性或观测性上具有新的科学研究成果或见解的知识和科学记录；或是某种已知原理应用于实际中取得新进展的科学总结，用于学术会议上宣读、交流或讨论、或在学术刊物上发表、或作其他用途的书面文件。

学术论文特点：

①专业性：指研究、探讨的内容是以科学领域里某一专业性问题作为研究对象。在内容上，学术论文是作者运用他们系统的专业知识，去论证或解决专业性很强的学术问题。

②科学性：科学性是学术论文的生命和价值所在。所谓科学性，就是指研究、探讨的内容要准确、思维要严密、推理要合乎逻辑。

③创新性：即要求研究的内容在继承的基础上有发展、完善、创新；能提出独立见解；推翻前人定论；对已有资料作出创造性综合。

（2）学术论文撰写的一般程序

①选题。选择课题是撰写学术论文的第一步，好的选题，可以使学术论文有较高的学术价值和实用价值。

②搜集相关资料。获取与所选课题相关的资料是论文写作的前提和必要条件。学术论文相关资料主要包括两大类，即第一手资料和第二手资料。

第一手资料是指与论题直接有关的文字材料、数据材料（包括图表），如有关的统计数据、典型案例、经验总结等，还包括作者亲自在实践中考察获得的感性材料，如各种观察数据、调查所得等。第一手材料是论文提出论点、主张的基本依据。

第二手资料是指通过检索所得与课题相关的文献资料，包括与课题相关的国内外研究成果和相关背景资料。

③拟定写作提纲，构建论文框架。拟定写作提纲要进行多次补充、取舍、增删和调整，不断完善。

④撰写初稿。当写作提纲确定后，对搜集来的资料要进行分析，筛选出有价值的内容。再根据作者的研究思路，按照拟定好的大纲及全面的文献信息，撰写出论文的初稿。

⑤修改定稿。初稿完成后，还需要对论文进行不断的修改，使论文逐渐趋于完善。修改工作包括：结构的修改，内容、段落句子和篇幅的修改，文字和标点符号的修改，以及参考文献的核实等。

（3）学术论文的编排格式

①标题：题名应简明、确切。应尽可能地将表达核心内容的重要的词放在题名的开头，以便引起读者的注意。

②作者及工作单位：如果是外文稿，作者姓名和工作单位的翻译要规范。

③摘要：摘要应该客观、真实地反映论文的原意，内容上应突出和强调创新点，要使用简短的句子，并采用规范化的名词术语，摘要的长度通常控制在 100～150 个词，第一句不应与题名重复，表述时要用第三人称的写法。

④关键词：是从学术论文中选取出来，用来表示全文核心内容信息的单词或术语。

⑤文章：包括前言、论述、结论等。除了对语言、表述、推论以及文章的组织以外，还应注意：字数、各小节表示法、图表安排（注意编辑部和期刊的特别要求，查看期刊已发表论文的情况）。文章引用和参考的文献都应列出。

⑥参考文献的著录：不同期刊对参考文献著录有不同要求，有些期刊对参考文献数量也有要求。

（4）学术论文的投稿

只有将撰写好的学术论文投向相应的期刊出版社或相应的学术会议，并被正式采用，才能真正体现其应有的价值与作用。

①期刊的选择。首先可根据杂志的 ISSN 和 CN 号识别杂志是否为合法期刊；不能以投稿的难易程度来选择投稿期刊；注重发表论文的时效性、重视投稿期刊的质量；确定同类论文的发表情况及选择合适的投稿期刊等。

②论文的主题、内容、质量符合期刊要求。选择投稿刊物时要做到有的放矢。选择与稿件专业相符、性质相当、学术水平相近的期刊或会议主办者。

3. 学位论文的结构和写作规范

学位论文一般由前置部分和主体部分组成：前置部分包括标题、摘要（中、英文）、关键词等内容；主体部分包括引言、正文、结论、参考文献和附录等。另外，学位论文答辩过程材料中还应附上开题报告、论文答辩记录、评分表、任务书、评语等内容。

6.4 互联网应用新技术

互联网的出现与应用改变了世界，在应用过程中也出现了很多的新技术，它们对促进互联网应用的发展起到了关键性作用。

6.4.1 移动互联网

传统互联网的终端主要是计算机，它的出现解决了跨时空的问题，但由于计算机体积与重量的原因，它们不能随意移动。随着宽带无线接入技术和移动终端技术的飞速发展，人们迫切希望能够随时随地乃至在移动过程中都能方便地从互联网获取信息和服务。因此，移动互联网应运而生并迅猛发展。近年来，智能手机及平板计算机等移动产品的出现，改变了互联网状态，移动产品取代了互联网中的终端。也就是说，移动互联网的终端则是手机、平板等移动终端。移动互联网就是将移动通信和互联网二者结合起来，成为一体，是互联网的技术、平台、商业模式和应用与移动通信技术结合并实践的活动的总称。

移动互联网的出现大大方便了互联网的使用，从而使互联网得到了更快的发展。

6.4.2 物联网

视频
物联网

传统互联网中的客户端都是计算机，称为客户机。随着应用发展的需要，这种客户端不仅需要的是"机"，更需要的是"物"，这就有了物联网。物联网的出现大大拓展了互联网的应用范围与内容，使互联网既能管机又能管物，同时也将"机"与"物"通过物联网连于一起。

1. 物联网技术的基本概念

物联网的概念最早出现于比尔·盖茨1995年《未来之路》一书中，比尔·盖茨已经提及物联网的概念，只是当时受限于无线网络、硬件及传感设备的发展，并未引起世人的重视。1998年，美国麻省理工学院（MIT）创造性地提出了当时称为EPC系统"物联网"的构想。1999年，美国Auto-ID首先提出"物联网"的概念，主要是建立在物品编码、RFID技术和互联网的基础上。在中国，中科院早在1999年就启动了传感网的研究，并取得了一些科研成果，建立了一些适用的传感网。自2009年8月时任国务院总理温家宝总理提出"感知中国"以来，物联网被正式列为国家五大新兴战略性产业之一，并写入"政府工作报告"。2019年，工信部等八部门印发《物联网新型基础设施建设三年行动计划（2021—2023年）》（以下简称《行动计划》）。《行动计划》明确到2023年底，在国内主要城市初步建成物联网新型基础设施，社会现代化治理、产业数字化转型和民生消费升级的基础更加稳固。物联网在中国受到了全社会极大的关注。

"物联网技术"的核心和基础仍然是"互联网技术"，是在互联网技术基础上的延伸和扩展的一种网络技术；其用户延伸和扩展到了任何物品和物品之间，进行信息交换和通信。因此，物联网技术的定义是：通过射频识别（RFID）、红外感应器、全球定位系统、激光扫描器等信息传感设备，按约定的协议，将任何物品与互联网相连，进行信息交换和通信，以实现智能化识别、定位、追踪、监控和管理的一种网络技术。其目的是实现物与物、物与人，所有的物品与网络的连接，方便识别、管理和控制。

物联网有下面几个特性：

①物联网的核心是互联网，它是建立在互联网基础上的一种延伸应用网络。

②物联网也是一种移动互联网的延伸应用网络。因为物联网中各类信息传感设备大都是移动设备，并且大都通过无线方式实现与互联网的连接。

③物联网中的客户端大都是传感设备。它将互联网中人与人（即客户机对客户机）间的

通信扩展到了人与物、物与物间的通信。

2．物联网的基本构成

根据物联网的特点，ITU-T（国际电信联盟－电信标准部）物联网架构将物联网从下到上划分为三个层次：感知层、网络层和应用层。

（1）感知层

感知层的主要功能是数据的采集和感知，主要用于采集物理世界中发生的物理事件和数据。它通过感知设备与互联网建立接口。在感知设备中，条形码与射频识别标记（RFID）可用于物的标识，而传感器则可用于捕捉物中的各类属性，如压力、压强、温度、声音、光照、位移、磁场、电压、电流及核辐射等多种数据。此外，全球定位系统（global positioning system，GPS）用于获取对物的定位数据，摄像头用于对物的图像数据获取等。

感知层就是建立这种接口的层次。

（2）网络层

网络层即是互联网，它是整个物联网中的数据处理中心。它的主要功能是实现更广泛的互连，把感知到的信息无障碍、高可靠、高安全地进行传送。

（3）应用层

感知层与网络层建立了物联网的基本平台，在此平台上可以开发多种应用。应用的开发大多用计算机软件在互联网专用服务器中实现。

3．物联网的应用

物联网扩大了互联网的应用，很多在互联网上的应用在物联网中都能很容易地完成。如电子收费（electronic toll collection，ETC），即电子不停车收费系统，采用车载电子标签，通过 ETC 车道天线之间的微波通信与互联网接口，在互联网中通过对电子标签的识别就可以在银行找到相应的账号并进行结算处理。ETC 系统可以加快路桥收费站车辆通车速度，加快效率、减轻或避免车辆在收费站口拥堵问题。

物联网技术助力解决垃圾分类的难题，通过物联网技术以及相应的传感器，很容易检测到这个垃圾是干垃圾、湿垃圾，还是有害垃圾，从而对分类进行指导、进行监控。让垃圾桶变得智能。

随着大数据、智能芯片、云计算等技术不断突破，射频识别、传感器等物联网设备成本逐渐降低，物联网技术也正与工业制造、家居、物流、安防和农业等行业融合，创造着巨大价值。

6.4.3　云计算

1．云计算的起源

计算机刚诞生时非常昂贵，各部门组织购置计算机是不可能的事情，在这种环境下就出现了一种集中式处理的计算模式，各终端只提交作业并得到返回结果，没有处理能力，所有的任务全部提交到主服务器中进行处理，目前的云计算就与最初的这种概念类似。随着计算技术的发展，计算机价格下降，个人计算机开始流行，从而出现了 C/S 以及 B/S 构架模式，用户终端也拥有了计算能力来分担远程服务器的运行作业，也就是说终端的独立性提高了，同时性能也在提高。但是这种模式也存在问题。对个人用户来说，比如用户需要安装各种版本的客户端以及相关软件，软件升级麻烦，同时用户的数据越来越多，很多方面不能满足处理要求；对单位来说，各个单位为了应用需要都购买了计算机，包括硬件、软件及应用等，同时还要设置相应机构，如计算站、信息中心。此外还要配置人员与场地等。所有这些都构成了使用计算机的必要资源，缺一不可。但与此同时也会带来资源的浪费。为此，人们就想到了计算机资源"租用"的问题，正如人们用水、用电并不需要自挖水井与自购发电机一样，而只需要通过自来水公司安装水管与供电局接入线路即能方便地用水、用电。这是一种新的模式，它可以极大地降低成本、方便使用。但在以前那仅是一个美好的梦想，并没有实现的可能。但是随着互联网的出现与发展，移动设备的兴起，用户的终端没有必要是计算机，也可以是数码照相机、PDA 或智能手机等。这就是"云计算"出现的应用需求与技术基础。

2．云计算基本概念

云计算的概念于 2006 年正式提出，随后一些 IT 公司如亚马逊、IBM、阿里巴巴、华为等都构筑了各自的云，用户通过互联网可以使用云中的资源和服务。之所以称为"云"，是因为它在某些方面具有现实中云的特征：云一般都较大；云的规模可以动态伸缩，它的边界是模糊的；云在空中飘忽不定，无法也无须确定它的具体位置，但它确实存在于某处。

美国国家标准与技术研究院（NIST）定义：云计算是一种按使用量付费的模式，这种模式提供可用的、便捷的、按需的网络访问，进入可配置的计算资源共享池（资源包括网络、服务器、存储、应用软件和服务），这些资源能够被快速提供，只需投入很少的管理工作，或与服务供应商进行很少的交互。用通俗的话说，云计算就是通过大量在云端的计算资源进行计算，例如：用户通过自己的计算机发送指令给提供云计算的服务商，通过服务商提供的大量服务器进行计算，再将结果返回给用户。

3．云计算服务

云计算以服务为其特色，它整合计算资源，以"即方式"（像水、电一样度量计费）提供服务。云计算主要分为三种服务模式：基础设施即服务（IaaS）、平台即服务（PaaS）和软件即服务（SaaS），IaaS、PaaS、SaaS 分别在基础设施层、软件开放运行平台层、应用软件层实现。

（1）IaaS

IaaS（infrastructure as a service）：基础设施即服务，消费者通过 Internet 可以从完善的计算机基础设施获得服务。IaaS 是将硬件资源（服务器、存储机构、网络和计算能力等）打包服务。IaaS 最大优势在于它允许用户动态申请或释放节点，按使用量计费。运行 IaaS 的服务规模达到几十万台之多，用户因而可以认为能够申请的资源几乎是无限的。而 IaaS 是由公众共享的，因而具有更高的资源使用效率。目前代表性的产品有 Amazom EC2、IBM BlueCloud 等。

（2）PaaS

PaaS（platform as a service）：平台即服务。PaaS 实际上是指将软件研发的平台作为一种服务，以 SaaS 的模式提交给用户。因此，PaaS 也是 SaaS 模式的一种应用。但是，PaaS 的出现可以加快 SaaS 的发展，尤其是加快 SaaS 应用的开发速度。PaaS 服务使得软件开发人员可以不购买服务器等设备环境的情况下开发新的应用程序。典型的代表产品是微软的 Windows Azure。

（3）SaaS

SaaS（software as a service）：软件即服务。SaaS 这是目前最为流行的一种服务方式，它将应用软件统一部署在提供商服务器上，通过互联网为用户提供应用软件服务。也就是说，用户无须购买软件，而是向提供商租用基于 Web 的软件，来管理企业经营活动。SaaS 模式大大降低了软件的使用成本，尤其是大型软件的使用成本，并且由于软件是托管在服务商的服务器上，降低了客户的管理维护成本，可靠性也更高。代表产品有阿里巴巴阿里云，用于电商应用服务；苹果公司的 iCloud 用于私人专用服务。

上述三种云计算服务将用户的使用观念从"购买产品"转变成"购买服务"。可以想象，在云计算时代用一个简单的终端通过浏览器即可获得每秒 10 万亿次计算能力的服务，这已经不是梦想而已经成为现实。

6.4.4 大数据技术

当今社会，计算机和信息技术的飞速发展，各行应用系统的规模在迅速扩大，各行各业所产生的数据呈井喷式增长。很多数据达到数百 TB 甚至数百 PB 的规模，各行业所应用的大数据已远远超出了计算和信息技术的处理能力。因此，现实世界迫切需要寻求有效的大数据处理技术、方法和手段。进入 2012 年，大数据一词越来越多地被提及，大数据技术在全球飞快发展，整个世界掀起了大数据的高潮。2014 年，大数据首次写入我国政府工作报告，大数据逐渐成为各级政府关注的热点。2015 年 9 月，国务院发布《促进大数据发展行动纲要》，大数据正式上升至国家战略层面。在 2021 年 3 月发布的《中华人民共和国国民经济和社会发展第十四个五年规划和 2035 年远景目标纲要》中，大数据标准体系的完善成为发展重点。

1．大数据的基本概念

大数据是指无法在一定时间范围内用常规软件工具进行捕捉、管理和处理的数据集合。也就是说，大数据的规模在获取、存储、管理、分析方面大大超出了传统数据库软件工具能力范围的数据集合。大数据实际上是人们用它来描述和定义信息爆炸时代产生的海量数据。那么，这种海量数据具体是一个什么概念呢？例如淘宝网站累计的交易数据量高达 100 PB；百度网站的总数据量已超过 1 000 PB；中国移动公司在某一个省一个月的电话通话记录数据高达 0.5～1 PB。

2．大数据的特点

大数据具有如下四个特点：

①数据量大。大数据的起始计量单位至少是 PB（1 000 TB）、EB（100 万 TB）或 ZB（10 亿 TB）。

②类型繁多。数据类型繁多，包括网络日志、音频、图片、地理位置信息等多类型的数据，并对数据的处理能力提出了更高的要求。

③价值密度低。数据价值密度相对低。如随着物联网的广泛应用，信息感知无处不在。信息海量，但价值密度较低，如何通过强大的机器算法更迅速地完成数据的价值"提纯"，是大数据时代亟待解决的难题。

④速度快、时效高。处理速度快，时效要求高，这是大数据区别于传统数据挖掘最显著的特征。

3．大数据的应用实例

下面用两个例子说明。

例一：最为经典的大数据故事，应当是沃尔玛"啤酒加尿布"的故事。当年，沃尔玛的工程师通过追踪分析许多年轻父亲每次的购物小票，发现每到周五晚上，啤酒和尿布的销售量同时都非常高。原来，年轻的父亲们周末下班后买尿布时，顺手带上啤酒，准备看球赛的时候喝。沃尔玛洞察到这个需求后，啤酒和尿布就干脆摆在一个货架上，销售量马上提升了三成。

例二：2011年3月11日日本大地震发生后仅9分钟，美国国际海洋和大气管理局（NOAA）就发布了详细的海啸预警。位于美国新泽西州的NOAA数据中心存储着超过20 PB（1 024 TB）的数据，是美国政府最大的数据库之一。为了在更短时间内分析出准确的海啸活动趋势，NOAA一直在努力提升其对大数据进行处理的能力，更高的实时性就意味着挽救更多的生命。

大数据技术的战略意义不在于掌握庞大的数据信息，而在于对这些含有意义的数据进行专业化处理。换而言之，如果把大数据比作一种产业，那么这种产业实现盈利的关键，在于提高对数据的"加工能力"，通过"加工"实现数据的"增值"。

6.4.5 数据挖掘

数据的爆炸式增长、广泛可用和巨大数量使得我们的时代成为真正的数据时代。急需功能强大和通用的工具，以便从这些海量数据中发现有价值的信息，把这些数据转化成有组织的知识。这种需求导致了数据挖掘的诞生。

1．数据挖掘的基本概念

数据挖掘本身不能完全表达其主要含义。如从矿石或砂子中挖掘黄金称做黄金挖掘，而不是砂石挖掘。类似地，数据挖掘应当更正确地命名为"从数据中挖掘知识"，但这个命名有点长。然而，较短的术语"知识挖掘"可能反映不出强调的是从大量数据中挖掘。许多人把数据挖掘视为另一个流行术语数据中的知识发现（KDD）的同义词。因此，我们采用广义的数据挖掘的观点：数据挖掘是从大量数据中挖掘有趣模式和知识的过程。

2．数据挖掘使用的技术

作为一个应用驱动的领域，数据挖掘吸纳了诸如统计学、机器学习、数据库和数据仓库系统，以及信息检索等许多应用领域的大量技术，数据挖掘研究与开发的多学科特点大大促进了数据挖掘的成功和广泛应用。

3．数据挖掘面向的应用类型

作为一个应用驱动的领域，数据挖掘已经在许多应用中获得巨大成功。数据挖掘有许多成功的应用，如商务智能、Web搜索、生物信息学、卫生保健信息学、金融、数字图书馆和数字政府等。我们不可能一一枚举数据挖掘扮演关键角色的所有应用。我们简略讨论两个数据挖掘非常成功和流行的应用例子。

（1）商务智能

对于商务而言，较好地理解它的诸如顾客、市场、供应和资源以及竞争对手等商务背景是至关重要的。商务智能（BI）技术提供商务运作的历史、现状和预测视图。"商务智能有多么重要？"没有数据挖掘，许多工商企业都不能进行有效的市场分析、比较类似产品的顾客反馈、发现其竞争对手的优势和缺点、留住具有高价值的顾客、做出聪明的商务决策。显然，数据挖掘是商务智能的核心。

（2）Web 搜索引擎

Web 搜索引擎是一种专门的计算机服务器，在 Web 上搜索信息。通常，用户的搜索结果用一张表发给用户。Web 搜索引擎本质上是大型数据挖掘应用。搜索引擎全方位地使用各种数据挖掘技术。

6.4.6 区块链技术

在信息爆炸的时代，人们习惯了通过电子邮件、社交媒体和聊天应用软件等来交流和传播文字、音乐以及图片等信息，带来了沟通成本的降低。若需要在数字化世界中传递金钱、股票甚至知识产权等一切有价值的资产，仍然需要借助第三方平台，如银行、支付宝和微信等。这种方式下的中心化存在着很多问题，需要去中心化和搭建新的信任层非常重要。2018 年，人们开始构建一个完全去中心化的数据网络——区块链。区块链技术是互联网诞生后人类又一个巨大的技术创新，是构建未来数字空间的信任基石。

1．区块链技术的基本概念

区块链技术是一种分布式、去中心化的计算机技术。区块链是按照时间顺序，将共识确认的数据区块以顺序相连的方式组合成链式数据结构，以密码学方式保证不可篡改和不可伪造的去中心化的分布式账本。区块链本质上是一个应用了密码学技术的，多方参与、共同维护、持续增长的分布式数据库，也称为分布式共享账本。区块链的优势在于，一旦记录下来，没有人可以篡改记录，因为它不依赖任何中心化的权威。

简单来理解，区块链技术是在网络上，每隔一段时间生成一个区块，这个区块相当于网络记录本，用来记录一段时间内所发生过的相关信息，等这个记录本记录满了，又会生成新的记录本。信息一旦被记录下来，就会告知所有参与者，所有人的记录本都会同步更新所有信息，这些记录相互串联起来了。因为采用了密码学技术，如果有人想单方面篡改信息的话，通过区块链算法防护机制去验证，一旦发现时间点对不上，关联信息对不上，其他人就不会更新自己的记录本，那个被修改的信息就无效。

区块链相对于传统的信息存储技术来说，更安全，更透明，信息不可逆。每个记录者的权利、作用、地位都相同，没有主次之分，每个人都可以平等地参与数据的管理和维护。每一条信息来龙去脉都清晰、永久可查，并对所有参与者公开。信息被分布储存在所有参与者的记录本上，没有人可以凭着一己之力进行破坏和篡改。

2．区块链的分类

（1）公有区块链

公有区块链，公开透明，世界上任何个体或团体都可以在公有区块链发送交易，且交易能够获得该区块链的有效确认。每个人都可以竞争记账权，每个区块的生成由所有预选记账人共同决定。公有区块链是最早的区块链，也是应用最广泛的区块链。

（2）行业区块链

行业区块链，半公开，是某个群体或组织内部使用的区块链。需要预先指定多个节点为记账人，每个区块的生成由所有预选记账人共同决定，其他节点可以交易，但是没有记账权，但可以通过该区块链开放的 API 进行限定查询。

（3）私有区块链

私有区块链，完全封闭，仅采用区块链技术进行记账。记账权并不公开，且只记录内部的交易，由公司或者个人独享区块链的写入权限。

3．区块链的应用

虽然区块链技术还处于应用的初级阶段，但是已经开始展现它的价值和无限潜力了。近几年来，我国区块链产业也迎来了飞速发展。在金融、政务、医疗、隐私保护、供应链等行业，区块链都有着广泛应用。

（1）区块链＋金融

2016 年 10 月，中国邮政储蓄银行联合 IBM（中国）有限公司推出基于区块链的资产托管系统。这是中国银行业将区块链技术公开应用于银行核心业务系统的首次成功实践。中国邮政储蓄银行采用超级账本架构将区块链技术成功应用于真实的生产环境。此次推出的区块链解决方案实现了信息的多方实时共享，免去了重复信用校验的过程，将原有业务环节缩短了 60%～80%，令信用交换更为高效。此外，区块链具有不可篡改和加密认证的属性，可以确保交易方在快速共享必要信息的同时保护账户信息安全。

（2）区块链＋电子发票

2018 年 8 月 10 日，全国第一张区块链电子发票在深圳国贸旋转餐厅开出，深圳成为全国区块链电子发票首个试点城市，纳税服务正式开启区块链时代。2018 年 11 月，沃尔玛加入区块链电子发票阵营，成为商超领域的首个试点。2019 年 3 月，深圳地铁乘车码、机场大巴、出租车等同时上线区块链电子发票。

区块链电子发票具有全流程完整追溯、信息不可篡改等特性，能够节约成本，有效规避假发票，解决一票多报的问题，完善发票监管流程。

（3）区块链技术的溯源产品

2019 年 6 月，沃尔玛（中国）正式启动区块链可追溯平台，打造专属的基于区块链技术的食品安全可追溯平台。顾客扫描商品上的二维码，即可了解商品供应源头、物流时间和过程、产品检测报告等详细信息。利用区块链去中心化、数据不可篡改的技术特征，提升商品信息的透明度，从而提升消费者信任度。

现在越来越多的行业开始与区块链产生联系，越来越多的场景开始出现了区块链的身影。作为数字经济的基石，区块链技术发挥着重要作用。信息互联网将进入价值互联网时代。《中华人民共和国国民经济和社会发展第十四个五年规划和 2035 年远景目标纲要》中把"区块链"列为数字经济重点产业，足见区块链技术分量之重，意义之大。区块链在未来具有更广阔的市场和发展空间。

小　　结

本章介绍了网络软件的分布式结构，分别是 C/S 结构、B/S 结构及 P2P 结构；网络中的软件包括系统软件、支撑软件和应用软件。Web 是一种基于超文本和 HTTP 的全球性、动态交互式跨平台的信息系统；Web 软件开发工具包括 HTML、脚本语言及服务器页面；程序设计语言的三个要素,即语法、语义和语用,目前,网络编程语言主要包括 PHP、ASP、JSP 和 .NET。信息检索系统包括硬件、软件和数据库;计算机网络信息检索广义上讲包括信息的存储和检索两个方面;常用中文检索数据库包括 CNKI、电子图书、中国学位论文文摘检索数据库(CDDB);三大外文检索数据库是 ISTP、EI、SCI 三大检索系统。本章同时介绍了移动互联网、物联网、云计算、大数据技术、数据挖掘和区块链技术等网络应用新技术。

习 题

一、简答题

1. 网络软件包括哪几个层次?
2. 三大外文检索数据库是什么?
3. 目前互联网应用的新技术有哪些?
4. 常用的中文全文数据库有哪些?
5. 目前互联网应用的新技术有哪些?
6. 物联网有哪些特性?
7. 什么是云计算?
8. 什么是数据挖掘?
9. 如何理解区块链技术?

二、选择题

1. 中国教育和科研计算机网络是(　　)。
    A. CHINANET   B. CSTNET   C. CERNET   D. CGBNET
2. 万维网引进了超文本的概念,超文本指的是(　　)。
    A. 包含多种文本的文本   B. 包括图像的文本
    C. 包含多种颜色的文本   D. 包含链接的文本
3. 下列哪个数据库是开放式的数字图书馆?(　　)
    A. 万方数据   B. 超星   C. 维普   D. ELSEVIER
4. 搜索含有"data bank"的 PDF 文件,正确的检索式为(　　)。
    A. "data bank"+filetype:pdf   B. data and bank and pdf
    C. data+bank+pdf   D. data+bank+file:pdf
5. 超星数字图书采用了哪种数字图书格式?(　　)
    A. PDF   B. PPT   C. CHM   D. PDG
6. 像水、电一样使用计算机资源的技术是(　　)。
    A. 云计算   B. 大数据   C. 物联网   D. 数据挖掘
7. 下面哪项不是云计算服务的内容?(　　)
    A. IaaS   B. PaaS   C. SaaS   D. DaaS
8. 一种分布式、去中心化的计算机技术是(　　)。
    A. 云计算   B. 区块链   C. 物联网   D. 数据挖掘

三、填空题

1. 按文献的相对利用率来划分，可以把文献分为_____、_____、_____。
2. 定期（多于一天）或不定期出版的有固定名称的连续出版物是_____。
3. 物联网的基本构成是：_____、_____和_____。
4. 大数据具有的特点是：_____、_____、价值密度低和_____。

第 7 章
算法与数据结构基础

　　程序是能够实现特定功能的一组指令的集合。程序设计是指利用计算机解决实际问题的全过程，首先对问题进行分析并建立数学模型，然后考虑数据的组织方式和算法，并用一种程序设计语言编写程序，最后调试程序，运行出预期的结果。可以看出，程序设计存在两个主要问题：一是与计算方法密切相关的算法问题；二是数据的组织方式的数据结构问题。有式子这样描述它们的关系：算法+数据结构=程序。本章将对算法和数据结构进行介绍。

学习目标

◎理解算法的基本概念及特性。
◎掌握算法的三大结构并了解其描述方法。
◎结合实例理解算法设计方法：穷举法、回溯法、递归法、分治法、贪心法以及动态规划。
◎认识数据结构研究的三大内容。

7.1　问题求解

　　对于现实生活中的实际问题，我们不能马上就动手编程，要经历一个思考、设计、编程以及调试的过程，具体分为五个步骤：
　　①分析问题（确定计算机做什么）。
　　②建立模型（将原始问题转化为数学模型或者模拟数学模型）。
　　③设计算法（形式化地描述解决问题的途径和方法）。
　　④编写程序（将算法翻译成计算机程序设计语言）。
　　⑤调试测试（通过各种数据，改正程序中的错误）。
　　有些人认为编程是最重要的求解步骤，但实际上，前三个步骤在问题求解中具有更加重要的地位。因为当算法设计好之后，可以很方便地用任何程序设计语言实现。

1. 分析问题（自然问题的逻辑建模）

这一步的目的是通过分析明确问题的性质，将一个自然问题建模到逻辑层面上，将一个看似很困难、很复杂的问题转化为基本逻辑（例如顺序、选择和循环等）。例如，要找到两个城市之间的最近路线，从逻辑上应该如何推理和计算？应该先利用图的方式将城市和交通路线表示出来，再从所有的路线中选择最近的。再例如，要用计算机写一篇文章，基本的先后顺序是什么？即需要先使用文字处理软件录入文字，再存盘、反复修改，最终将文章发到网上或者电邮给需要的人。

可以将问题简单地分为数值型问题和非数值型问题，非数值型问题也可以模拟为数值问题，在计算机里仿真求解。不同类型的问题可以有针对性地进行处理。

2. 建立模型（逻辑步骤的数学建模）

有了逻辑模型，需要了解如何将逻辑模型转换为能够存储到芯片上的数学模型。例如，将最近路线问题，首先变为数据结构中的"图"，再转换为数学上的优化问题。又如在进行文字处理的时候，首先用编辑软件编辑一篇文字，然后保存为固定的格式，如果需要将该文本发送给别人，可利用电子邮件软件将文件封装成一个个小的带有报头信息的数据包，在网络的各个路由器之间传输，到达目的地之后，再利用各个数据包的报头信息，利用排序等计算方法，重新装配文本。

对于数值型问题，可以建立数学模型，直接通过数学模型来描述问题。对于非数值型问题，可以建立一个过程模型或者仿真模型，通过模型来描述问题，再设计算法解决。

3. 设计算法（从数学模型到计算建模）

有了数学模型或者公式，需要将数学的思维方式转化为离散计算的模式。例如，将最近路线问题中的距离离散化，并设置一定的步长，为自动化实现打好基础。再例如，在文字处理中，所有的输入文字，经过 ASCII 编码转化为二值序列，在计算机的存储器中顺序存储。网络传输所用的数据包，也需要加入表示顺序的数据码，到达目的地之后，需要用到排序等算法，进行数据包的装配和重组。

对于数值型的问题，一般采用离散数值分析的方法进行处理。在数值分析中，有许多经典算法，当然也可以根据问题的实际情况自己设计解决方案。

对于非数值型问题，可以通过数据结构或算法分析进行仿真；也可以选择一些成熟和典型的算法进行处理，例如，穷举法、递推法、递归法、分治法、回溯法等。

算法确定之后，可进一步形式化为伪代码或者流程图。

4. 编写程序（从计算建模到编程实现）

根据已经形式化的算法，选用一种程序设计语言编程实现。

5. 调试测试（程序的运行和修正）

上机调试、运行程序，得到运行结果。对于运行结果要进行分析和测试，看看运行结果是否符合预先的期望，如果不符合，要进行判断，找出问题出现的地方，对算法或程序进行修正，直到得到正确的结果。

7.2 算法的概念

7.2.1 算法的起源

"算法"在中国古代文献中称为"术"或者"算术",最早出现于《周髀算经》(见图7.1)、《九章算术》等书中。《周髀算经》的成书年代虽至今未确认,但它是中国历史上最早一本算术类经书。《九章算术》也是现存最早的中国古代数学著作之一,其中给出了如四则运算、最大公约数、最小公倍数、开平方根、开立方根、线性方程组求解的算法等。三国时期数学家刘徽给出的求圆周率算法——刘徽割圆术,也是中国古代算法一大代表作。

"算法"一词的出现,始于唐代。当时就有《一位算法》《算法》等专著。以后历代更有很多"算法"专著,最有代表性的是宋代数学家杨辉的《杨辉算法》(见图7.2)。

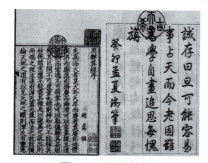

图 7.1　周髀算经

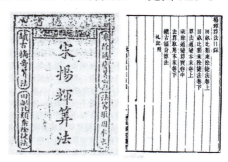

图 7.2　杨辉算法

一般认为,历史上第一个算法是欧几里得算法,即辗转相除法。欧几里得算法最早出现于公元前3世纪欧几里得所著的《几何原本》,该算法用于求解两个正整数的最大公约数,直到现在还经常使用。

7.2.2 算法的定义和特征

算法(algorithm)是指解题方案的准确而完整的描述,是一系列解决问题的清晰指令,算法代表着用系统的方法描述解决问题的策略机制。也就是说,能够对一定规范的输入,在有限时间内获得所要求的输出。如果一个算法有缺陷,或不适合于某个问题,执行这个算法将不会解决这个问题。不同的算法可能用不同的时间、空间或效率来完成同样的任务。一个算法的优劣可以用空间复杂度与时间复杂度来衡量。

视频

算法基础

欧几里得算法是用来求两个正整数最大公约数的算法。古希腊数学家欧几里得在其著作 *The Elements* 中最早描述了这种算法,所以被命名为欧几里得算法。欧几里得算法的原理是重复应用下列等式:

$$\gcd(m,n)=\gcd(n, m \bmod n)$$

$\gcd(m,n)$ 表示求正整数 m、n 的最大公约数,$m \bmod n$ 表示 m 除以 n 之后的余数。直到 $m \bmod n$ 等于 0 时,n 为所求最大公约数。扩展欧几里得算法可用于 RSA 加密等领域。

例 7.1 欧几里得算法。

假如需要求 1 997 和 615 两个正整数的最大公约数，用欧几里得算法，是这样进行的：

1 997=3×615+152

615=4×152+7

152=21×7+5

7=1×5+2

5=2×2+1

2=2×1+0

当被加的数为 0 时，就得出了 1 997 和 615 的最大公约数 1。

输入：正整数 m、n。

输出：m、n 的最大公约数。

算法如下：

自定义函数名为 ged，参数为 m 和 n。

ged(m,n)

① $r=m \bmod n$；

②若 $r=0$，输出最大公约数 n；

③若 $r \neq 0$，令 $m=n,n=r$，转①继续。

按照例 7.1 的计算规则，给定任意两个正整数 m、n，经①③步总能不断缩小 m、n 的值，使 r 值为 0，算法终止，得到最大公约数。

从上述例子可以给出算法（algorithm）的定义：算法是解某一特定问题的一组有穷规则的集合。

算法设计的先驱者唐纳德.E.克努斯（Donald F. Knuth）在他的著作《计算机程序设计艺术》(*The Art of Computer Programming*) 中对算法的特征做了如下描述：

①确定性（definiteness）：算法的每一个步骤，都有精确的定义。要执行的每一个动作都是清晰的、无歧义的。因输入要求正整数，确保了例 7.1 的每一个步骤都是清晰、无歧义的。

②有穷性（finiteness）：算法必须在有限步骤内终止。例 7.1 中，对输入的任意正整数 n，计算余数 r 后，$m=n$、$n=r$，m、n 的值变小。不断重复，总有 $r=0$，使得算法终止。

③输入（input）：一个算法有 0 个或多个输入，作为算法开始执行的初始值或初始状态。例 7.1 的输入是正整数 m、n。

④输出（output）：一个算法必须有一个或多个输出，也就是算法的计算结果。输出与输入有特定关系，不同取值的输入，产生不同结果的输出。例 7.1 的输出是 m、n 的最大公约数。

⑤可行性（effectiveness）：算法中所描述的运算和操作必须是可以通过有限次基本运算来实现的。例 7.1 的每一个运算都是基本运算，都可用纸和笔在有限时间内完成。

7.2.3 算法的描述

算法有不同的描述方法，常用的有自然语言、流程图、伪代码、程序语言等。

1. 自然语言

自然语言（natural language）就是人们日常生活中所使用的语言，可以是中文、英文、法文等。用自然语言辅以操作序号描述算法，优点是通俗易懂，即使没学过数学或算法，也能看懂算法的执行。例 7.1 就是用自然语言描述的。

自然语言固有的不严密性使得这种描述方法存在以下缺点：

① 算法可能表达不清楚，容易出现歧义。例如，"甲叫乙把他的书拿来"，是将甲的书拿来还是将乙的书拿来？从这句话本身难以判定。

② 难以描述算法中的多重分支和循环等复杂结构，容易出现错误。

由于上述缺点的存在，一般不使用自然语言描述算法。

2．流程图

流程图（flow chart）是最常见的算法图形化表达，也称为程序框图，它使用美国国家标准化协会（American national standard institute，ANSI）规定的一组几何图形描述算法，在图形上使用简明的文字和符号表示各种不同性质的操作，用流程线指示算法的执行方向。常见的流程图符号见表 7.1。

表 7.1　常见的流程图符号

图　形	符号名称	功　　能
矩形	开始 / 结束	表示算法的开始或结束
平行四边形	输入 / 输出框	表示算法中变量的输入或输出
矩形	处理框	表示算法中变量的计算与赋值
菱形	判断框	表示算法中根据条件选择执行路线
箭头	流程线	表示算法中的流向
圆形	连接点	表示算法中的转接

3．伪代码

算法最终是要用程序设计语言实现并在计算机上执行的。自然语言描述和流程图描述很难直接转化为程序，现有计算机程序设计语言又多达几千种，不同的语言在设计思想、语法功能和适用范围等方面都有很大差异。此外，用程序设计语言表达算法往往需要考虑所用语言的具体细节，分散了算法设计者的注意力。因此，用某种特定的程序设计语言描述算法也是不太可行的。伪代码描述正是在这种情况下产生的。

一般来说，伪代码（pseudo code）是一种与程序设计语言相似但更简单易学的用于表达算法的语言。程序表达算法的目的是在计算机上执行，而伪代码表达算法的目的是给人看的。伪代码应该易于阅读、简单和结构清晰，它是介于自然语言和程序设计语言之间的。伪代码不拘泥于程序设计语言的具体语法和实现细节。程序设计语言中一些与算法表达关系不大的部分往往被伪代码省略了，比如变量定义和系统有关代码等。程序设计语言中的一些函数调用或者处理简单任务的代码块在伪代码中往往可以用一句自然语言代替，例如"找出 3 个数中最小的那个数"。由于伪代码在语法结构上的随意性，目前并不存在一个通用的伪代码语法标准。作者们往往以具体的高级程序设计语言为基础，简化后进行伪代码的编写。最常见的这类高级程序设计语言包括 C、Pascal、FORTRAN、Basic、Java、Lisp 和 ALGOL 等。由此而产生的伪代码往往被称为"类 C 语言"、"类 Pascal 语言"或"类 ALGOL 语言"等。

4．程序语言

程序语言（programming language）是指计算机高级语言，如 C++、Java、VB 等。它是可

以在计算机上运行并获得结果的算法描述，通常也称为程序。

欧几里得算法的 C 语言描述见例 7.2。

例 7.2 欧几里得算法（Python 语言表示）。

输入：正整数 m、n。

输出：m、n 的最大公约数。

算法如下：

```
def gcd(m,n):           #gcd()函数，功能是计算正整数m、n的最大公约数
    if(m<n):
        m,n=n,m
    r=1
    while r!=0:
        r=m%n           #Python语言中，求余运算符为%
        m=n
        n=r
    return m
```

以上几种算法描述方法，可根据自己的习惯选择其中的一种。通常，具有熟练编程经验的专业人士喜欢用伪代码，初学者则喜欢用流程图，它比较形象，易于理解。

7.3 经典问题中的算法策略

7.3.1 穷举法

视频
穷举法

穷举法的基本思想是根据题目的部分条件确定答案的大致范围，并在此范围内对所有可能的情况逐一验证，直到全部情况验证完毕。若某个情况验证符合题目的全部条件，则为本问题的一个解；若全部情况验证后都不符合题目的全部条件，则本题无解。穷举法也称为枚举法。

用穷举法解题，就是按照某种方式列举问题答案的过程。针对问题的数据类型而言，常用的列举方法有如下三种：

①顺序列举：是指答案范围内的各种情况很容易与自然数对应甚至就是自然数，可以按自然数的变化顺序去列举。

②排列列举：有时答案的数据形式是一组数的排列，列举出所有答案所在范围内的排列，为排列列举。

③组合列举：当答案的数据形式为一些元素的组合时，往往需要用组合列举。组合是无序的。

例 7.3 百钱买百鸡问题。在公元五世纪我国数学家张丘建在其《算经》一书中提出了"百鸡问题"："鸡翁一值钱 5，鸡母一值钱 3，鸡雏三值钱 1。百钱买百鸡，问鸡翁、母、雏各几何？"

这个数学问题的数学方程可列出如下：

Cock+Hen+Chick=100

Cock×5+Hen×3+Chick/3=100

显然这是个不定方程，适用于穷举法求解。依次取 Cock 值域中的一个值，然后求其他两个数，满足条件就是解。

该问题的 Python 语言程序算法如下：

```
# 定义公鸡，母鸡，鸡雏三个变量Cock,Hen,Chick
Cock=0
while Cock<=19:          #公鸡最多不可能大于19
    Hen=0;
    whlie Hen<=33:       #母鸡最多不可能大于33
        Chick=100-Cock-Hen;
        if Cock*15+Hen*9+Chick==300:      #为了方便，将数量放大三倍比较
            print("\n公鸡={}\n母鸡={}\n雏鸡={}".format(Cock,Hen,Chick))
        Hen=Hen+1
    Cock=Cock+1
```

7.3.2 回溯法

视频

回溯法

回溯法（探索与回溯法）是一种选优搜索法，又称为试探法，按选优条件向前搜索，以达到目标。但当探索到某一步时，发现原先选择并不优或达不到目标，就退回一步重新选择，这种走不通就退回再走的技术为回溯法，而满足回溯条件的某个状态的点称为"回溯点"。

在回溯法中，每次扩大当前部分解时，都面临一个可选的状态集合，新的部分解就通过在该集合中选择构造而成。这样的状态集合，其结构是一棵多叉树，每个树结点代表一个可能的部分解，它的儿子是在它的基础上生成的其他部分解。树根为初始状态，这样的状态集合称为状态空间树。

回溯法对任一解的生成，一般都采用逐步扩大解的方式。每前进一步，都试图在当前部分解的基础上扩大该部分解。它在问题的状态空间树中，从开始结点（根结点）出发，以深度优先搜索整个状态空间。这个开始结点成为活结点，同时也成为当前的扩展结点。在当前扩展结点处，搜索向纵深方向移至一个新结点。这个新结点成为新的活结点，并成为当前扩展结点。如果在当前扩展结点处不能再向纵深方向移动，则当前扩展结点就成为死结点。此时，应往回移动（回溯）至最近的活结点处，并使这个活结点成为当前扩展结点。回溯法以这种工作方式递归地在状态空间中搜索，直到找到所要求的解或解空间中已无活结点时为止。

回溯法与穷举法有某些联系，它们都是基于试探的。穷举法要将一个解的各个部分全部生成后，才检查是否满足条件，若不满足，则直接放弃该完整解，然后再尝试另一个可能的完整解，它并没有沿着一个可能的完整解的各个部分逐步回退生成解的过程。而对于回溯法，一个解的各个部分是逐步生成的，当发现当前生成的某部分不满足约束条件时，就放弃该步所做的工作，退到上一步进行新的尝试，而不是放弃整个解重来。

例 7.4 　回溯法举例：旅行商问题。

图 7.3 给出一个 n 顶点网络（有向或无向），要求找出一个包含所有 n 个顶点的具有最小耗费的环路。任何一个包含网络中所有 n 个顶点的环路被称作一个旅行（tour）。在旅行商问题中，要设法找到一条最小耗费的旅行。

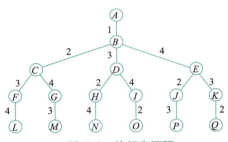

图 7.3 　旅行商问题

分析：图 7.4 给出了一个四顶点网络。在这个网络中，一些旅行如下：1，2，4，3，1；1，3，2，4，1；1，4，3，2，1。旅行 1，2，4，3，1 的耗费为 66；而 1，3，2，4，1 的耗费为 25；1，4，3，2，1 的耗费为 59。故 1，3，2，4，1 是该网络中最小耗费的旅行。

图 7.4 　表示四顶点网络的树

旅行是包含所有顶点的一个循环，故可以把任意一个点作为起点（因此也是终点）。针对该问题，任意选取点 1 作为起点和终点，则每一个旅行可用顶点序列 1，v_2，…，v_n，1 来描述，v_2，…，v_n 是（2，3，…，n）的一个排列。可能的旅行可用一个树来描述，其中每一个从根到叶的路径定义了一个旅行。图 7.4 给出了一棵表示四顶点网络的树。从根到叶的路径中各边的标号定义了一个旅行（还要附加 1 作为终点）。例如，到结点 L 的路径表示了旅行 1，2，3，4，1，而到结点 O 的路径表示了旅行 1，3，4，2，1。网络中的每一个旅行都由树中的一条从根到叶的确定路径来表示。因此，树中叶的数目为 (n-1)!。

回溯算法将用深度优先方式从根结点开始，通过搜索解空间树发现一个最小耗费的旅行。对题中网络，利用解空间树，一个可能的搜索为 A B C F L。在 L 点，旅行 1，2，3，4，1 作为当前最好的旅行被记录下来。它的耗费为 59。从 L 点回溯到活结点 F。由于 F 没有未被检查的孩子结点，所以它成为死结点，回溯到 C 点。C 变为 E 结点，向前移动到 G，然后是 M。这样构造出了旅行 1，2，4，3，1，它的耗费是 66。既然它不比当前的最佳旅行好，抛弃它并回溯到 G，然后是 C，B。从 B 点，搜索向前移动到 D，然后是 H，N。这个旅行 1，3，2，4，1 的耗费是 25，比当前的最佳旅行好，把它作为当前的最好旅行。从 N 点，搜索回溯到 H，然后是 D。在 D 点，再次向前移动，到达 O 点。如此继续下去，可搜索完整个树，得出 1，3，2，4，1 是最少耗费的旅行。

7.3.3 　递归

• 视频
递归法

能采用递归描述的算法通常有这样的特征：为求解规模为 N 的问题，设法将它分解成规模较小的问题，然后由这些小问题的解方便地构造出大问题的解，并且这些规模较小的问题也能采用同样的分解和综合方法，分解成规模更小的问题，并由这些更小问题的解构造出规模较大问题的解。特别地，当规模 $N=1$ 时，可直接得解。

例 7.5 编写一个函数 fac，计算阶乘 $n!$。

解：$n!$ 不仅是 $1\times2\times3\times\cdots\times n$，还可以定义成：

设 $f(n)=n!$，则：

$$f(n) = \begin{cases} 1 & \text{当 } n = 0 \\ n \times f(n-1) & \text{当 } n > 0 \end{cases}$$

Python 语言表述如下：

```
def fac(n):
    if n==0:
        return 1
    else:
        return n*fac(n-1)
```

从程序书写来看，在定义一个函数时，若在函数的功能实现部分又出现对它本身的调用，则称该函数是递归的或递归定义的。

从函数动态运行来看，当调用一个函数 A 时，在进入函数 A 且还没有退出（返回）之前，又再一次由于调用 A 本身而进入函数 A，则称为函数 A 的递归调用。

7.3.4 分治法

分治法是基于多项分支递归的一种很重要的算法范式。字面上的解释是"分而治之"，就是把一个复杂的问题分成两个或更多的相同或相似的子问题，直到最后子问题可以简单地直接求解，原问题的解就是子问题的解的合并。

1. 分治法应用的条件

①该问题的规模缩小到一定程度就容易解决。
②该问题可以分解为若干个规模较小的相同问题，即该问题具有最优子结构性质。
③利用该问题分解出的子问题的解可以合并为该问题的解。
④该问题所分解出的各个子问题是相互独立的，即子问题之间不包含公共的子问题。

2. 分治法应用的一般步骤

①分解。将原问题分解为若干个相互独立、规模小、与原问题相似的子问题。
②求解子问题。容易求出若干个子问题的解，如果不能，则继续分解子问题，直到能够快速求解为止。
③合并。将已求的各子问题的解，合并为原问题的解。

例 7.6 分析分治法在安排循环赛中的应用。

设有 n 位选手参加羽毛球循环赛，循环赛共进行 $n-1$ 天，每位选手要与其他 $n-1$ 位选手比赛一场，且每位选手每天比赛一场，不能轮空，按以下要求为比赛安排日程：

①每位选手必须与其他 $n-1$ 位选手各赛一场。
②每个选手每天只能赛一场。

③循环赛一共进行 $n-1$ 天。

解： 此算法设计中，对于 n 为 2 的 k 次方时，较为简单，可以运用分治法，将参赛选手分成两部分，再继续递归分割，直到只剩下 2 位选手比赛就可以了。再逐步合并子问题即可求得原问题的解。

算法设计如下：

```
def arrangement(n,N,k,*a):      #n为参赛人数，N为天数，k为幂次数
    for i in range(1,N+1):
        a[1][i] = i
    m=1
    for s in range(1,k+1):
        N/=2
        for t in range(1,N+1):
            for i in range(m+1,2*m+1):
                for j in range(m+1,2*m+1):
                    a[i][j+(t-1)*m*2]=a[i-m][j+(t-1)*m*2-m]
                    #右下角的值等于左上角的值
                    a[i][j+(t-1)*m*2-m]=a[i-m][j+(t-1)*m*2]
                    #左下角的值等于右上角的值
        m*=2
```

在此算法中，先是对一个参赛人员进行安排，然后定义一个初始化值为 1 的 m 来控制每一次填充表格时 i（i 表示行）和 j（j 表示列）的起始填充位置，用一个 for 循环将原问题分成几个部分，再用一个 for 循环对每个部分进行划分。最后根据划分和分治法的思想，进行对角线的填充。

简单地说，就是先对一个人的安排，扩充到 2 个人，再是 4 个人，等等，由比赛规则规定，一人一天只能比赛一场，因此两人的比赛安排在一天中是对角形式的。

分析算法的时间性能，迭代处理的循环体内是 2 个循环语句，基本的语句是赋值，也就是填写比赛日程表中的元素，基本语句的时间复杂度为：

$$T(n) = O(\sum_{i=0}^{2k-1}\sum_{j=0}^{2k-1}2) = O(4^k)$$ （数字 2 代表最内层循环有 2 条赋值语句）

当 n 为是奇数时，至少举行 n 轮比赛，这时每轮必有一支球队轮空。为了统一奇数偶数的不一致性，当 n 为奇数时，可以加入第 $n+1$ 支球队（虚拟球队，实际上不存在），并按 $n+1$ 支球队参加比赛的情形安排比赛日程。那么 n（n 为奇数）支球队时的比赛日程安排和 $n+1$ 支球队时的比赛日程安排是一样的。只不过每次和 $n+1$ 队比赛的球队都轮空。所以，我们只需考虑 n 为偶数时情况。将最后得出的结果，对 $n+1$ 进行赋予 0 的操作就可以了，并且把对 $n+1$ 参赛人员的安排进行赋 0 操作。

例如：当 $n=3$，虚拟选手 4 赋予 0 的数据如图 7.5 所示。

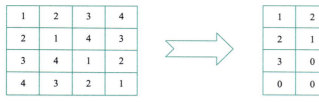

（a）赋予0前的数据　　　　　　　　　（b）赋予0后的数据

图 7.5　n 为 3 时虚拟选手 4 赋予 0 的数据

因此对算法进行改进，如图 7.5（b）所示，把第 m 号虚的选手去掉（换做 0）：

```
def replaceVirtual(m):
    for i in range(0,m):              #行：对应选手号1~m-1
        for j in range(0,m+1):        #列：比行要多1
            if a[i][j]==m:
                a[i][j]=0
    return 0
```

但当 n 为偶数，而 $n/2$ 却为奇数时，递归返回的轮空的比赛要做进一步处理。可以在前 $n/2$ 轮比赛中让轮空选手与下一个未参赛选手进行比赛。

算法设计：

```
def copyodd(m):
    for j in range(0,m+1):            #1. 求第2组的安排(前m天)
        for i in range(0,m):          #行
            if a[i][j]!=0:
                a[i+m][j]=a[i][j]+m
            else:                     #特殊处理：两个队各有一名选手有空，安排他们比赛
                a[i+m][j]=i+1
                a[i][j]=i+m+1
    i=0
    for j in range(m+1,2*m):
        a[i][j]=j+1                   #2. 1号选手的后m-1天比赛
        a[(a[i][j]-1)][j] = i+1       #3. 他的对手后m-1天的安排

    for i in range(1,m):              #第1组的其他选手的后m-1天的安排
        for j in range(m+1,2*m):
            #4. 观察得到的规则一：向下m+1~2*m循环递增
            if (a[i-1][j]+1)%m==0:
                a[i][j]=a[i-1][j]+1
            else:
                a[i][j]=m+(a[i-1][j]+1)%m
            #5. 对应第2组的对手也要做相应的安排
            a[(a[i][j]-1)][j] = i+1

    return 0
```

3. 算法时间复杂度分析

当 $n/2$ 为奇数时，迭代处理的循环体内部有 2 个循环结构，基本语句是循环体内的赋值语句，即填写比赛日程表中的元素。基本语句的时间复杂度是：

$$T(n) = O(\sum_{j=0}^{2^{k-1}-1} 2 + \sum_{i=0}^{2^{k-1}-1}(\sum_{j=0}^{2^{k-1}-1} 2 + \sum_{i=0}^{2^{k-1}-1} 2)) = O(4^k)$$

此时时间复杂度为 $O(4^k)$。因此，总体实现的算法复杂度为 $O(4^k)$。

4. 整体程序运行结果及其分析

当 n 为 3 时，运行结果如图 7.6 所示。

图 7.6 输入为 3 时程序运行结果图

在上面 n 为 3 时就出现了 $n/2$ 为奇数，因此在分组时，会出现空选选手，因此对其进行加 1，使之成为偶数，并在最后对此添加的偶数进行 0 的替换。

当输入的 n 为 7，8 时，运行结果如图 7.7 所示。

```
请输入选手人数：7              请输入选手人数：8
第1列是选手编号                 第1列是选手编号
 1  2  3  4  5  6  7  0        1  2  3  4  5  6  7  8
 2  1  4  3  6  5  0  7        2  1  4  3  6  5  8  7
 3  4  1  2  7  0  5  6        3  4  1  2  7  8  5  6
 4  3  2  1  0  7  6  5        4  3  2  1  8  7  6  5
 5  6  7  0  1  2  3  4        5  6  7  8  1  2  3  4
 6  5  0  7  2  1  4  3        6  5  8  7  2  1  4  3
 7  0  5  6  3  4  1  2        7  8  5  6  3  4  1  2
                                8  7  6  5  4  3  2  1
```

图 7.7 输入为 7、8 时程序运行结果图

比较上面两个不同参赛人数的比赛安排，会发现其实他们没有什么本质的差别，当 n 为 8 时符合 2 的整数次幂，因此刚好安排，不留空选，但当 n 为 7 时，为奇数，需要做加 1 操作，当它做加 1 操作完后，符合 2 的整数次幂，因此在最后的赋 0 操作中将号码为 8 的赋以 0，并且去除 8 的比赛，因此会发现当 n 为 7 或者 n 为 8 时，结果是很相似的。

而且从程序的设计和比较上分析，可以明显地感觉到 $n=8$ 比 $n=7$ 所执行的程序要少，为此，修改一下程序，使之能够检测出从程序运行开始到程序结束所花费的时间。

在相同的环境下运行结果如图 7.8 所示。

```
请输入选手人数：7              请输入选手人数：8
第1列是选手编号                 第1列是选手编号
 1  2  3  4  5  6  7  0        1  2  3  4  5  6  7  8
 2  1  4  3  6  5  0  7        2  1  4  3  6  5  8  7
 3  4  1  2  7  0  5  6        3  4  1  2  7  8  5  6
 4  3  2  1  0  7  6  5        4  3  2  1  8  7  6  5
 5  6  7  0  1  2  3  4        5  6  7  8  1  2  3  4
 6  5  0  7  2  1  4  3        6  5  8  7  2  1  4  3
 7  0  5  6  3  4  1  2        7  8  5  6  3  4  1  2
                                8  7  6  5  4  3  2  1
CPU运行时间为：1.687000 seconds  CPU运行时间为：1.562000 seconds
```

图 7.8 输入为 7、8 时程序运行时间

输入 7、8 时，虽然每次运行的时间不同，但都是 $n=8$ 运行的时间比 $n=7$ 运行的时间少。

7.3.5 贪心法

贪心算法是指，在对问题求解时，总是做出在当前看来是最好的选择。也就是说，不从整体最优上加以考虑，它所做出的仅是在某种意义上的局部最优解。

贪心算法没有固定的算法框架，算法设计的关键是贪心策略的选择。必须注意的是，贪心算法不是对所有问题都能得到整体最优解，选择的贪心策略必须具备无后效性，即某个状态以后的过程不会影响以前的状态，只与当前状态有关。所以对所采用的贪心策略一定要仔细分析其是否满足无后效性。

1．贪心算法的基本思路

①建立数学模型来描述问题。
②把求解的问题分成若干个子问题。
③对每一子问题求解，得到子问题的局部最优解。

2．贪心算法适用的问题

贪心策略适用的前提是：局部最优策略能导致产生全局最优解。

实际上，贪心算法适用的情况很少。一般，对一个问题分析是否适用于贪心算法，可以先选择该问题下的几个实际数据进行分析，就可做出判断。

3．贪心策略的选择

因为用贪心算法只能通过解局部最优解的策略来达到全局最优解，因此，一定要注意判断问题是否适合采用贪心算法策略，找到的解是否一定是问题的最优解。

例 7.7 背包问题：有一个背包，背包容量是 $M=150$。有 7 个物品，物品可以分割成任意大小。要求尽可能让装入背包中的物品总价值最大，但不能超过总容量。

物品：A B C D E F G
重量：35 30 60 50 40 10 25
价值：10 40 30 50 35 40 30

解：目标函数 Σp_i 最大。

约束条件是装入的物品总重量不超过背包容量：$\Sigma w_i \leq M(M=150)$。

①根据贪心的策略，每次挑选价值最大的物品装入背包，得到的结果是否最优？
②每次挑选所占重量最小的物品装入是否能得到最优解？
③每次选取单位重量价值最大的物品，成为解本题的策略。

值得注意的是，贪心算法并不是完全不可以使用，贪心策略一旦经过证明成立后，它就是一种高效的算法。

贪心算法还是很常见的算法之一，这是由于它简单易行，构造贪心策略不是很困难。可惜的是，它需要证明后才能真正运用到题目的算法中。

一般来说，贪心算法的证明围绕着：整个问题的最优解一定由在贪心策略中存在的子问题的最优解得来的。

对于例题中的三种贪心策略，都是无法成立（无法被证明）的，解释如下：

①贪心策略：选取价值最大者。反例：

$M=30$

物品： A   B   C

重量：28　　12　　　12
价值：30　　20　　　20

根据策略，首先选取物品 A，接下来就无法再选取了，可是，选取 B、C 则更好。

②贪心策略：选取重量最小。它的反例与第一种策略的反例差不多。

③贪心策略：选取单位重量价值最大的物品。反例：

M=30

物品：A　　B　　C
重量：28　　20　　10
价值：28　　20　　10

根据策略，三种物品单位重量价值一样，程序无法依据现有策略作出判断，如果选择 A，则答案错误。

7.4 数据结构

7.4.1 数据结构的概念

数据与其操作是紧密关联的，不同数据有不同操作。以数据为核心，与建立在其上的操作相结合构成了一个完整的可供应用的实体，称为数据结构（data structure），这是一个广义的数据结构。图 7.9 所示为数据结构的主要内容。目前，常用的数据逻辑结构有线性结构、树结构及图结构。这三种结构基本上包括了日常使用的数据结构。

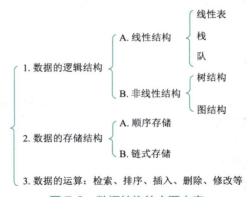

图 7.9　数据结构的主要内容

7.4.2 线性结构

数据元素间关系按顺序排列的结构称为线性结构（linear structure），可用图 7.10 所示的形式表示。

图 7.10　线性结构图示

根据此种结构,我们可以看出它的特点:
- 在线性结构中有唯一的"第一个"数据元素——首元素。
- 在线性结构中有唯一的"最后一个"数据元素——尾元素。
- 每个数据元素有且仅有一个前驱(数据)元素(除首元素外)。
- 每个数据元素有且仅有一个后继(数据)元素(除尾元素外)。

对于线性结构可以抽象表示如下:

由 n(n 为整数)个数据元素(简称元素)a_i(i=1,2,3,…,n)顺序排列所组成的序列:

$$L=(a_1, a_2, \cdots, a_n)$$

称为 n 个元素的线性结构。

在线性结构 L 中,a_1 称为首元素,a_n 称为尾元素,元素 a_i(i<0)有唯一一个后继元素 a_{i+1},元素 a_i(i>0)有一个唯一的前驱元素 a_{i-1}。当 n=0 时称为空结构。

线性结构按不同的操作约束可分成为三种,分别是线性表、栈和队列,下面分别进行介绍。

1. 线性表

在线性结构基础上对操作不作特殊约束的数据结构称为线性表(linear list)。线性表中有如下若干个操作:

(1)表的结构操作

①创建表。

操作表示:Creatlist( )(下面均用 C 语言中的函数表示)。

操作功能:建立一个空线性表,返回表名,如 L。

②判表空。

操作表示:EmptyList(L)。

操作功能:判断 L 是否为空表,若是返回 1,否则返回 0。

③求表长。

操作表示:LenList(L)。

操作功能:求线性表 L 中元素的个数 n,返回 n。

(2)表的值操作

①按编号查找。

操作表示:GetList(L,i)。

操作功能:从表 L 中查找 i 号元素的值,若成功则返回该值,否则返回 0。

②按特征查找。

操作表示:LocateList(L,x)。

操作功能:从表 L 中查找值为 x 的元素位置,若成功则返回元素位置编号 i,否则返回 0。

③插入。

操作表示:InsertList(L,i,x)。

操作功能:在表 L 中把 x 作为值插入 i 号元素之前,若插入成功则返回 1,否则返回 0。

④修改。

操作表示：UpdateList(L,i,x)。

操作功能：在表 L 中将 i 号元素的值修改为 x。若成功则返回 1，否则返回 0。

⑤删除。

操作表示：DeleteList(L,i)。

操作功能：在表 L 中删除 i 号元素。若成功则返回 1，否则返回 0。

用户可以用上面的 8 个操作对线性表结构数据作查询以及其他复杂的操作。

例 7.8　设线性结构表示如下：

L：（王立，张利民，张静，桂本清，周先超）

它是一份学生名单，请据此回答以下问题：

（1）名单中是否有"周先超"其人？

它可用下面的操作表示：

LocateList(L, 周先超)

返回：5。

表示确有"周先超"其人。

（2）查找名单中第三个人。

它可用下面的操作表示：

GetList(L,3)

返回：张静。

表示第三个人为张静。

（3）在名单中删除第三个人，在首部增加两个人：张帆、徐冰心。

它可用下面的三个操作表示：

DeleteList(L,3)。

InsertList(L,1, 徐冰心)

InsertList(L,1, 张帆)

经上面三个操作后，原有线性结构中的数据变成下面所列的数据：

（张帆，徐冰心，王立，张利民，桂本清，周先超）

2．栈

栈（stack）是一种特殊的线性结构，亦即在操作上受限的一种线性结构。

（1）栈的定义

栈从结构上看是一种线性结构，但它的操作受如下限制：

・栈的值操作只有三种：查询、插入与删除。

・栈的值操作仅对首元素进行。

从这两点可以看出，栈犹如一端开口而另一端封闭的一个封闭容器。其中，开口的一端称为栈顶（top），封闭的一端称为栈底（bottom）。栈的值操作（查询、插入与删除）只能在栈顶进行。

在栈中可以用一个"栈顶指针"指示最后插入栈中的元素位置，可以用一个"栈底指针"指示栈底位置。不含任何元素的栈称为空栈，亦即是说，空栈中，栈顶指针 = 栈底指针。

(2) 栈的操作

栈的结构操作主要如下：

① 创建栈。

操作表示：CreatStack( )。

操作功能：建立一个空栈，返回栈名，如 S。

② 判栈空。

操作表示：EmptyStack(S)。

操作功能：判定栈 S 是否为空栈，若是返回 1，否则返回 0。

③ 求栈长。

操作表示：LenStack(S)。

操作功能：求栈 S 中元素的个数 n，返回 n。

栈的值操作主要如下：

① 压栈。

操作表示：PushStack(S,x)。

操作功能：在栈 S 中将值 x 插入栈顶。若插入成功则返回 1，否则返回 0。

② 弹栈。

操作表示：PopStack(S)。

操作功能：在栈 S 中删除栈顶元素。若删除成功则返回 1，否则返回 0。

③ 读栈。

操作表示： GetStack(S)。

操作功能：读出栈 S 中栈顶的值。若读出成功则返回值，否则返回 0。

3．队列

队列（queue）也是一种特殊的线性结构，即是操作上受限的线性结构。

（1）队列的定义

队列从结构上看是一种线性结构，但它的操作受如下限制：

- 队列的值操作只有三种：查询、插入与删除。
- 队列的值操作仅对线性结构的一端进行，其中删除与查询仅对首元素，而插入仅对尾元素。

从这两点可以看出，队列犹如一个两端开口的管道，允许删除与查询的一端称为队首（front），允许插入的一端称为队尾（rear），队首与队尾均有一个指针，分别称为队首指针与队尾指针，用以指示队首与队尾的位置。不含元素的队列称为空队列，亦即是说，空队列中，队首指针 = 队尾指针。

为形象起见，队列的三个值操作——删除、插入及查询，有时可分别称为出队、入队及读队首。在队列的值操作中，先入队的必然先出队，这是队列操作的一大特色，它可称为先进先出（first in first out，FIFO），所以队列有时称为先进先出表。

队列的例子很多，在日常生活中"排队上车"及"排队购物"均按队列结构组织并按"先进先出"原则进行。在计算机中，操作系统的"请求打印机打印"即是进程按队列结构组织排队并按"先来先服务"原则进行进程调度。

(2)队列的操作

队列的结构操作主要如下:

①创建队列。

操作表示:CreatQueue()。

操作功能:建立一个空队列,返回队列名,如 Q。

②判队列空。

操作表示:EmptyQueue(Q)。

操作功能:判队列是否为空队列,若是则返回 1,否则返回 0。

③求队列长。

操作表示:LenQueue(Q)。

操作功能:求队列 Q 中元素的个数 n,返回个数 n。

队列的值操作主要如下:

①队列插入。

操作表示:InsertQueue(Q,x)。

操作功能:在队列 Q 中将值 x 插入队尾处。若插入成功则返回 1,否则返回 0。

②队列删除。

操作表示:DeleteQueue(Q)。

操作功能:在队列 Q 中删除队首元素。若删除成功则返回 1,否则返回 0。

③取队列。

操作表示:GetQueue(Q)。

操作功能:读出队列 Q 中队首元素的值。若成功则返回值,否则返回 0。

7.4.3 非线性结构

1. 树

(1)树结构介绍

数据元素间关系按树状形式组织的结构称为树结构(tree structure)。它可用图 7.11 所示的形式表示。

树结构的特性如下:

①在树中每个数据元素是结点。两结点间前驱与后继关系可用直线段连接。

②树中有且仅有一个无前驱的结点称为根(root)。图 7.11 中,结点 a 为根。

③树中有若干个无后继的结点称为叶(leaf)。图 7.11 中树结构示意图结点 g、h、i、j、k、l、m 等为叶。

④树中有若干个结点,它们仅有一个前驱结点并有 m($m \geqslant 1$)个后继结点,此结点称为分支结点或分支(branch)。图 7.11 中结点 b、c、d、e、f 为分支。

树结构的例子很多,在计算机中如网络布线中的树结构,操作系统中文件目录的树结构等,在家族中父子(或双亲子女)关系构成家属的树结构等。

例 7.9 可用树表示家属关系。

设有某祖先 a 生有两个儿子 b 与 c,他们又分别生有三个儿子,分别是 d、e、f 及 g、h、i。

而 d 与 g 又分别生有一个儿子 j 与 k。这个四世（代）同堂的家属通过父子（或双亲子女）关系构成一株树结构，称为家属树，如图 7.12 所示。由于用树表示家属关系特别形象，因此在树中的一些术语常用家族关系命名。下面举几个例子说明。

父（或双亲）结点：一个结点的前驱结点称为该结点的父（或双亲）结点。

子（或子女）结点：一个结点的后继结点称为该结点的子（或子女）结点。

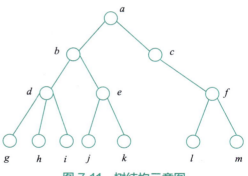

图 7.11　树结构示意图

兄弟结点：具有相同父结点的结点称为兄弟结点。从树结构中可以看出，一颗树由一个根、若干叶以及中间若干层分支所组成。树是有层次的，根为第一层，叶是最后层，其中间分支又占有若干层。图 7.12 中，树共有四层，第一层为根，第二、三层为分支，第四层为叶。由于树有层次性，因此树结构又称层次结构。树的层次数称为树的高度或深度，高度为 0 的树称为空树。图 7.12 所示的树高度为 4。

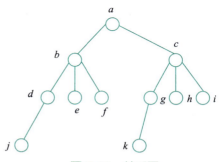

图 7.12　关系图

（2）树操作

树的结构操作主要如下：

① 创建树

操作表示：CreatTree( )。

操作功能：建立一个空树，返回树名，如 T。

② 判树空

操作表示：EmptyTree(T)。

操作功能：判定树 T 是否为空树，若是返回 1，否则返回 0。

③ 求树高

操作表示：HightTree(T)。

操作功能：求树 T 的高度，返回高度数。

树的值操作主要如下：

① 求根结点

操作表示：GetTreeRoot(T)。

操作功能：求树 T 的根值。若成功则返回值，否则返回 0。

② 求父结点

操作表示：GetTreeParent(T,d)。

操作功能：在树 T 中求结点为 d 的父结点值。若成功则返回值，否则返回 0。

③ 求子结点

操作表示：GetTreeChild(T,d,i)。

操作功能：在树 T 中求结点为 d 的第 i 个子结点值。若成功则返回值，否则返回 0。

④ 树的遍历

操作表示：Traversal Tree(T,Tag)。

操作功能：遍历 T，返回遍历的结点序列，Tag=0、1 或 2 分别表示不同的遍历方式。

> **注意：**
> 遍历是树的一种个体操作，它是按不同次序访问树的所有结点一次，其目的是将非线性结构转换成线性结构。

例 7.10 在例 7.5 的家属树中找结点。要求：①找出 h 的父结点；②找出 d 的第一个子结点。

解： 它可以用下面的操作完成：

① GetTreeParent(T,h)； ② GetTreeChild(T,d,l)。

2．图结构

（1）图结构概述

在线性表和树结构中，数据元素间的关系是受一定限制的，而图结构则不受任何约束，亦就是说，数据元素间具有最为广泛而不受限制的关系的结构称为图结构（graph structure）。

在图结构中，数据元素称为结点，它们构成集合 $V=\{v_1, v_2,\cdots,v_n\}$；而数据元素间的关系称为边 e，它们构成集合 $E=\{e_1,e_2,\cdots,e_n\}$。一般地，边可用一个结点对表示：$e_j=(v_{j1},v_{j2})$，这是一种无序的结点对，即双向的关系。而一个图 G 是由结点集 V 与边集 E 所组成的，可记为 $G=(V,E)$，又称无向图。有时，结点对是有序的（即单向的关系），此时它可表示为：$e_j=<v_{j1},v_{j2}>$，它所组成的图 G 称为有向图。

图结构的例子很多。

例 7.11 城市间的通航关系可用图表示。例如，有五个城市，南京、上海、杭州、北京与西安，它们间有四条航线，即南京与上海、南京与北京、南京与西安、南京与杭州，它可以构成一个无向图，表示如下：

```
G=(V,E)
V={南京,上海,杭州,北京,西安}
E={(南京,上海),(南京,北京),(南京,西安),(南京,杭州)}
```

这个图可用图 7.13 表示。

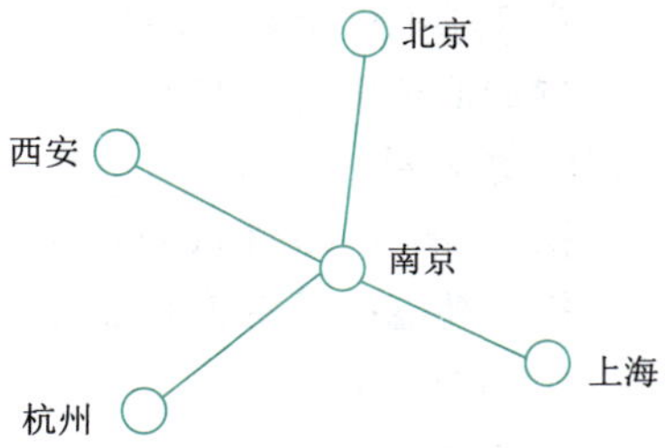

在图结构中有几个重要的概念：

①图中有边相连的结点称为邻接结点。在有向图中，边 $<v_i, v_j>$，结点 v_i 称为起点，结点 v_j 称为终点。

②在有向图中，以结点 v 为边的起点的数目称为 v 的入度，记为 ID(v)；以 v 为边的终点的数目称为 v 的出度，记为 OD(v)。v 的入度与出度之和则称为 v 的度，记为 TD(v)。在无向图中，以结点 v 为邻接结点的边数称为 v 的度，记为 TD(v)。

图 7.13 城市间通航图

（2）图的操作

图一般有如下一些操作：

① 创建图

操作表示：CreatGraph(G,V,E)。

操作功能：建立一个由结点集 V 与边集 E 所组成的图 G。

② 查找结点

操作表示： LocateNode(G,x)。

操作功能：在图 G 中查找值为 x 的结点。成功则返回结点名，否则返回 0。

③ 查找邻接结点

操作表示：LocateAdjnode(G,n)。

操作功能：在图 G 中查找结点 n 的所有邻接结点。成功返回结点名，不成功返回 0。

④ 求有向图结点的度

操作表示：GetDegOfDig(G,n,tag)。

操作功能：求图 G 中结点 n 的入度（tag=0）、出度（tag=1）及度（tag=2）。成功则返回度，否则返回 0。

> 注意：
> 有向图 G 中结点 n 的度表示与 n 相连的边数，其中箭头指向 n 的称入度，而反向的称出度。

⑤ 求无向图结点的度

操作表示：GetDegofUndig(G,n)。

操作功能：求图 G 中结点 n 的度。成功则返回度，否则返回 0。

⑥ 插入结点

操作表示：InsertNode(G,x,n)。

操作功能：在图 G 中插入一个值为 x 的新结点 n。成功则返回 1，否则返回 0。

⑦ 删除结点

操作表示：DeleteNode(G,n)。

操作功能：在图 G 中删除结点 n 及相关联的边。成功则返回 1，否则返回 0。

⑧ 删除边

操作表示：DeleteEdge(G,u,v)。

操作功能：在图 G 中删除结点 u 与 v 间的边。删除成功则返回 1，否则返回 0。

⑨ 插入边

操作表示：InsertEdge(G,u,v,tag)。

操作功能：在图 G 中添加一条结点 u 到 v 的边。当 tag=1 时为无向图，tag=0 时为有向图，插入成功则返回 1，否则返回 0。

例 7.12 在图 7.13 所示的航线图中增加一个新航点"沈阳"并新增航线"南京—沈阳"。

解：可用下面的操作实现：

InsertNode(G, '沈阳', '南京', 0)

经此操作后，图 7.13 所示的航线图变为图 7.14 所示的航线图。

图 7.14　城市间通航新图

小　结

算法与数据结构是计算机学科的两大基石，它对程序设计与数据起着支撑作用。数据与其操作构成数据结构。本章介绍了常用的三种数据结构：线性结构、树结构和图结构。算法是研究计算过程的学科，算法的五大特征是：可行性、确定性、有穷性、输入、输出。算法描述的三种方式是：形式化描述、半角式描述、非形式式描述。算法设计有：穷举法、递归法、分治法、回溯法。

习　题

一、简答题

1. 什么是算法？它有哪些特征？
2. 算法有哪几种描述方法？
3. 请给出算法设计的常用四种方法，并给出说明。
4. 什么叫数据结构？请给出它的定义。
5. 设有算法 $A1$、$A2$，它们执行时间分别为：

$f1(n)=7n-3$

$f2(n)=9n^2+13n+4$

请计算它们的 $T1(n)$ 与 $T2(n)$。

二、选择题

1. 在计算机中，算法是指（　　）。
   A. 加工方法　　　　　　　　B. 解题方案准确而完整的描述
   C. 排序方法　　　　　　　　D. 查询方法
2. 网络爬虫采用的是哪种算法策略？（　　）
   A. 递归法　　　B. 动态规划　　　C. 分治法　　　D. 回溯法
3. 数据结构作为计算机的一门学科，主要研究数据的逻辑结构、对各种数据结构进行的运算，以及（　　）。
   A. 数据的存储结构　　　　　　B. 计算方法

C. 数据映象　　　　　　　　D. 逻辑存储

三、填空题

1. 算法一般应包含的特性是：_____、_____、_____、_____、_____。

2. _____又称列举法、枚举法，其基本思想是逐一列举问题所涉及的所有情形，并根据问题提出的条件检验哪些是问题的解，哪些应予排除。

3. _____是一种选优搜索法，按选优条件向前搜索，以达到目标。

4. 所谓_____就是一个函数或过程可以直接或间接地调用自己。

5. _____的设计思想是将一个难以直接解决的大问题，分割成一些规模较小的相同问题，以便各个击破，分而治之。

6. 数据的逻辑结构有_____和_____两大类。

第 8 章 程序设计基础

在了解了计算机模型、算法、数据结构之后，我们如何利用计算机编写程序来解决实际问题？本章将对程序设计进行概述，并以 Python 为例讲解三种基本的程序控制结构。

学习目标

◎ 了解程序设计语言、程序设计的基本概念，了解常用的程序设计语言。
◎ 理解结构化程序设计和面向对象程序设计的基本思想。
◎ 了解如何利用 Python 语言进行程序设计。
◎ 了解程序设计的三种基本控制结构。

8.1 程序设计概述

8.1.1 程序设计语言的概念

视频
程序设计语言概述

1. 计算机语言

有一种语言叫自然语言，是人类在自身发展过程中形成的语言，如汉语、英语、日语等。它是人与人之间交流的一种语言。而计算机目前不能识别、理解和执行人类的自然语言。人们要与计算机交流信息，使计算机按人的意图工作，必须解决人与计算机之间的"语言"问题。因此，计算机语言由此诞生了。计算机语言就是这种用于人与计算机之间通信的人工语言。其中，程序设计语言就是最为重要的计算机语言。

2. 程序设计语言

程序设计语言简称编程语言，是人们用计算机解决问题的方法的具体体现，是人与计算机进行交流和通信的语言。人们使用程序设计语言进行程序设计，为计算机编写规则，让计算机按自己的意愿自动处理数据，因此程序设计语言提供了一种表达数据和处理数据的功能。

3. 程序设计语言的发展

程序设计语言的发展是一个不断演化的过程。人类要与计算机进行交流，就必须要有一种语言具备这样的特点：计算机"看得懂"，人能掌握和书写。而二进制是计算机能直接识别和执行的，并且人能掌握和书写的。因此，机器语言就诞生了，机器语言实际上就是二进制组成的语言。后来程序设计语言不断发展，还经历了汇编语言和高级语言等几个阶段。

高级语言采取了类似自然语言的编程语言，在书写习惯上接近自然语言，从而使得程序编写更加容易。但计算机并不能直接执行高级语言，计算机能直接执行的只有二进制，因此，一个高级语言程序在交付给具体的计算机执行之前需要翻译为机器语言，称之为"编译或解释"。编译器和解释器就是做这项翻译工作的软件。如 C 语言就是编译型的程序设计语言，也就是说，运行一个 C 语言程序，先要编译成机器语言，计算机才能执行。

8.1.2 程序设计方法

目前来说，有两种主要的程序设计方法：结构化程序设计和面向对象程序设计。以下分别来讲解。

视频
程序设计方法

1. 结构化程序设计

结构化程序设计方法即"面向结构"的程序设计方法，是"面向过程"方法的改进，结构上将软件系统划分为若干功能模块，各模块按要求单独编程，再由各模块连接、组合构成相应的软件系统。该方法强调程序的结构性，所以容易做到易读、易懂。该方法思路清晰，做法规范，深受设计者青睐。

结构化程序设计强调程序设计风格和程序结构的规范化，提倡清晰的结构。怎样才能得到一个结构化的程序呢？如果我们面临一个复杂的问题，是难以一下写出一个层次分明、结构清晰、算法正确的程序的。结构化程序设计方法的基本思路是，把一个复杂问题的求解过程分阶段进行，每个阶段处理的问题都控制在人们容易理解和处理的范围内。

具体说，采取以下方法可得到结构化的程序：①自顶向下；②逐步细化；③模块化设计；④结构化编码。

在接受一个任务后应怎样着手进行呢？有两种不同的方法：一种是自顶向下，逐步细化；另一种是自下而上，逐步积累。以写文章为例来说明这个问题。第一种方法：写文章之前会先设想好整个文章分成哪几个部分，然后再进一步考虑每一部分分成哪几节，每一节分成哪几段，每一段应包含什么内容。用这种方法逐步分解，直到作者认为可以直接将各小段表达为文字语句为止。第二种方法：写文章时不拟提纲，如同写信一样提起笔就写，想到哪里就写到哪里，直到他认为把想写的内容都写出来了为止。显然，用第一种方法考虑周全，结构清晰，层次分明，作者容易写，读者容易看。如果发现某一部分中有一段内容不妥，需要修改，只需找出该部分修改有关段落即可，与其他部分无关。我们提倡用这种方法设计程序。这就是用工程的方法设计程序。

设计房屋就是用自顶向下、逐步细化的方法。先进行整体规划，然后确定建筑物方案，再进行各部分的设计，最后进行细节的设计，而决不会在没有整体方案之前先设计楼道和厕所。而在完成设计并有了图纸之后，在施工阶段则是自下而上地实施，用一砖一瓦先实现一个局部，然后由各部分组成一个建筑物。

我们应当掌握自顶向下、逐步细化的设计方法。这种设计方法的过程是将问题求解由抽象逐步具体化的过程。

1996年，计算机科学家Bohm和Jacopini证明了：任何简单或复杂的算法都可以由顺序结构、选择结构和循环结构这三种基本结构组合而成。用三种基本结构组成的程序必然是结构化的程序，这种程序便于编写、阅读、修改和维护。这就减少了程序出错的机会，提高了程序的可靠性，保证了程序的质量。

2. 面向对象程序设计

结构化程序设计的核心是过程，过程即解决问题的步骤，面向过程的设计就好比精心设计好一条流水线，考虑周全什么时候处理什么东西。它的优点是极大地降低了程序的复杂度，但有不足的地方是：一套流水线或者流程只用来解决一个问题。如生产汽水的流水线无法生产汽车，即便是能，也得是大改，改一个组件，牵一发而动全身。

面向对象程序设计的核心是对象。用面向对象的方法解决问题，不是将问题分解为过程，而是将问题分解为对象。对象是现实世界中可以独立存在、可以区分的实体，也可以是一些概念上的实体，世界是由许多对象组成的。对象有自己的数据（属性），也有作用于数据的操作（方法），将对象的属性和方法封装成一个整体，供程序设计者使用。对象之间的相互作用通过消息传递来实现。面向对象的程序设计是用更符合人类认识世界的方法去解决问题。

面向对象的程序设计的优点是易维护、易复用、易扩展，由于面向对象有封装、继承、多态性的特性，可以设计出低耦合的系统，使系统更加灵活、更加易于维护。其缺点是性能比面向过程低，可控性差，无法精准地预测问题的处理流程与结果。

面向对象的程序由对象之间的交互解决问题。它适用于需求经常变化的软件。如一般需求的变化都集中在用户层，互联网应用、企业内部软件和游戏等都是面向对象的程序设计大显身手的好地方。

8.1.3 常用程序设计语言

1. 面向过程程序设计语言

（1）FORTRAN语言

FORTRAN语言是世界上最早出现的高级程序设计语言，由John Warner Backus提出，为此他获得了1977年的图灵奖。FORTRAN是工程界最常用的编程语言，FORTRAN擅长于数学函数运算，它在科学计算中发挥着极其重要的作用。

（2）Pascal语言

1968年，由瑞士计算机专家Niklaus Wirth发明的Pascal语言，以法国数学家Blaise Pascal来命名。由于Niklaus Wirth发明了多种有影响的程序设计语言，并提出了结构化程序设计这一革命性概念以及"程序 = 数据结构 + 算法"这一著名公式，于1984年获图灵奖。

Pascal语言是一种通用的编程语言，它开了结构化程序设计的先河。最大的优点是语法严谨、数据类型丰富、结构化编程概念，成为在C语言问世前风靡全球、最受欢迎的语言之一，尤其适合于教学和应用软件的开发。

（3）C语言

1972年，美国贝尔实验室的Kennet L.Thompson和Dennis M.Ritchie共同设计、开发了C语言，当时主要是用于编写UNIX操作系统。C语言功能丰富，使用灵活，简洁明了，编译产生的代码短，执行速度快，可移植性强；C 语言最重要的特点是，虽然形式上是高级语言，但却具有与机器硬件打交道的底层处理能力。由于 C 语言的显著特点，它迅速成为最广泛使用的程序设计语言之一，UNIX 也成为最流行的操作系统。C 语言既可以用来开发系统软件，也可以用来开发应用软件，应用领域很广泛。为此，Kennet L.Thompson 和 Dennis M.Ritchie 在 1983 年共同获得了图灵奖。

2．面向对象程序设计语言

（1）C++

1980 年，贝尔实验室的 Bjarne Stroustrup 对 C 语言进行了扩充，加入了面向对象的概念，对程序设计思想和方法进行了彻底的革命，并于 1983 年改名为 C++。由于 C++ 对 C 语言的兼容，而 C 语言的广泛使用使得 C++ 成为应用最广的面向对象程序设计语言。

（2）Java

Java 是一个广泛使用的网络编程语言，它简单、面向对象、不依赖于机器结构、不受 CPU 和环境限制、具有可移植性和安全性、提供了多线程机制，具有很高的性能。此外，Java 还提供了丰富的类库，使程序设计人员能很方便地建立自己的系统。

（3）Python

Python 由荷兰数学和计算机科学研究学会的 Guido van Rossum 于 20 世纪 90 年代初设计，作为 ABC 语言的替代品，Python 结合了 UNIX Shell 和 C 等语言的优秀思想。 Python 既支持面向过程的编程，还能简单有效地面向对象编程，能够承担任何种类的软件的开发工作。Python 具有丰富的标准库及第三方库，支持跨平台部署，现广泛应用于科学计算、数据分析、计算机视觉、人工智能等。 2021 年 10 月，Tiobe 程序设计语言排行榜上，Python 超越 Java、C 和 JavaScript，成为最受欢迎的编程语言。

3．其他语言

（1）Prolog

Prolog 是一种说明型语言，用于人工智能中的逻辑推理计算。Prolog 开发于 1971 年。在 Prolog 中不强调一般的过程描述，而是用事实和规则构成语句集合，由计算机根据规则及事实进行符号推理计算，回答一个提问的"真"或"假"。现在，Visual Prolog 也支持可视化的开发，是专家系统、符号处理系统的理想开发工具。

（2）脚本语言

在互联网应用中，有大量的基于解释器的脚本语言，服务器端有支持 ASP 文档的 VBScript，有编写 CGI 接口的 Perl 语言、开放源代码的 Python 和 PHP 语言以及 Java Servlet 和 JSP。在客户端运行的脚本程序一般是由 JavaScript 编写的，这些脚本语言使互联网程序以多姿多态的形式，跨越不同的硬件、系统平台运行，并且其应用开发相对于传统语言还要容易一些。

（3）标记语言

①超文本标记语言。超文本标记语言（hyper text markup language，HTML）不是一种编程语言，而是一种标记语言（markup language），是网页制作所必备的。它通过标记符号来标记要显示的网页中的各个部分。网页文件本身是一种文本文件，通过在文本文件中添加标记符，可以告诉浏览器如何显示其中的内容（如文字如何处理、画面如何安排、图片如何显

示等）。浏览器按顺序阅读网页文件，然后根据标记符解释和显示其标记的内容，对书写出错的标记将不指出其错误，且不停止其解释执行过程，编制者只能通过显示效果来分析出错原因和出错部位。

②可扩展的标记语言。可扩展标记语言（extensible markup language，XML）。是一种很像 HTML 的标记语言，它不是超文本标记语言的替代，而是对超文本标记语言的补充。它和超文本标记语言为不同的目的而设计，超文本标记语言被设计用来显示数据，其焦点是数据的外观，而 XML 的设计宗旨是用来传输和存储数据，其焦点是数据的内容。

8.2　Python 程序设计基础

8.2.1　Python 简介

●视　频
Python编程基础

Python 本身是由诸多其他语言发展而来的，它是一个结合了解释性、编译性、互动性和面向对象的脚本语言，Python 支持交互式和文件式两种程序运行模式。

Python 发展历时近 30 年，因为"优雅""明确""简单"的设计理念而得到了广泛认同，形成了全球围绕单一语言最大的编程社区，目前已有数十万个第三方编程库，覆盖了几乎所有计算领域。正因为 Python 具有丰富和强大的库，它常被称为胶水语言，能够把用其他语言制作的各种模块（尤其是 C/C++）很轻松地联结在一起。常见的一种应用情形是，使用 Python 快速生成程序的原型（有时甚至是程序的最终界面），然后对其中有特别要求的部分，用更合适的语言改写，比如 3D 游戏中的图形渲染模块，性能要求特别高，就可以用 C/C++ 重写，而后封装为 Python 可以调用的扩展类库。Python 语言这种开源、面向生态的独特性，简化功能实现的复杂度，非常适合编程零基础的学习者作为第一种语言来学习，学习者可以快速体会到编程带来的成就感，并领略到编程的巨大魅力。

Python 同时也具有限制性很强的语法，比如强制用空格（white space）作为语句缩进，使得不好的编程习惯（例如 if 语句的下一行不向右缩进）都不能通过编译。这使得 Python 成为一门易读、易维护的语言。

Python 作为编制其他组件、实现独立程序的工具，它通常应用于各种领域，比如系统编程、用户图形接口、云计算基础设施、开发型运维、网络爬虫、数据处理、Web 开发、游戏开发、手机开发、数据库开发等。

8.2.2　Python 的开发环境

1．Python 系统的下载与安装

要使用 python 进行开发，首先需要安装 Python 运行环境，即 Python 解释器。首先，需要从 Python 官方网站获取 python 安装程序。现在 Python 有两种版本，Python 2 与 Python 3，由于很多 Python 第三方模块与目前市场情况，本书示例代码均由 Python 3 编写。首先在网站上下载 Python 3.10.4，下载成功后，双击安装包进行安装。注意，在图 8.1 所示的安装界面中，需要勾选"Add Python 3.10 to PATH"复选框，即需要将 Python 路径加入到系统环境变量中，然后单击"Install Now"，即可开始安装。

图 8.1　Python 安装界面

2．Python 程序的运行

（1）命令行形式的 Python 解释器

在 Windows 系统的桌面，选择"开始"→"所有应用"→ Python3.10 → Python 3.10 (64-bit) 命令，也可以在 cmd 命令提示符界面下输入 Python，都可以打开图 8.2 所示的 Python 命令行解释器。

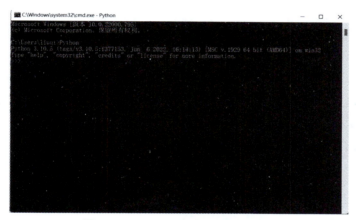

图 8.2　Python 命令行解释器界面

（2）图形用户界面形式的 Python 解释器

在 Windows 系统的桌面，选择"开始"→"所有程序"→ Python3.10 → IIDLE (Python 3.10 64-bit) 命令，可以打开图 8.3 所示的图形化界面解释器。

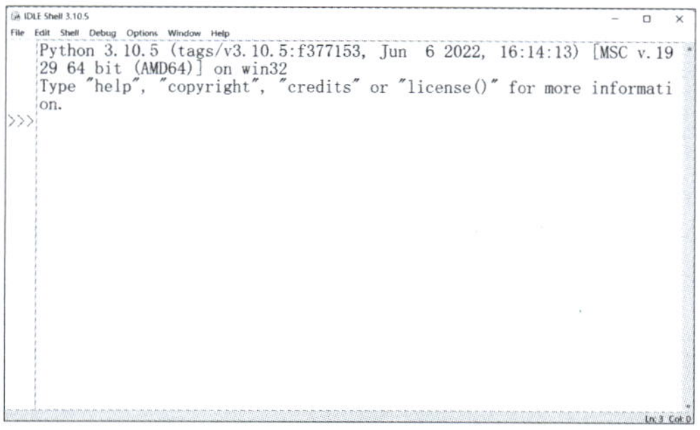

图 8.3　图形化界面解释器

8.2.3 Python 的数据类型

1. 空（None）

表示该值是一个空对象，空值是 Python 里一个特殊的值，用 None 表示。None 不能理解为 0，因为 0 是有意义的，而 None 是一个特殊的空值。

2. 布尔类型（Boolean）

在 Python 中，None、任何数值类型中的 0、空字符串 " "、空元组 ()、空列表 []、空字典 {} 都被当作 False，还有自定义类型，如果实现了 __nonzero__() 或 __len__() 方法且方法返回 0 或 False，则其实例也被当作 False，其他对象均为 True。

布尔值和布尔代数的表示完全一致，一个布尔值只有 True、False 两种值，要么是 True，要么是 False，在 Python 中，可以直接用 True、False 表示布尔值（请注意大小写），也可以通过布尔运算计算出来。例如：

```
>>> True
True
>>> False
False
>>> 3 > 2
True
>>> 3 > 5
False
```

布尔值还可以用 and、or 和 not 逻辑运算符运算。

① and 是与运算，只有所有都为 True，and 运算结果才是 True。例如：

```
>>> True and True
True
>>> True and False
False
>>> False and False
False
```

② or 是或运算，只要其中有一个为 True，or 运算结果就是 True。例如：

```
>>> True or True
True
>>> True or False
True
>>> False or False
False
```

③ not 运算是非运算，它是一个单目运算符，把 True 变成 False，False 变成 True。例如：

```
>>> not True
False
>>> not False
True
```

布尔值经常用在条件判断中，例如：

```
if age>=18:
    print('adult')
else:
    print('teenager')
```

3．整型（int）

在 Python 内部对整数的处理分为普通整数和长整数，普通整数长度为机器位长，通常都是 32 位，超过这个范围的整数就自动当长整数处理，而长整数的范围几乎完全没限制。

Python 可以处理任意大小的整数，当然包括负整数，在程序中的表示方法和数学上的写法一模一样，例如 1、100、-8080、0、等。

4．浮点型（float）

Python 的浮点数就是实数，类似 C 语言中的 double。在运算中，整数与浮点数运算的结果是浮点数。浮点数可以用数学写法，如 1.23、3.14、-9.01 等。但对于很大或很小的浮点数，就必须用科学计数法表示，把 10 用 e 替代，1.23×10^9 写成 1.23e9，或者 12.3e8，0.000012 可以写成 1.2e-5 等。

整数和浮点数在计算机内部存储的方式是不同的，整数运算永远是精确的，而浮点数运算则可能会有四舍五入的误差。

5．字符串（str）

Python 字符串可以用单引号或双引号括起来，甚至还可以用三引号括起来。

字符串是以''或""括起来的任意文本，比如 'abc'、"xyz" 等。请注意，''或""本身只是一种表示方式，不是字符串的一部分，因此，字符串 'abc' 只有 a、b、c 这 3 个字符。如果 ' 本身也是一个字符，那就可以用 " " 括起来，比如 "I'm OK" 包含的字符是 I、'、m、空格、O、K 这 6 个字符。

如果字符串内部既包含 ' 又包含 " 怎么办？可以用转义字符 \ 来标识，例如：

```
'I\'m \"OK\"!'
```

表示的字符串内容是：

```
I'm "OK"!
```

转义字符 \ 可以转义很多字符，比如 \n 表示换行，\t 表示制表符，字符 \ 本身也要转义，所以 \\ 表示的字符就是 \，可以在 Python 的交互式命令行用 print 打印字符串看看：

```
>>> print( 'I\'m ok.')
I'm ok.
>>>print( 'I\'m learning\nPython.')
I'm learning
Python.
>>> print( '\\\n\\')
\
\
```

如果字符串里面有很多字符都需要转义，就需要加很多 \，为了简化，Python 还允许用 r

表示''内部的字符串默认不转义，可以自己试试：

```
>>> print('\\\t\\')
\   \
>>> print(r'\\\t\\')
\\\t\\
```

如果字符串内部有很多换行，用 \n 写在一行里不好阅读，为了简化，Python 允许用 '''...''' 的格式表示多行内容，可以自己试试：

```
>>> print( '''line1
... line2
... line3''')
line1
line2
line3
```

上面是在交互式命令行内输入，如果写成程序，就是：

```
print ('''line1
line2
line3''')
```

多行字符串 '''...''' 还可以在前面加上 r 使用，请自行测试。

6．列表（list）

用符号 [] 表示列表，中间的元素可以是任何类型，用逗号分隔。list 类似 C 语言中的数组，用于顺序存储结构。

7．元组（tuple）

元组是和列表相似的数据结构，但它一旦初始化就不能更改，速度比 list 快，同时 tuple 不提供动态内存管理的功能。

8．集合（set）

集合是无序的、不重复的元素集，类似数学中的集合，可进行逻辑运算和算术运算。

9．字典（dict）

字典是一种无序存储结构，包括关键字（key）和关键字对应的值（value）。字典的格式为：dictionary={key:value}。关键字为不可变类型，如字符串、整数、只包含不可变对象的元组，列表等不可作为关键字。如果列表中存在关键字对，可以用 dict() 直接构造字典。

8.2.4　IPO 程序编写方法

每个计算机程序都用来解决特定的计算机问题，无论程序规模如何，每个程序都有一个统一的运算模式：输入数据、处理数据和输出数据。这种运算模式形成了一个基本的程序编写方法——IPO 方法，其中，I 是指 Input（输入），程序运行时的输入；P 是指 Process（处理过程），这个是程序的主要部分；O 是指 Output（输出），程序运行时的输出结果。

程序的输入包括文件输入、网络输入、控制台输入、交互界面输入、内部参数输入等。输入是一个程序的开始。在初学编写程序时，主要是使用 input 函数实现数据输入。处理过程是程序对输入数据采用一定的处理方法进行计算产生输出结果的过程。处理方法统称为算法，它是程序最重要的部分，算法是一个程序的灵魂。程序的输出包括控制台输出、图形输出、文件输出、网络输出、操作系统内部变量输出等，输出是程序展示运算结果的方式，是一个程序不可缺少的部分。

8.3 Python 的控制结构

Python 程序包含三种基本结构：顺序结构、选择结构和循环结构。下面分别进行讲解。

8.3.1 顺序结构

顺序结构是最简单的程序结构，程序执行时，从开始语句顺序执行到结束语句。顺序结构主要涉及输入和输出语句，下面分别作介绍。

1. 标准输入输出

（1）标准输入

Python 用内置函数 input() 实现标准输入，其调用格式为：

```
input([提示字符串])
```

其中，中括号中的"提示字符串"是可选项。如果有"提示字符串"，则原样显示，提示用户输入数据。input() 函数从标准输入设备（键盘）读取一行数据，并返回一个字符串（去掉结尾的换行符）。例如：

```
>>> name=input("Please input your name:")
Please input your name:jasmine↙
```

（2）标准输出

Python 语言直接使用表达式可以输出该表达式的值。

常用的输出方法是用 print() 函数，其调用格式为：

```
print([输出项1,输出项2,……,输出项n][,sep=分隔符][,end=结束符])
```

其中，sep 表示输出时各输出项之间的分隔符（默认以空格分隔），end 表示结束符（默认以回车换行结束）。

例如：

```
print(10,20,sep=',',end='*')
print(30)
```

输出结果为：

```
10,20*30
```

2. 格式化输入输出

Python 格式化输出的基本做法是，将输出项格式化，然后利用 print() 函数输出。具体实现方法有四种：

- 利用字符串格式化运算符 %。

- 利用 format() 内置函数。
- 利用字符串的 format() 方法。
- 利用 f-Strings 实现格式化输出。

（1）字符串格式化运算符 %

在 Python 中，格式化输出时，用运算符（%）分隔格式字符串与输出项，一般格式为：

```
格式字符串%(输出项1,输出项2,……,输出项n)
```

其中，格式字符串由普通字符和格式说明符组成。普通字符原样输出，格式说明符决定所对应输出项的输出格式。格式说明符以百分号（%）开头，后接格式标志符。例如：

```
>>> print("%+3d,%0.2f"%(25,123.567))
+25,123.57
```

（2）format() 内置函数

format() 内置函数可以将一个输出项单独进行格式化，一般格式为：

```
format(输出项[,格式字符串])
```

其中，格式字符串是可选项。当省略格式字符串时，该函数等价于函数"str(输出项)"的功能。format() 内置函数把输出项按格式字符串中的格式说明符进行格式化。

```
>>> print(format(15,'X'),format(65,'c'),format(3.145,'f'))
F A 3.145000
```

（3）字符串的 format() 方法

在 Python 中，字符串都有一个 format() 方法，这个方法会把格式字符串当作一个模板，通过传入的参数对输出项进行格式化。字符串 format() 方法的调用格式为：

```
格式字符串.format(输出项1,输出项2,……,输出项n)
```

格式说明符使用大括号括起来，一般形式如下：

```
{[序号或键]:格式说明符}
```

例如：

```
>>> '{0:.2f},{1}'.format(3.145,500)
'3.15,500'
```

（4）f-string 实现字符串格式化

f-string 亦称为格式化字符串常量，是从 Python 3.6 开始引入的一种字符串格式化方法，主要目的是使格式化字符串的操作更加简便，可以使用 f 或 F，在 {} 里面可以输出变量、表达式，还可以调用函数，在使用的时候需要注意避免内部的引号与最外层的引号冲突。

例如：

```
>>>a=5
>>>b=3.5
>>>f"a+b={a}+{b}={a+b}"
'a+b=5+3.5=8.5'
```

例 8.1 从键盘输入一个 3 位整数 n，输出其逆序数 m。例如，输入 n=123，则 m=321。

分析：基于 IPO 程序编写方法，程序设计分为以下三步。
①输入一个 3 位整数 n。（程序输入部分 Input）
②求逆序数 m。（处理过程部分 Process）
③输出 m。（程序输出部分 Output）

关键在第②步。取出三位数的各位数，分别存入不同的变量 a（个位）、b（十位）、c（百位）中，则 $m=a×100+b×10+c$。则题目的关键是如何取出 3 位数的各位数字。

程序如下：

```
num=input()              # 输入一个三位整数（输入函数获取的是字符型变量）
num=int(num)             # 通过int函数将字符串（str）转化为int型
units=num%10             # 通过求余获取个位数字
tens=(num%100)//10       # 获取十位数字
hundreds=num//100        # 获取百位数字
result=units*100+tens*10+hundreds    # 构造新的逆序数
print(result)            # 输出语句，python 3需要加括号，如print(result)。
Python特有书写方式：
num=input()
print(num[::-1])
```

这种方式并没有将变量作为数字处理，而是用简单的逆序处理了字符串 num。使用 num[begin:end:step]，此例 begin 与 end 留空为默认返回整个字符串，step 为步进值，设置为 -1 即为逆序输出。

8.3.2 选择结构

选择结构又称为分支结构，它是根据给定的条件是否满足，决定程序的执行路线。在不同的条件下，执行不同的操作。这在实际求解问题过程中是大量存在的，比如，打篮球时，如果罚球进就加 1 分，如果在 3 分线内投的球就加 2 分，如果在 3 分线外投的球则加 3 分。生活中到处都有选择，有选择就需要用到选择结构，根据程序执行路线或分支的不同，选择结构又分为单分支、双分支和多分支三种类型。例如，单种选择，如果商品降价了，我就买；两种选择，如果成绩大于或等于 60 分，及格；小于 60 分，不及格；多种选择，商家促销，购买衣服时，买一件打 9 折，买两件打 8 折，买三件及以上打 7 折；选择中有选择，如果今天星期天，又如果出太阳，去打篮球，如果下雨，就去图书馆学习。

分支结构仍旧满足 IPO 程序编写方法，输入和输出部分与顺序结构类似，不同的是分支结构程序在处理过程中引入了 if 语句。

1. 单分支选择结构

可以用 if 语句实现单分支选择结构，其一般格式为：

```
if 表达式：
    语句块
```

单分支选择结构的流程如图 8.4 所示。

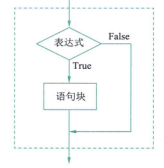

图 8.4 单分支选择结构流程图

> 注意：
> ①在 if 语句的表达式后面必须加冒号。
> ②因为 Python 把非 0 当作真，0 当作假，所以表示条件的表达式不一定必须是结果为 True 或 False 的关系表达式或逻辑表达式，可以是任意表达式。
> ③if 语句中的语句块必须向右缩进，语句块可以是单个语句，也可以是多个语句。当包含两个或两个以上的语句时，语句必须缩进一致，即语句块中的语句必须上下对齐。
> ④如果语句块中只有一条语句，if 语句也可以写在同一行上。

2. 双分支选择结构

双分支选择结构可以用 if 语句实现，其一般格式为：

```
if 表达式:
    语句块1
else:
    语句块2
```

双分支结构的流程如图 8.5 所示。

3. 多分支选择结构

多分支选择结构 if 语句的一般格式为：

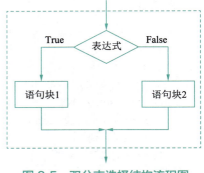

图 8.5 双分支选择结构流程图

```
if 表达式1:
    语句块1
elif 表达式2:
    语句块2
elif 表达式3:
    语句块3
……
elif 表达式m:
    语句块m
else:
    语句块n
```

多分支 if 选择结构的流程图如图 8.6 所示。

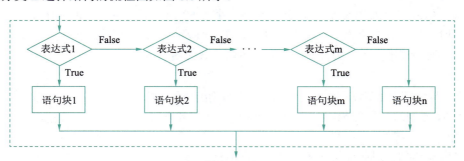

图 8.6 多分支选择结构流程图

Python 提供了关系运算和逻辑运算来描述程序控制中的条件，这是一般程序设计语言均有的方法。此外，Python 还用成员运算和身份运算来表示条件。

例 8.2　输入一个整数，判断它是否为水仙花数。所谓水仙花数，是指这样一些 3 位整数：各位数字的立方和等于该数本身，例如 $153=1^3+5^3+3^3$，因此 153 是水仙花数。

分析：程序分为以下三步：
① 输入一个整数。
② 取出整数的个位、十位、百位。
③ 根据条件判断是否为水仙花数，输出结果。
流程图如图 8.7 所示。

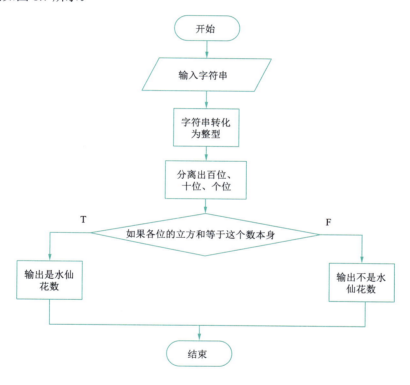

图 8.7　"水仙花数判断"程序流程图

程序如下：

```
num=int(input())                      # 输入一个字符串，并将其转换为整形
units=num%10                          # 通过求余获取个位数字
tens=(num%100)//10                    # 获取十位数字
hundreds=num//100                     # 获取百位数字
sums=hundreds**3+tens**3+units**3     # 两个乘号连用代表次方，此处为三次方
if sums==num:
    print(num,'是一个水仙花数！')      # 如：输出"153是一个水仙花数"
else:
    print(num,'不是一个水仙花数！')    # 逗号表示该输出后不加换行，Python默认每
个输出语句后自动跟一个换行
```

例 8.3 输入 3 个整数，输出 3 个数中最大的数。

分析：有 3 个数，最大的数有 3 种情况，因此用多分支语句。

流程图如图 8.8 所示。

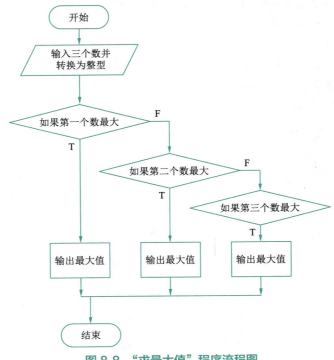

图 8.8 "求最大值"程序流程图

程序如下：

```
first=int(input())
secend =int(input())
third=int(input())
if first > second and first > third:
    print(first)
elif second > first and secend > third:
    print(second)
elif third > first and third > secend:
    print(third)
```

8.3.3 循环结构

在一定条件下重复执行某些操作的控制结构称为循环结构。在问题求解过程中，有许多具有规律性的重复操作，因此程序中就需要重复执行某些语句，例如，在求有规律的数学计算时，如累加和或者阶乘 $n!$（$n \geqslant 0$），需要进行重复的加法或者乘法运算。当然，这种重复不是简单机械地重复，每次重复都有其新的内容。也就是说，虽然每次重复执行的语句相同，但语句中变量的值是发生变化的，而且当重复到一定次数或满足一定条件后才能结束语句的执行。

Python 提供了 while 语句和 for 语句来实现循环结构。循环结构同样也适用 IPO 编写方法，不同的是在处理过程环节引入了循环语句来解决具体的问题。

1．循环语句——for

（1）for 语句的一般格式

for 语句的一般格式为：

```
for 目标变量 in 序列对象：
    语句块
```

for 语句的首行定义了目标变量和遍历的序列对象，后面是需要重复执行的语句块，for 语句流程图如图 8.9 所示。语句块中的语句要向右缩进，且缩进量要一致。

（2）range

Python 中的 range() 函数可创建一个整数列表，一般用在 for 循环中。

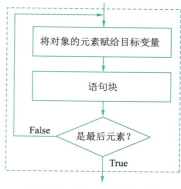

图 8.9　for 语句流程图

函数语法：

```
range(start, stop[, step])
```

参数说明：

start：计数从 start 开始。默认是从 0 开始。例如 range(5) 等价于 range(0,5)。
stop：计数到 stop 结束，但不包括 stop。例如：range(0,5) 是 [0, 1, 2, 3, 4] 没有 5。
step：步长，默认为 1。例如：range(0,5) 等价于 range(0, 5, 1)。

2．循环语句——while

while 语句的一般格式为：

```
while 表达式：
    语句块
```

while 语句中的表达式表示循环条件，可以是结果能解释为 True 或 False 的任何表达式，常用的是关系表达式和逻辑表达式。表达式后面必须加冒号。语句块是重复执行的部分，称作循环体。while 语句流程图如图 8.10 所示。

3．continue 与 break 语句

① break 语句用在循环体内，迫使所在循环立即终止，即跳出所在循环体，继续执行循环结构后面的语句。

② 当在循环结构中执行 continue 语句时，立即结束本次循环，重新开始下一轮循环。

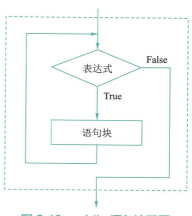

图 8.10　while 语句流程图

4．pass 语句

pass 语句是一个空语句，它不做任何操作，代表一个空操作。如下面的循环语句：

```
for x in range(10):
    pass
```

该语句的确会循环 10 次，但是除了循环本身之外，它什么也没做。

5. 循环的嵌套

如果一个循环结构的循环体又包括一个循环结构，就称为循环的嵌套，或称为多重循环结构。

例 8.4 求 1+2+3+…+100 的值。

分析：定义变量 sum 存放累加和，定义变量 i 存放累加项。第 n 次的累加和等于第 $n-1$ 次的累加和加上本次的累加项 i。使 i 从 1 到 100，每次以 1 递增，并将每次的 i 累加到 sum 中。可用赋值语句 $s=s+1$、$i=i+1$ 来实现。

流程图如图 8.11 所示。

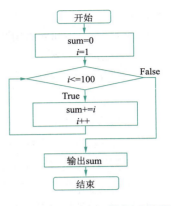

图 8.11 "求累加和"程序流程图

程序如下：

```
for循环代码：
sum=0
for i in range(100+1):  # range(101)生成一个0~100的列表，for循环遍历生成的列表
    sum+=i
print(sum)
while循环代码：
i=1
sum=0
while i<=100:
    sum+=i
    i+=1
print(sum)
```

8.4 Python 函数

模块化的编程思想提高了开发效率，面向过程的程序编写中通常采用函数的形式进行代码封装，降低了编程难度。简单来说，函数是一段具有特定功能的、可重用的语句组，通过函数名来表示和调用。

8.4.1 函数的定义

函数是一种功能抽象，经过定义，一组语句等价于一个函数，在需要使用这组语句的地方，直接调用函数名称即可。Python 使用 def 保留字将一段代码定义为函数，需要确定函数的名字、参数的名字、参数的个数，使用参数名称作为形式参数（占位符）编写函数内部的功能代码。语法形式如下：

```
def <函数名>(<参数列表>):
    <函数体>
    return <返回值列表>
```

其中，参数有 0 个、1 个或多个，多参数时各参数由逗号分隔，当没有参数时也要保留圆括号。如果需要返回值,使用保留字 return 和返回值列表。return 语句用来结束函数并将程序返回到函数被调用的位置继续执行,函数可以没有 return 语句。

8.4.2 函数的调用

定义后的函数不能直接运行,需要经过"调用"才能运行。调用函数的基本方法如下:

<函数名>(<实际赋值参数列表>)

通过函数名"调用"函数功能,就是对函数的各个参数赋予实际值,实际值可以是实际数据,也可以是在调用函数前已经定义过的变量。实际参数(赋予形式参数的实际值)在调用中参与函数内部代码的运行。

例 8.5 可将从 1 加到 n 定义成一个名字为 cumsum() 的函数。程序如下:

```
#定义一个从1加到n的函数
def cumsum(n):
    sum=0
    for i in range(n+1):
        sum+=i
    return sum
#调用定义好的从1加到n的函数
print(cumsum(100))
```

函数封装的直接好处是代码复用,任何其他代码只要输入参数即可调用函数,从而避免相同功能代码在被调用处重复编写。代码复用产生了另一个好处,当更新函数功能时,所有被调用处的功能都被更新。

使用函数只是模块化设计的必要非充分条件,根据计算需求合理划分函数十分重要。一般来说,完成特定功能或被经常复用的一组语句应该采用函数来封装,并尽可能减少函数间参数和返回值的数量。

8.5 Python 生态

开源运动产生了深植于各信息技术领域的大量可重用资源,直接且有力地支撑了信息技术,超越其他技术领域的发展速度,形成了"计算生态"。Python 语言从诞生之初致力于开源开放,建立了全球最大的编程计算生态。Python 语言提供强大应用功能的计算生态主要分成三类,分别是内置函数、标准库和第三方库。

8.5.1 内置函数

Python 解释器提供了 68 个内置函数,打开 Python 后可以随时使用。常用的内置函数有 sum()、pow()、len()、type()、chr()、sorted() 等,下面进行介绍。

1. sum()

sum() 函数对序列进行求和计算。例如:

```
>>> sum(0,1,2,3,4,2)          # 多个数值计算总和
12
>>>sum([0,1,2])               # 列表计算总和
3
>>> sum((2, 3, 4), 1)         # 元组计算总和后再加 1
10
```

2．pow()

pow(x, y[, z]) 函数是计算 x 的 y 次方，如果 z 在存在，则再对结果进行取模，其结果等效于 pow(x,y) %z。例如：

```
>>> pow(100, 2)
10000
```

3．len()

len() 函数返回对象（字符、列表、元组等）长度或项目个数。例如：

```
>>> str="runoob"
>>> print( len(str) )         # 字符串长度
6
>>> l=[1,2,3,4,5]
>>>print( len(l) )            # 列表元素个数
5
```

4．type()

type() 函数返回对象的类型。例如：

```
>>> type(1)
<type 'int'>
>>> type('runoob')
<type 'str'>
>>> type([2])
<type 'list'>
```

5．chr()

chr() 返回整数参数对应的一个 unicode 字符。例如：

```
>>> chr(65)
'A'
>>> chr(9800)
'♈'
```

6．sorted()

sorted() 函数对字符串、列表等所有可迭代的对象进行排序操作，返回一个列表。例如：

```
>>>a=[5,7,6,3,4,1,2]
>>> b=sorted(a)               # 对原列表进行排序
>>> a
[5, 7, 6, 3, 4, 1, 2]
```

```
>>> b
[1, 2, 3, 4, 5, 6, 7]
```

8.5.2 标准库

有一部分 Python 计算生态也同样随 Python 安装包一起发布，用户无须安装库，可以在导入后进行使用，被称为 Python 标准库。受限于 Python 安装包的设定大小，标准库数量 270 个左右。常用的标准库有 turtle 库和 random 库等。

1．turtle 库

turtle（海龟）是 Python 重要的标准库之一，它能够进行基本的图形绘制。turtle 库绘制图形有一个基本框架：一个小海龟在坐标系中爬行，其爬行轨迹形成了绘制图形。对于小海龟来说，有"前进""后退""旋转"等爬行行为，对坐标系的探索也通过"前进方向""后退方向""左侧方向""右侧方向"等小海龟自身角度方位来完成使用。

使用 import 保留字对 turtle 库进行引用：import turtle。调用时对 turtle 库中函数采用 turtle.< 函数名 >() 形式，程序如下：

```
import turtle              #导入turtle库
turtle.circle(200)         #画一个半径为200的圆
```

推荐用 import turtle as t，则对 turtle 库中函数调用可采用更简洁的 t.< 函数名 >() 形式，保留字 as 的作用是将 turtle 库给予别名 t，程序可改写成如下：

```
import turtle as t
t.circle(200)
```

turtle 库包含 100 多个功能函数，主要包括窗体函数、画笔状态函数、画笔运动函数三类。

（1）窗体函数

```
turtle.setup(width, height, startx, starty)
```

作用：设置主窗体的大小和位置。

（2）画笔状态函数

turtle 中的画笔（即小海龟）可以通过一组函数来控制。

```
turtle.penup()  别名 turtle.pu(), turtle.up()
```

作用：抬起画笔之后，移动画笔不绘制形状。

```
turtle.pendown()  别名 turtle.pd(), turtle.down()
```

作用：落下画笔之后，移动画笔将绘制形状。

```
turtle.pensize(width)  别名 turtle.width()
```

作用：设置画笔宽度，当无参数输入时返回当前画笔宽度。

```
turtle.pencolor(colorstring)
```

作用：设置画笔颜色，当无参数输入时返回当前画笔颜色。
参数：表示颜色的字符串，例如 "purple""red""blue" 等。

（3）画笔运动函数

```
turtle.fd(distance)   别名 turtle.forward(distance)
```

作用：向小海龟当前行进方向前进 distance 距离。

```
turtle.seth(to_angle)   别名 turtle.setheading(to_angle)
```

作用：设置小海龟当前行进方向为 to_angle，该角度是绝对方向角度值。

```
turtle.circle(radius, extent=None)
```

作用：根据半径 radius 绘制 extent 角度的弧形。

参数说明：radius 为弧形半径，当值为正数时，半径在小海龟左侧，当值为负数时，半径在小海龟右侧；extent 是绘制弧形的角度，当不给该参数赋值或参数为 None 时，绘制整个圆形。

2. random 库

使用 random 库主要目的是生成随机数 n，这个库提供了不同类型的随机数函数，其中，最基本的函数是 random.random()，它生成一个 [0.0, 1.0) 之间的随机小数。例如：

```
>>> import random as r
>>> r.random()
0.9838824499514102
>>> r.random()
0.5105784716322702
```

所有其他随机函数都是基于这个函数扩展而来。例如：

```
>>> import random as r
>>> r.randint(5,10)              #随机返回[5,10]之间的一个整数
8
>>> r.choice("abcde")            #随机返回"abcde"中的一个字符
'c'
```

3. 实例：雪景绘图

掌握了 turtle 库的基本函数后，就可以利用 turtle 库的画笔绘制绚丽多彩图形了。同时，turtle 图形艺术效果中隐含着很多随机元素，如随机颜色、尺寸、位置和数量等。如果在图形绘制中引入随机函数 random 库的函数，生成指定范围内的随机数据，就可以创造出丰富有趣的作品了。

这里使用 turtle 库和 random 库，利用 Python 代码生成"雪景"图。图形艺术背景为黑色，分为上下两个区域，上方是漫天彩色雪花，下方是由远及近的灰色横线渐变，充分运用如雪花位置、颜色、大小、花瓣数目、地面灰色线条长度、线条位置随机元素等进行绘制。绘制分为以下三个步骤：

第一步，构建图的背景。设定窗体大小为 800×600 像素，窗体颜色为 black。然后，定义上方雪花绘制函数 drawSnow() 和下方雪地绘制函数 drawGround()。

第二步，绘制雪花效果。为体现艺术效果，drawSnow() 函数首先隐藏 turtle 画笔、设置画笔大小、绘制速度，然后使用 for 循环绘制 100 朵雪花。雪花大小 snowsize、雪花花瓣数 dens 都分别设定为一定数值范围随机数。最后通过 for 循环绘制出多彩雪花。

第三步，绘制雪地效果。drawGround() 函数使用 for 循环绘制地面 400 个小横线，画笔大小 pensize、位置坐标 x、位置坐标 y、线段长度均通过 randint() 函数作为随机数产生。

主体程序如下：

```python
# SnowView.py
import turtle as t
import random as ran
def drawSnow():
    t.hideturtle()
    t.pensize(2)
    for i in range(100):
        r,b,g=ran.random(),ran.random(),ran.random()
        t.pencolor(r,g,b)
        t.penup()
        t.setx(ran.randint(-350,350))
        t.sety(ran.randint(1,270))
        t.pendown()
        dens=ran.randint(8,12)
        snowsize=ran.randint(10,14)
        for j in range(dens):
            t.forward(snowsize)
            t.backward(snowsize)
            t.right(360/dens)
def drawGround():
    t.hideturtle()
    for i in range(400):
        t.pensize(ran.randint(5,10))
        x=ran.randint(-400,350)
        y=ran.randint(-280,-1)
        r,g,b=-y/280, -y/280, -y/280
        t.pencolor((r,g,b))
        t.penup()
        t.goto(x,y)
        t.pendown()
        t.forward(ran.randint(40,100))
t.setup(800,600,200,200)
t.tracer(False)
t.bgcolor("black")
drawSnow()
drawGround()
t.done()
```

运行程序后，得到图画如图 8.12 所示。

图 8.12 "雪景"图

8.5.3 第三方库

更广泛的 Python 计算生态采用额外安装方式服务用户，被称为 Python 第三方库。Python 官方网站提供了第三方库索引功能（PyPI，the Python package index），网址为 https://pypi.python.org/pypi。在这里有 Python 语言超过 38 万个的第三方库（第三方库的数量仍旧在不断增长中），这些函数库覆盖信息领域所有技术方向，由全球各行业专家、工程师和爱好者开发，没有顶层设计，由开发者采用"尽力而为"的方式维护。这些第三方库主要应用在网络爬虫、数据分析、文本处理、数据可视化、用户图形界面、机器学习、Web 开发、游戏开发等方向上。

1. 网络爬虫方向

①网络爬虫是自动进行 HTTP 访问并捕获 HTML 页面的程序。Python 语言提供了多个具备网络爬虫功能的第三方库。requests 库是一个简洁且简单的处理 HTTP 请求的第三方库，它的最大优点是程序编写过程更接近正常 URL 访问过程。这个库建立在 Python 语言的 urllib3 库基础上，支持非常丰富的链接访问功能。

② scrapy 是 Python 开发的一个快速的、高层次的 Web 获取框架。不同于简单的网络爬虫功能，scrapy 框架本身包含了成熟网络爬虫系统所应该具有的部分共用功能，用途广泛，可以应用于专业爬虫系统的构建、数据挖掘、网络监控和自动化测试等领域。

2. 数据分析方向

数据分析是 Python 的一个优势方向，具有大批高质量的第三方库。

① numpy 是 Python 的一种开源数值计算扩展第三方库，用于处理数据类型相同的多维数组（ndarray）。它可用来存储和处理大型矩阵，比 Python 语言提供的列表结构要高效得多。numpy 内部是用 C 语言编写，进行数据运算时可以达到接近 C 语言的处理速度。同时，它提供了许多高级的数值编程工具，如矩阵运算、矢量处理、N 维数据变换等。它成为了 Python 数据分析方向各其他库的基础依赖库，已经成为了科学计算事实上的"标准库"。

② scipy 是一款方便、易于使用、专为科学和工程设计的 Python 工具包。在 numpy 库的基础上增加了众多的数学、科学以及工程计算中常用的库函数。它包括统计、优化、整合、

线性代数、傅里叶变换、信号分析、图像处理、常微分方程求解等众多模块。

③ pandas 是基于 numpy 扩展的一个重要第三方库,是为解决数据分析任务而创建的。它提供了一批标准的数据模型和大量快速便捷处理数据的函数和方法,提供了高效地操作大型数据集所需的工具。

④ requests 库是一个简洁且简单的处理 HTTP 请求的第三方库,它的最大优点是程序编写过程更接近正常 URL 访问过程。这个库建立在 Python 语言的 urllib3 库基础上,支持非常丰富的链接访问功能。

⑤ scrapy 是 Python 开发的一个快速的、高层次的 Web 获取框架。不同于简单的网络爬虫功能,scrapy 框架本身包含了成熟网络爬虫系统所应该具有的部分共用功能,用途广泛,可以应用于专业爬虫系统的构建、数据挖掘、网络监控和自动化测试等领域。

3. 文本处理方向

Python 语言非常适合处理文本,这个方向形成了大量有价值的第三方库。

① pdfminer 是一个可以从 PDF 文档中提取各类信息的第三方库。它能够完全获取并分析 PDF 中文本的准确位置、字体、行数等信息,并能将 PDF 文件转换为 HTML 及文本格式。

② openpyxl 是一个处理 Microsoft Excel 文档的 Python 第三方库,它支持读写 Excel 的 xls、xlsx、xlsm、xltx、xltm 等格式文件,并进一步能处理 Excel 文件中 Excel 工作表、表单和数据单元。

③ python-docx 是一个处理 Microsoft Word 文档的 Python 第三方库,它支持读取、查询以及修改 doc、docx 等格式文件,并能够对 Word 常见样式进行编程设置,包括字符样式、段落样式、表格样式等,还可以使用这个库实现添加和修改文本、图像、样式和文档等功能。

④ beautifulsoup4 库,用于解析和处理 HTML 和 XML。它的最大优点是能根据 HTML 和 XML 语法建立解析树,进而高效解析其中的数据。

Python 的第三方库覆盖信息技术几乎所有领域。即使在每个方向,也会有大量的专业人员开发多个第三方库来给出具体设计。所有这些方向就不一一介绍了,大家可到网上查阅相关资料,这里列出一个有趣且简单实用的 Python 第三方库 qrcode 库,展示 Python 在实践方面强大的魅力。Python 可通过新一代安装工具 pip 管理大部分 Python 第三方库的安装。pip 是 Python 官方提供并维护的在线第三方库安装工具,使用命令如下:

```
pip install <拟安装库名>
```

pip 支持安装(install)、下载(download)、卸载(uninstall)、列表(list)、查看(list)、查找(search)等一系列安装和维护子命令。pip 的 uninstall 子命令可以卸载一个已经安装的第三方库,格式如下:

```
pip uninstall <拟卸载库名>
```

pip 的 list 子命令可以列出当前系统中已经安装的 第三方库,格式如下:

```
pip list
```

qrcode 库是一个二维码生成库,安装时在以管理员身份运行的命令提示符窗口中输入:

```
pip install qrcode
```

运行结果如图 8.13 所示。

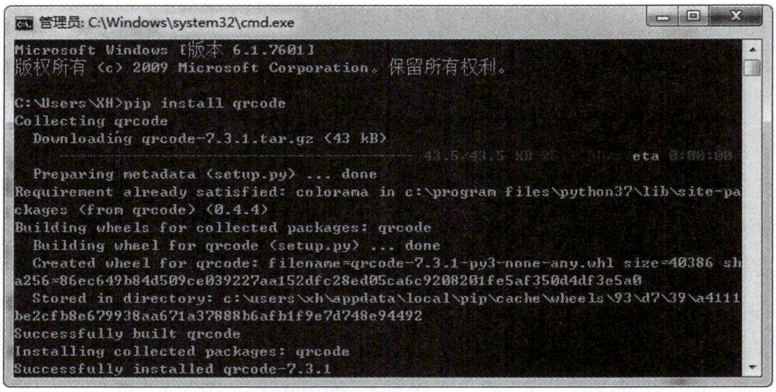

图 8.13 使用 pip 命令安装 qrcode 库

安装 qrcode 库成功后,打开 IDLE 新建 mycode.py 程序,程序代码如下:

```
#mycode.py
import qrcode          #模块导入
#调用qrcode的make()方法传入url或者想要展示的内容
img=qrcode.make('http://www.baidu.com')
#保存
img.save("text.png")
```

图 8.14 百度首页二维码

程序运行后,程序同一目录下新生成 text.png,图片内容如图 8.14 所示,扫描二维码后,将跳转百度首页。如果有兴趣,可改变第 4 行代码括号中引号间的内容,看看有什么变化。

小　结

本章首先介绍了程序设计语言——人与计算机进行交流和通信的语言,同时介绍了两种主要的程序设计方法——结构化程序设计和面向对象程序设计,并介绍了常用的程序设计语言。最后以 Python 语言为例,讲解了 Python 的发展历程、常见的数据类型、IPO 编程方法;讲解了程序设计问题求解的过程和程序设计中的三种基本控制结构、函数、Python 生态等知识。限于篇幅原因,本章主要讲解的是程序设计入门知识,未涉及 Python 组合类型、面向对象、及文件编程,请读者根据自身需求参阅其他参考资料。

习　题

一、简答题

1. 常用的程序设计语言有哪些?
2. 结构化程序设计思想是什么?
3. 程序的控制结构有哪三种,各自的特点是什么?
4. Python 语言有哪些特点?

5. 查阅资料，了解 Python 可以实现哪些领域的应用。

二、选择题

1. 下面哪项不是结构化程序设计思想？（　　）
   A. 自顶向上　　　B. 模块化　　　C. 自顶向下　　　D. 逐步细化
2. 以下不属于对象的基本特点的是（　　）。
   A. 分类性　　　B. 多态性　　　C. 继承性　　　D. 封装性
3. 以下说法不正确的是（　　）。
   A. Python 作为全球公认的"胶水语言"，它拥有强大的第三方库，能够把用其他语言制作的各种模块很轻松地联结在一起
   B. Python 能够调用 C 语言的很多库文件
   C. Python 不具有开源的特性
   D. 能用 Python 语言进行手机开发
4. 下面代码的输出结果是（　　）。

```
print(pow(2,10))
```

   A. 1 024　　　B. 20　　　C. 100　　　D. 12
5. 下面代码的输出结果是（　　）。

```
x=2+9*((3*12))-8) // 10
```

   A. 28.2　　　B. 27.2　　　C. 26　　　D. 27
6. 以下选项中，输出结果为 False 的是（　　）。
   A. >>> 5 is 5　　B. >>> 5 is not 4　　C. >>> 5!=4　　D. >>> False!=0
7. 执行以下程序，输入 60，输出结果是（　　）。

```
s=eval(input())
if  s>=60:
    k="合格"
else:
    k="不合格"
print(s, k)
```

   A. 60 合格　　　B. 60　　　C. 合格　　　D. 不合格

三、填空题

1. 两种主要的程序设计方法：结构化程序设计和_____。
2. 结构化程序设计包含_____结构、_____结构、_____结构。
3. Python 用_____保留字来定义一个函数。

四、编程题

1. 编程实现九九乘法口诀。
2. 编程求 100～999 间所有的水仙花数，求最小的水仙花数和最大的水仙花数的乘积并输出。
3. 用 Python turtle 绘制一个红色的六角星图形。
4. 用 Python 编程实现，随机产生 10 个不重复的大写英文字母存放于列表中，并输出。

5. 用 Python 编程实现，编写一个函数，功能是根据输入的参数将一个十进制数转换成二、八或十六进制数。

6. 使用 Python 语言编程实现例 7.1、例 7.4 和例 7.7。

7. 试着使用 Python 编写程序实现例 7.8～例 7.11。

第 9 章 软件工程

　　软件工程是研究开发软件系统的学科，软件工程不仅覆盖了构建软件系统的相关技术问题，还包括指导开发团队、安排进度及预算等管理问题。软件工程不仅包括编写程序代码所涉及的技术，还包括所有对软件开发能够造成影响的问题。因而，软件工程是包括一系列概念、理论、模式、语言、方法及工具的综合性学科。

　　本章阐述了产品实现技术主要涉及的软件系统开发相关问题，各小节呈模块化，以帮助读者快速掌握软件工程的原则和方法。

学习目标

◎ 了解软件工程的定义。
◎ 熟悉软件开发模型。
◎ 掌握软件开发方法。

9.1 软件工程概述

　　软件在当今信息社会中占有重要的地位，软件产业是信息社会的支柱产业之一。随着软件应用日益广泛、软件规模日益扩大，人们开发、使用、维护软件不得不采用工程的方法，以求经济有效地解决软件问题。

视频
软件工程

9.1.1 软件危机

　　从 20 世纪 60 年代开始，计算机的硬件得到了快速的发展。计算机的性价比和质量不断提高，这就为计算机的广泛应用创造了条件。一些复杂的、大型的软件开发项目被提出来了，但是软件开发技术却跟不上硬件技术的进步，不能满足发展的要求。在软件开发中遇到的问题找不到解决的办法，使问题积累起来，形成了尖锐的矛盾，因而导致了软件危机。

　　虽然人们一直致力于发现解决危机的方法，但是软件危机至今依然困扰着人们，几乎所有的软件都不同程度地存在软件危机。

具体地说，软件危机主要有下列表现：

①软件成本严重超标，项目进度严重延期。

②开发的软件不能满足用户实际需要。

③开发的软件可维护性差。

④开发的软件可靠性差。

9.1.2 软件工程

软件工程是指导计算机软件开发和维护的工程性学科。它以计算机科学理论与技术及其他相关学科的理论为指导，采用工程的概念、原理、技术和方法来开发和维护软件，把经过时间考验而证明正确的管理技术和当前能够得到的最好的软件技术和方法结合起来，以期用较少的代价取得高质量的软件。

作为一门独立的学科，软件工程的研究内容主要包括：标准与规范、过程与模型、方法和技术、工具和环境等四个方面。

软件工程的目的是研究软件的开发技术，软件开发既不同于其他工业工程，也不同于科学研究。从经济角度来考虑，软件的维护费用远高于软件的开发费用，因而开发软件不能只考虑开发期间的费用，而应考虑软件生命周期内的全部费用，因此软件生命周期的概念变得尤为重要。

9.1.3 软件生命周期

软件生命周期是指一个软件产品从提出开发要求开始直到该软件报废为止的整个时期。一般包括可行性研究（分析）与需求分析阶段、设计阶段、实现阶段、测试阶段、安装阶段和运行维护阶段等，有时还包括退役阶段，如图 9.1 所示。这些阶段可以重叠或重复执行。每一个阶段都有明确的任务，并产生一定规格的文档，提交给下一个阶段作为继续工作的依据。

软件开发过程中需编写的典型文档有：

①可行性分析报告：说明该软件开发项目的实现在技术、经济和社会因素上的可行性。

②软件需求规格说明书：描述将要开发的软件做什么。

③项目计划书：描述将要完成的任务及其顺序，并估计所需要的时间及工作量。

④软件测试计划书：描述如何测试软件，确保软件应实现规定的功能，并达到预期的性能。

⑤软件设计说明书：描述软件的结构，包括概要设计及详细设计。

⑥用户手册：描述如何使用软件。

下面简要介绍一下软件生命周期的各个阶段所要完成的基本任务。

图 9.1 生命周期图

1. 可行性研究

该阶段要回答的关键问题是：到底要解决什么问题？在成本和时间的限制条件下能否解决问题？是否值得做？为此，该阶段的主要任务是确定待开发软件的总目标，给出它的功能、性能、约束、接口以及可靠性等方面的要求；另一方面，从市场、经济、技术和法律等多方面进行可行性分析，制定完成开发任务的实施计划，连同可行性研究报告，提交管理部门审查。

2. 需求分析

该阶段要回答的关键问题是：目标系统应当做什么？为此，该阶段的主要任务是对将要开发的软件提出的需求进行分析并给出详细定义，了解系统的各种需求细节。编写需求规格说明书和初步的用户手册，提交管理部门评审。需求规格说明书包括如下内容：

①用户需求。描述用户使用软件产品必须要完成的任务或者满足的条件。用户需求派生出业务需求，用户希望通过软件来达到业务上的目标或者满足业务上的要求。

②业务需求。反映组织或客户对业务的高层次的目标要求。业务需求通常来自项目投资者、实际用户的管理者或产品策划部门。开发软件都是为了达成某种业务目标，业务需求一般在项目立项前就已给予定义。

③功能需求。定义设计开发人员必须实现的软件功能，使得用户能够通过软件来完成他们的任务，从而也满足了用户需求和业务需求。

④性能需求。指实现的软件系统功能应达到的技术指标，如响应时间、精度、用户数量、可扩展性等。

⑤约束与限制。指软件开发人员在设计和实现软件系统时的限制，如开发语言、数据库管理系统等。

3. 概要设计

设计是软件工程的技术核心。该阶段要回答的关键问题是：目标系统如何做？为此，该阶段的主要任务是从软件需求规格说明书出发，根据需求分析阶段确定的功能来设计软件系统的整体结构、划分功能模块、确定每个模块的接口规范和调用关系及每个模块的数据结构和算法定义，编写概要设计文档，该文档是详细设计的依据。

概要设计的基本任务是：

①设计软件系统结构：划分功能模块，确定模块间的调用关系。

②数据结构及数据库设计：实现需求定义和规格说明过程中提出的数据对象的逻辑表示。

③编写概要设计文档：包括概要设计说明书、数据库设计说明书、集成测试计划等。

④概要设计文档评审：对设计方案是否完整实现需求分析中规定的功能、性能的要求，以及设计方案的可行性等进行评审。

概要设计文档的内容主要包括：对需求分析阶段编写的用户手册进一步修订，对测试的计划、策略、方法和步骤提出明确的要求，对于项目开发计划给出系统目标、概要设计、数据设计、处理方式设计、运行设计和出错设计等，对于将要使用的数据库进行逻辑设计和物理设计。

4. 详细设计

详细设计的任务是在总体设计的基础上，设计模块内部结构，包括界面设计、算法设计、数据库的设计等，编写详细设计说明书。详细设计将确定软件系统模块结构中每一个模块完整而详细的算法和数据结构。此步骤不是编写程序代码，而是设计出程序的详细规格说明。

详细设计后的结果是提交可编写程序代码的详细模块设计说明书,这些资料是编码工作的依据。

详细设计阶段的主要任务如下:

①为每个模块确定采用的算法:选择某种适当的工具表达算法的过程,写出模块的详细过程性描述。

②确定每一模块使用的数据结构:采用结构化设计方法,改善控制结构,降低程序的复杂程度,从而提高程序的可读性、可测试性、可维护性。

③确定模块接口的细节,包括对系统外部的接口和用户界面、对系统内部其他模块的接口,以及模块输入数据、输出数据及局部数据的全部细节。

在详细设计结束时,应该把上述结果写入详细设计说明书,并且通过复审形成正式文档,交付给下一阶段(编码阶段)作为工作的依据。

④要为每一个模块设计出一组测试用例,以便在编码阶段对模块代码(即程序)进行预定的测试,模块的测试用例是软件测试计划的重要组成部分,通常应包括输入数据、期望输出等内容,负责详细设计的软件人员对模块的情况(包括功能、逻辑和接口)了解得最清楚,由他们在完成详细设计后提出对各个模块的测试要求。

5. 软件实现(编码)

该阶段要回答的关键问题是:如何正确地实现已做的设计。程序员依据模块设计说明书,选取一种适当的程序设计语言,把详细设计的结果编写成程序代码,并对每一个模块进行测试。这步工作完成后需要提交最终软件系统的源程序代码文档,编写用户手册、操作手册等面向用户的文档,编写测试计划。

6. 软件测试

该阶段的关键任务是通过测试及相应的调试,使软件达到预定的要求。它是保证软件质量的重要手段,其目的就是在软件投入生产性运行之前,尽可能多地发现软件中的错误,编写测试分析报告。

7. 运行和维护

将已交付的软件投入运行,并在运行中不断地维护,根据用户新提出的需求进行必要而且可能的扩充和删改。

9.2 软件开发模型

软件开发模型是为了反映软件生命周期内各种工作应如何组织及软件生命周期各个阶段应如何衔接,用软件开发模型给出直观的图示表达。软件开发模型是软件工程思想的具体化,是实施于过程模型中的软件开发方法和工具,是在软件开发实践中总结出来的软件开发方法和步骤。总的说来,软件开发模型是跨越整个软件生命周期的系统开发、运作、维护所实施的全部工作和任务的结构框架。

软件工程的开发模型有许多,主要有瀑布模型、原型模型、螺旋模型、迭代模型、敏捷过程和面向对象开发模型,其中主要以瀑布模型和面向对象开发模型为主。

1. 瀑布模型

瀑布模型的软件开发过程与软件生命周期是一致的,并且它由文档驱动,两相邻阶段之间存在因果关系，需要对阶段性的产品进行审批。瀑布模型如图9.2所示。

瀑布模型在大量的软件开发实践中也逐渐暴露出它的致命缺点，它假定用户的需求是不变的，因此缺乏灵活性，特别是无法解决软件需求不明确或不准确的问题。这些问题的存在对软件开发带来严重影响，最终可能导致开发出的软件并不是用户真正需要的软件。并且，由于瀑布开发模型具有顺序性和依赖性，凡后一阶段出现的问题都需要通过前一阶段的重新确认来解决，因此其付出的代价十分高昂。

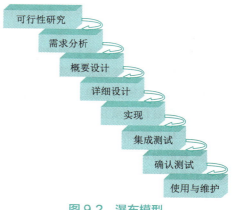

图9.2 瀑布模型

瀑布模型比较适合于功能和性能明确的小规模的软件开发和生产。

2．面向对象开发模型

面向对象开发模型是一种新兴的数据模型，它采用面向对象的方法来设计数据库。面向对象的数据库存储对象是以对象为单位，每个对象包含对象的属性和方法，具有类和继承等特点。

随着面向对象语言的发展和软件设计的需要，面向对象分析和设计技术也迅速发展，相继出现了许多面向对象软件开发工具，特别是统一标准建模语言（UML）的提出，把众多面向对象分析和设计方法综合成一种标准，使面向对象的方法成为主流的软件开发方法。

面向对象开发模型在开发过程中主要包含了面向对象分析（OOA）、面向对象设计（OOD）、面向对象实现（OOP）和面向对象测试（OOT）四个阶段。

面向对象分析的主要任务是识别问题域的对象，分析它们之间的关系，最终建立对象模型、动态模型和功能模型。面向对象设计是将面向对象分析的结果转换成逻辑的系统实现方案，也就是说，利用面向对象的观点建立求解域模型的过程。面向对象设计的具体工作是问题域的设计、人机交互设计、任务管理设计和数据管理设计等。面向对象实现的主要任务是把面向对象设计的结果利用某种面向对象的计算机语言予以实现。面向对象测试是应用面向对象思想保证软件质量和可靠性的主要措施。

9.3 结构化开发方法

软件开发方法是软件开发过程所遵循的方法和步骤，其目的在于有效地编写出满足质量要求的程序和文档。结构化开发方法是现有的软件开发方法中最成熟，应用最广泛的方法之一，主要特点是快速、自然和方便。结构化开发方法包括结构化分析方法、结构化设计方法和结构化程序设计方法。下面主要介绍结构化分析方法。

结构化分析方法（structured analysis，SA）主要用于需求分析阶段。它采用面向过程的方式，对于复杂问题从上层入手，自顶而下，逐层分解，经过一系列的分解和抽象，每层的复杂程度即可降低，到最底层的就是很容易描述并可用代码实现的小问题了。其基本思想是"分解"和"抽象"。

分解是指对于一个复杂的系统，为了将复杂性降低到可以掌握的程度，可以把大问题分解成若干个小问题，然后分别解决。

抽象是指考虑事物的整体结构而不是其细节。

结构化分析方法的步骤如下：

①通过对用户的调查，以软件的需求为线索，获得当前系统的具体模型。

②去掉具体模型中非本质因素，抽象出当前系统的逻辑模型。

③根据计算机的特点分析当前系统与目标系统的差别，建立目标系统的逻辑模型。

④完善目标系统并补充细节，写出目标系统的软件需求规格说明。

⑤评审直到确认完全符合用户对软件的需求。

结构化分析方法的常用工具有：数据流图（data flow diagram，DFD）、数据字典（data dictionary，DD）、判定树、判定表。这里只介绍数据流图与数据字典。

1. 数据流图

视频
数据流图

数据流图是描述数据处理过程的工具，数据流图从数据传递和加工的角度，以图形的方式刻画数据流从输入到输出的传输变换过程。数据流图是结构化系统分析的主要工具，它表示了系统内部信息的流向，并表示了系统的逻辑处理的功能。在数据流图中，应把具体的组织机构、工作场所、物质流等都去掉，仅剩下信息和数据存储、流动、使用及加工的情况。这有助于抽象地总结出信息处理的内部规律。数据流图把各种业务的处理过程联系起来考虑，形成一个整体，一个系统将有许多层次的流程图。

（1）数据流图的基本图形符号

绘制数据流图的基本图形元素有四种，有时为了使数据流图便于在计算机上输入和输出，免去画曲线、斜线和圆的困难，常常使用对应的另一套符号，这两套符号完全等价，如图9.3所示。

图9.3　数据流图基本图形符号

在数据流图中，数据流是沿箭头方向传送数据的通道；数据源点和汇点统称为外部实体，指系统外部环境中的实体（包括人员、组织或其他系统），是数据的始发点和终止点，是系统与外部环境的接口；加工也称为数据处理，它对数据流进行某些操作或变换；数据存储文件是以数据结构或数据内容作为加工对象的文件，在数据流图中起保存数据的作用，它可以是数据库文件或任何形式的数据组织；流向数据存储的数据流可理解为写入文件或查询文件，从数据存储流出的数据可理解为从文件读数据或得到查询结果。

如果有两个以上数据流指向一个加工，或从一个加工中引出两个以上的数据流，它们之间的关系如图9.4所示。

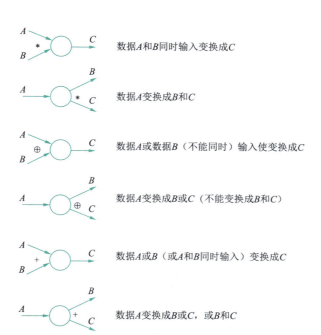

图 9.4　数据流图加工关系

为了表达稍微复杂的实际问题，用一个数据流图是不够的，需要按照问题的层次结构进行逐步分解，并以分层的数据流图反映这种结构关系。先把整个数据处理过程暂且看成一个加工，它的输入数据和输出数据实际上反映了系统与外界环境的接口，这就是分层数据流图的顶层。但仅此一图并未表明数据的加工要求，需要进一步细化。

在多层数据流图中，可以把顶层流图、底层流图和中间层流图区分开来。顶层流图仅包含一个加工，它代表被开发的系统。它的输入流是该系统的输入数据，输出流是系统的输出数据。顶层流图的作用在于表明被开发系统的范围，以及它和周围环境的数据交换关系。底层流图是指其加工无须再做分解的数据流图，其加工称为"原子加工"。中间层流图则表示其上层父图的细化。它的每一个加工可以继续细化，并形成子图。中间层次的多少视系统的复杂程度而定。

画数据流图的基本步骤，概括地说，就是自外向内、自顶向下、逐层细化、完善求精。先找系统的数据源点与汇点，它们是外部实体，由它们确定系统与外界的接口；找出外部实体的输出数据流与输入数据流；在图的边上画出系统的外部实体；从外部实体的输出数据流（即系统的源点）出发，按照系统的逻辑需要，逐步画出一系列逻辑加工，直到找到外部实体所需的输入数据流（即系统的汇点），形成数据流的封闭。

（2）利用分层法绘制流程图需要涉及的问题

①编号的设置：子图中的编号由父图编号和原子加工的编号组成。例如，图 9.5 中子图对应父图中的 3，其子图中的编号相应地用 3.1、3.2、3.3 表示。

②父图与子图的平衡：子图详细地描述父图中的处理逻辑，因而子图的输入、输出数据流应该同父图中处理逻辑的输入、输出数据流相一致。

③局部数据存储：在子图中出现的数据存储，可以不出现在父图中，画父图时只需画出

处理逻辑之间的联系,不必画出各个处理逻辑内部的细节。

④处理逻辑的分解与细分的程度:分得太细,则使得层次太多;分得太粗,则达不到分层的目的。从管理的层次结构原理来看,在分解一层时一般不宜超过七个逻辑。一个处理逻辑分解

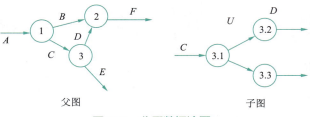

图 9.5　分层数据流图

到基本处理逻辑为止。基本处理逻辑能表达系统所有的逻辑功能和必要的数据输入与输出,这些功能与数据的描述能使用户清楚地理解,并且还能使以后的系统设计人员看到每一个处理逻辑时有一个明确的概念,并据此能设计出程序模块和实现这些逻辑功能。

⑤由左到右绘制数据流图:先从左侧开始标出外部实体,外部实体通常是系统主要的数据来源。然后画出由该外部实体产生的数据流和相应的处理逻辑。如果需要保存数据,则在数据流图上加上数据存储。最后画出接收系统输出信息的系统的外部实体。

⑥绘制数据流图时,可以先忽略枝节(次要)的信息。这一点相当重要且易被忽视,不要试图仅用一两层数据流图就想描述整个系统。这样不仅会使数据流图缺乏条理而给日后的使用造成不便,而且也容易在绘制时造成错误。绘制第 0 层与第 1 层的草图时,应该集中反映系统中主要的、正常的逻辑功能以及与之相关的数据交换,然后再将其余次要的处理逻辑补上,完成一张完整的数据流图。

⑦合理命名:数据流图中对每一个元素都要命名,恰当的命名有助于数据流图的理解与阅读。为了避免引起错觉,每个元素所取的名字要能反映该元素的整体性内容,而不只是它的部分内容;每个元素的名字都能唯一地标识该元素。名字要有具体的含义,避免空洞。如果发现难以为某个数据流或处理逻辑命名时,这往往是数据流图分解不当的征兆,可重新分解。

例如:分析一家公司的营销系统。其采购部门每天需要按销售部门提供的订货单向供应商采购货物。每种货物的数量都存放在数据存储货物库存中,每一单销售和采购使每种货物数量发生的变化能够在此数据存储中及时被反映出来。而资金的汇总、核对等工作由会计部门处理。这样此系统的顶层结构就大致可以分析出来。图 9.6 所示为该系统的第一层数据流图。

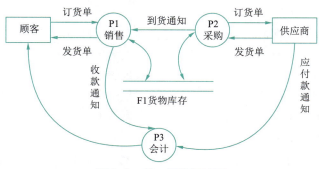

图 9.6　第一层数据流图

为了更加清晰地描述系统,可把顶层数据流图的三个主要加工步骤——销售、采购、会计再进行逐步分解,这样就形成了第二层数据流图。首先分析销售加工。先根据顾客的订货单与货物目录确定订货,在这期间要修改和维护货物目录与顾客两个数据存储。对于正当的

订货,目前有货可发的则直接产生发货单准备发货;而如果暂时缺货则产生暂存订货单,等采购到所需的货物再产生发货单。销售系统数据流图如图 9.7 所示。按顾客要求发货后,要修改货物库存、销售历史和应收款账目这三个数据存储。对于库存和销售历史的变化要分别编写库存检索和库存销售报表提供给经理。采购系统数据流图如图 9.8 所示。

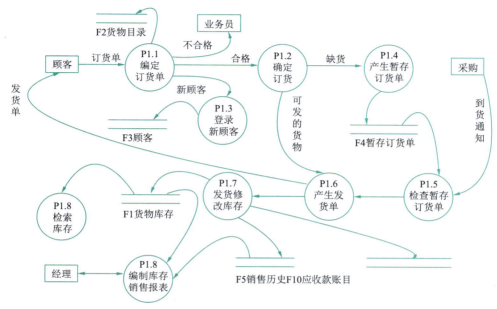

图 9.7 销售系统数据流图

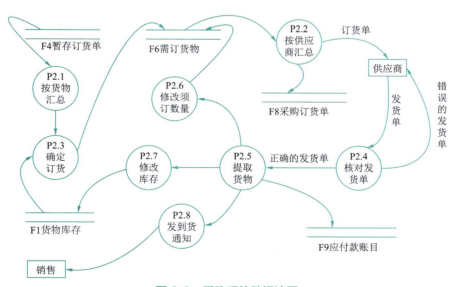

图 9.8 采购系统数据流图

最后的加工为会计。顾客付款后应得到收据,收款处理还应该修改数据存储:应收款账目。而对供应商的应付款通知进行核对后要进行付款处理。这个操作要修改另一数据存储:应付款账目。这时要根据应收款账目和应付款账目的修改情况进行修改总账目的处理,最后把总账目的变化情况编制成会计报表提交给经理。会计系统数据流图如图9.9所示。

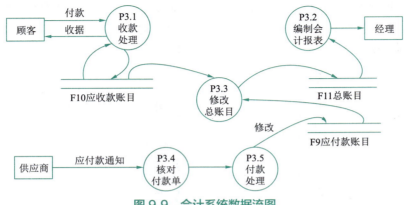

图 9.9　会计系统数据流图

以上两层四张数据流图一起组成了这家公司营销系统的分层数据流图。第二层的加工比第一层要细，并且大都为足够简单的"基本加工"，故不必再进行分解了。

2．数据字典

数据字典是关于数据信息的集合，也就是对数据流图中包含的所有元素的定义和解释的文字集合。为了避免冗余和不一致性，应该在项目中创建一个独立的数据字典，而并不是在每个需求出现的地方定义每一个数据项。数据字典和数据流图共同构成系统的逻辑模型，二者缺一不可。数据字典精确、严格地定义了每一个数据元素，防止在后续过程中因为不同人员不同定义造成的混乱。

数据字典通常包括：

（1）编写数据项

数据项描述 ={ 数据项名称及其编号，别名，数据类型，长度，取值范围和取值含义，与其他数据项的逻辑关系 }。其中"取值范围""与其他数据项的逻辑关系"定义了数据的完整性约束条件，是设计数据检验功能的依据。

（2）编写数据结构

数据结构描述 ={ 数据结构名称及其编号，数据结构的组成 }。

（3）编写数据流

数据流描述 ={ 数据流名称、编号、别名、来源、去向、组成 }。

（4）编写数据存储

数据存储描述 ={ 数据存储名称，编号，流入的数据流，流出的数据流，组成及存取方式 }。

（5）编写加工逻辑

加工逻辑描述 ={ 名称及其编号，加工逻辑的输入和输出，加工逻辑的说明 }。

（6）编写外部实体

外部实体描述 ={ 外部实体的名称、编号及外部实体的简述，与外部实体有关的数据流 }。

其中，数据项是数据的最小组成单位，若干个数据项可以组成一个数据结构。数据字典通过对数据项和数据结构的定义来描述数据流和数据存储的逻辑内容。

在数据字典的文字描述中，可能会用到表 9.1 所示的符号。

表 9.1 数据字典符号

符 号	表 示 内 容
=	表示"等价于"或"定义为"
+	表示"和"，连接两个数据元素
[ ]	表示"或"，对 [ ] 中列举的各数据元素用"｜"分隔，表示可任选其中某一项，如 X=[a|b] 表示 X 由 a 或 b 组成
{ }	表示"重复"，对 { } 中的内容可重复使用，如果要对 { } 表示的重复次数加以限制，可将重复次数的下限和上限写在 { } 的左右两边，如 X={ a } 表示 X 由 0 个或多个 a 组成，X=2{ a }6 表示重复 2～6 次 a
( )	表示"可选"，对于 ( ) 中的内容可选可不选，各项之间用逗号隔开
* *	注释，注释内容放在星号之间

概括地说，结构化分析方法使用数据流图、数据字典、结构化语言、判定表和判定树等工具，建立一种新的、称为结构化说明书的目标文档（需求规格说明书）。结构化体现在将软件系统抽象为一系列的逻辑加工单元，各单元之间以数据流发生关联。该方法的要点是：面对数据流的分解和抽象，把复杂问题自顶向下逐层分解，经过一系列分解和抽象，到最底层的就都是很容易描述并实现的问题了。

9.4 软件设计基础及结构化设计方法

1．软件设计基础

需求分析的主要任务是明确"做什么"，软件设计的主要任务是要解决"如何做"的问题，在需求分析的基础上，建立各种设计模型，并通过对设计模型的分析和评估，来确定这些模型是否能够满足需求。

软件设计是将用户需求准确地转化成为最终的软件产品的唯一途径，在需求到构造之间起到了桥梁作用。

在软件设计阶段，往往存在多种设计方案，通常需要在多种方案中进行决策和折中，并使用选定的方案进行后续的开发活动。软件设计方法常见的有结构化设计方法和面向对象设计方法，在此只介绍结构化设计方法。

2．结构化设计方法

结构化设计方法（structured design，SD）主要用于构造软件设计。它是在结构化分析方法的基础上构造一个实现软件系统的模型。从宏观上看，系统分析给出了系统"做什么"，而系统设计则给出了系统"怎么做"。其基本思想是将软件设计成由相对独立、单一功能的模块组成的结构。结构化设计分为概要设计和详细设计两个阶段。

概要设计阶段要完成体系结构设计、数据设计和接口设计。详细设计阶段要完成模块内部设计。

①体系结构设计：体系结构设计是结构化设计中非常重要的一个设计内容，其主要任务是定义系统中包括哪些模块及这些模块间的关系，它主要是从分析模型（如数据流图）导出。

②数据设计：根据需求阶段所建立的 E-R 图来确定软件涉及的文件系统的结构及数据库的表结构等。

③接口设计：包括外部接口设计和内部接口设计。外部接口设计主要依据分析模型中的顶层数据流图得出，外部接口包括用户界面、目标系统与其他硬件设备、软件系统的外部接口；内部接口是指系统内部各种元素之间的接口。

④模块内部设计：其工作是确定软件各个组成部分内的算法及内部数据结构，并选定某种表达形式来描述各种算法。

结构化分析的结果为结构化设计提供了最基本的输入信息。结构化设计方法是将数据流图转换成模块结构图的过程。

9.5 软件测试

视频
软件测试

为了保证软件的质量和可靠性，人们力求在分析、设计等各个开发阶段结束之前，对软件进行严格的技术评审。但是由于人们本身能力的局限性，审查过程不可能发现所有的错误和缺陷。而在编码阶段还可能会引进大量的错误，这些错误和缺陷如果在软件交付后且投入生产性运行之前不能加以排除的话，就会导致财产乃至生命的重大损失。现今，软件质量问题已成为人们共同关注的焦点。

1. 软件测试的定义

软件测试是对软件需求分析、设计规格说明和编码的最终复审，是软件质量保证的关键步骤。软件测试已有了行业标准（IEEE/ANSI），1983 年 IEEE 提出的软件工程标准术语中给软件测试下的定义是："使用人工或自动手段来运行或测定某个系统的过程，其目的在于检验它是否满足规定的需求或是弄清预期结果与实际结果之间的差别"。软件测试是为了发现错误而执行程序的过程，或者说，软件测试是根据软件开发各阶段的规格说明和程序的内部结构而精心设计一批测试用例，并利用这些测试用例去运行程序，以发现程序错误的过程。

软件测试已成为一个专业，需要运用专门的方法和手段，需要专门人才和专家来承担。

现在，有些软件开发机构将研制力量的 40% 以上投入到软件测试之中，对于某些生命攸关的软件，其测试费用甚至高达所有其他软件工程阶段费用总和的 3～5 倍。

2. 软件测试的目的

基于不同的立场，有两种完全不同的测试目的。用户普遍希望通过软件测试暴露软件中隐藏的错误和缺陷，以考虑是否接受该产品。软件开发者则希望测试成为表明软件产品中不存在错误的过程，验证该软件已正确地实现了用户的要求，确立人们对软件质量的信心。

概括地讲，测试的目的包括以下几点：

①以最少的时间和人力，系统地找出软件中潜在的各种错误和缺陷。如果我们成功地实施了测试，我们就能够发现软件中的错误。

②测试的附带收获是，它能够证明软件的功能和性能与需求说明相符合。

③实施测试收集到的测试结果数据为可靠性分析提供了依据。

④测试不能表明软件中不存在错误，它只能说明软件中存在错误。

3. 软件测试的基本原则

软件测试的基本原则有助于测试人员进行高质量的测试，尽早尽可能多地发现缺陷，并负责跟踪和分析软件中的问题，对存在的问题和不足提出质疑和改进，从而持续改进测试过程。具体包括以下几条原则：

①应当把"尽早地和不断地进行软件测试"作为软件开发者的座右铭。软件开发的每个环节都有可能产生错误,应在开发的各个阶段实施技术评审,这样才能在开发过程中尽早发现和预防错误,把出现的错误克服在早期,以提高软件质量。

②测试用例应由测试输入数据和与之对应的预期输出结果这两部分组成。测试用例不仅要有输入数据,还应有测试步骤和预期的输出结果,这样测试人员才可以按照测试用例来执行测试,将测试结果与预期的输出结果比较,以此判断该测试用例是否通过。

③程序员应避免检查自己的程序。软件测试需要站在客观的角度找出代码中隐藏的问题。人们常常具有一种不愿否定自己工作的心理,这成为客观测试自己程序的障碍;由别人来测试可能会更客观、更有效,并更容易取得成功。

④在设计测试用例时,应包括合理的输入条件和不合理的输入条件。软件测试不能只验证正常的情况,还应验证在异常情况下软件能否正常反应。软件通过正常测试,只能说是"能用",通过异常测试,才能说是"好用"。

⑤充分注意测试中的群集现象。经验表明,测试后程序中残存的错误数目与该程序中已发现的错误数目成正比。根据这个规律,应当对错误群集的程序段进行重点测试,以提高测试投资的效益。

⑥严格执行测试计划,排除测试的随意性。软件测试应当制定测试计划,对测试环境、测试对象、测试方法、测试进度进行策划,测试依据计划执行,以避免发生疏漏或者重复无效的工作。

⑦应当对每一个测试结果做全面检查。如果不仔细全面地检查测试结果,就会把这些错误遗漏掉。

⑧妥善保存测试计划、测试用例、出错统计和最终分析报告,为维护提供方便。

在遵守以上原则的基础上进行软件测试,可以以最少的时间和人力找出软件中的各种缺陷,从而达到保证软件质量的目的。

4. 软件测试的对象

软件测试并不等于程序测试,它应贯穿于软件定义与开发的整个周期。需求分析、概要设计、详细设计、程序编码等各阶段所得到的文档资料,包括需求规格说明、概要设计规格说明、详细设计规格说明以及源程序,都应成为软件测试的对象。

5. 软件测试的方法

软件测试是在软件投入使用前模拟真实使用场景的测试环节,根据产品不同、使用环境不同,软件测试人员需要掌握不同的测试方式。软件测试的方法有:

(1)按是否运行程序分为:静态测试和动态测试

①静态测试:静态测试指测试软件系统中不运行的部分,只依靠分析或检查源程序的语句、结构、过程等来检查程序是否有错误。通过对软件的需求规格说明书、设计说明书以及源程序做结构分析和流程图分析,从而找出错误,例如不匹配的参数、未定义的变量等。

②动态测试:动态测试与静态测试相对应,是通过运行被测试程序,对得到的运行结果与预期的结果进行比较分析,同时分析运行效率、正确性和健壮性等性能指标。

(2)按是否查看程序内部结构分为:黑盒测试、白盒测试、灰盒测试

①黑盒测试。

黑盒测试是对软件的功能和界面的测试,其目的是发现软件需求或者设计规格说明中的

错误，所以又称其为功能测试，是一种基于用户观点出发的测试。在测试期间，把被测程序看作一个黑盒子，测试人员并不清楚被测程序的源代码或者该程序的具体结构，不需要对软件的结构有深层的了解，而是只知道该程序输入和输出之间的关系，依靠能够反映这一关系的功能规格说明书，来确定测试用例和推断测试结果的正确性。

黑盒测试仅在程序接口处进行测试，只检查被测程序功能是否符合规格说明书的要求，程序是否能适当地接收输入数据并产生正确的输出信息。黑盒测试可用于证实被测软件功能的正确性和可操作性。黑盒测试有两种基本方法，即通过测试和失败测试，先进行通过测试，在进行通过测试时，实际上是确认软件能做什么，而不会去考验其能力如何。软件测试员只运用最简单、最直观的测试用例。失败测试或迫使出错测试，是指采取各种手段来寻找软件缺陷，如为了破坏软件而设计和执行的测试用例。在失败测试进行之前，检测软件基本功能是否能够实现，在确信软件的正确运行之后，就可以进行失败测试。

设计测试用例时，通常一个源代码程序的路径是用于处理一定数值范围内的所有数值，那么除了边界值以外，在边界值范围以内的所有数值在测试中对于检测软件缺陷的作用相同，因此可以把这一类的数看成等价的，进行测试时，可以从每个等价类中只取一组数据作为测试数据，这样选取的测试数据最有代表性，而且最有可能发现程序逻辑中的错误，避免了测试数据的冗余。

②白盒测试。

白盒测试要求测试人员全面了解程序内部的逻辑结构，以检查程序处理过程的细节为基础，对程序中尽可能多的逻辑路径进行测试，检验内部控制结构和数据结构是否有错、实际的运行状态与预期是否一致。在白盒测试中，测试人员必须从检查程序的内部结构以及从程序的逻辑入手，从而得出测试数据。白盒测试的主要方法有程序结构分析、逻辑覆盖、程序插装、域测试、符号测试和路径分析等。

在被测程序中尽可能将每一条可执行语句都进行检测，而且每个判定的每种可能结果都应该至少执行一次，也就是每个判定的分支都至少执行一次。也可在程序特定部位借助插入操作（语句）把程序执行过程中发生的一些重要事件记录下来，如语句执行次数、变量值的变化情况、指针的改变等。

白盒测试比黑盒测试成本高，需要在测试计划前产生源代码，在确定合适的数据和软件是否正确方面需要花费更多的工作量，并且无法检测代码中遗漏的路径和数据敏感性错误，对于规格的正确性也无法验证。

在检测过程中，两种测试方式相辅相成，白盒测试只考虑测试软件产品，它不保证完整的需求规格是否被满足。而黑盒测试只考虑测试需求规格，它不保证实现的所有部分是否被测试到。黑盒测试会发现遗漏的缺陷，指出规格的哪些部分没有被完成。而白盒测试会发现逻辑方面的缺陷，指出哪些实现部分是错误的。

③灰盒测试。

灰盒测试是一种综合测试法，它将黑盒测试与白盒测试结合在一起，是基于程序运行时的外部表现又结合内部逻辑结构来设计用例、执行程序，并采集路径执行信息和外部用户接口结果的测试技术。但是它不可能像白盒测试那样详细和完整，它只是简单地靠一些象征性的现象或标志来判断其内部的运行情况，因此在内部结果出现错误，但输出结果正确的情况下可以采取灰盒测试方法。因为在此情况下灰盒测试比白盒测试高效、比黑盒测试适用性广的优势就凸显出来了。

（3）按程序执行的方式分为：人工测试和自动化测试

人工测试由测试人员手工编写测试用例，并执行、观察结果。自动化测试指利用软件测试工具自动实现全部或者部分测试工作，管理、设计、执行和报告。自动化测试节省大量的测试开销，并能够完成一些手工测试无法实现的测试。

软件测试的一个致命缺陷是测试的不完全、不彻底性。由于对任何程序只能进行少量的有限测试，在发现错误时能说明程序有问题，但未发现错误时，不能说明程序中无错误。

6. 软件测试的步骤

与开发过程类似，软件测试过程也涉及一系列的测试活动，应按照一定的测试步骤进行。具体来说，包括单元测试、集成测试、确认测试和系统测试，如图 9.10 所示。

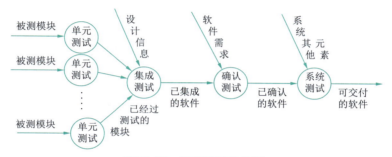

图 9.10　软件测试的步骤

①单元测试：又称模块测试，是针对软件设计的最小单位——程序模块或功能模块，进行正确性检验的测试工作。其目的在于检验程序各模块是否存在各种差错，是否能正确地实现其功能，满足其性能和接口要求。

②集成测试：又叫组装测试，是单元测试的多级扩展，是在单元测试的基础上进行的一种有序测试，旨在检验软件单元之间的接口关系，以期望通过测试发现各软件单元接口之间存在的问题，最终把经过测试的单元组成符合设计要求的软件。

③确认测试：又称有效性测试，其任务是验证软件的功能和性能及其他特性是否与用户的要求一致。检查软件能否实现需求说明规定的功能以及软件配置是否完整、正确。

④系统测试：是为判断系统是否符合要求而对集成的软、硬件系统进行的测试活动，它是将已经集成好的软件系统作为基于整个计算机系统的一个元素，与计算机硬件、外设、某些支持软件、人员、数据等其他系统元素结合在一起，在实际运行环境下，对计算机系统进行一系列的组装测试和确认测试。

⑤验收测试：以用户为主的测试，软件开发人员和质量保证人员参加，由用户设计测试用例。不是对系统进行全覆盖测试，而是对核心业务流程进行测试。

⑥回归测试：是指修改了旧代码后，重新进行测试以确认修改没有引入新的错误或导致其他代码产生错误。

7. 软件的调试

在对软件进行了成功的测试之后将进行软件调试，即排错阶段，软件调试的任务是诊断和改正软件中的错误。软件测试的目的是发现错误，而软件调试的目的是发现错误或发现导致程序失效原因，并修改程序以修正错误。软件测试贯穿整个生命周期，调试主要由程序的编写者在开发阶段进行。

主要的调试方法有以下几种：

(1) 强行排错法

作为传统的调试方法，其过程可概括为设置断点、程序暂停、观察程序状态、继续运行程序。涉及的调试技术主要是设置断点和监视表达式，如：

① 打印内存变量的值来排错。在执行程序时，通过打印内存变量的数值，将该数值同预期的数值进行比较，判断程序是否执行出错。对于小程序，这种方法很有效。但程序较大时，由于数据量大，逻辑关系复杂，效果较差。

② 在程序关键分支处设置断点来排错。如弹出提示框，这种方法对于弄清多分支程序的流向很有帮助，可以很快锁定程序出错发生的大概位置范围。

③ 自动调试工具。其功能是设置断点，当程序执行到某个特定的语句或某个特定的变量值改变时，程序暂停执行，程序员可在终端上观察程序此时的状态。

应用以上任一种方法之前，都应当对错误的征兆进行全面彻底的分析，得出对出错位置及错误性质的推测，再使用一种适当的排错方法来检验推测的正确性。

(2) 回溯法

这是在小程序中常用的一种有效的调试方法。一旦发现了错误，可以先分析错误现象，确定最先发现该错误的位置。然后，沿程序的控制流程，逆向跟踪源程序代码，直到找到错误根源或确定错误产生的范围。

(3) 演绎法

这是一种从一般原理或前提出发，经过排除和精化的过程来推导出结论的思考方法。调试时，首先根据已有的测试用例，设想及枚举出所有可能出错的原因作为假设。然后再使用原始测试数据或新的测试，从中逐个排除不可能正确的假设。最后，再用测试数据验证余下的假设是否是出错的原因。

(4) 归纳法

这是一种从特殊推断出一般的系统化思考方法。其基本思想是从一些线索（错误的现象）着手，通过分析寻找到潜在的原因，从而找出错误。

(5) 二分法

其实现的基本思想是，如果知道每个变量在程序中若干个关键点上的正确值，则可以用赋值语句或输入语句在程序中的关键点附近给这些变量赋正确值，然后检查程序的输出。如果输出结果是正确的，则表示错误发生在程序的前半部分，否则，错误在后半部分。这样反复进行多次，逐渐逼近错误位置。

9.6 软件项目管理

与其他产品开发一样，软件开发不仅取决于所采用的技术、方法和工具，还决定于计划与管理的水平。两方面相辅相成，缺一不可。软件管理的主要功能包括：

① 制定计划。规定待完成的任务、要求、资源、人力和进度等。

②建立项目组织。为实施计划,保证任务的完成,需要建立分工明确的责任机构。
③配备人员。任用各种层次的技术人员和管理人员。
④指导。鼓励和动员软件人员完成所分配的工作。

软件项目的第一个任务是确定软件的工作范围,即软件的用途及对软件的要求。其中主要包括软件的功能、性能、接口和可靠性四个方面。计划人员必须使用管理人员和技术人员都能理解的无二义性的语言来描述工作范围。

对于软件功能的要求,在某些情况下要进行求精细化,以便能够提供更多的细节,因为成本和进度的估算都与功能有关。软件的性能包括处理时间的约束、存储限制以及依赖于机器的某些特性。要同时考虑功能和性能,才能做出正确的估计。

接口分为硬件、软件和人三类。
①硬件:指执行该软件的硬件,如中央处理机和外围设备,以及由该软件控制的各种间接设备,如各种机器和显示设备等。
②软件:指已有的而且必须与新开发软件连接的软件,如数据库、子程序包和操作系统等。
③人:指通过终端或输入/输出设备使用该软件的操作人员。

在这三种情况下,都要详细地了解通过接口的信息传递。计划人员还要考虑各个接口的性质及复杂程度,以确定对开发资源、成本和进度的各种影响。软件项目计划的第二个任务是对完成该软件项目所需的资源进行估算。我们可把软件开发所需的资源画成一个金字塔,那么在塔的底部是用于支持软件开发的工具,即软件工具和硬件工具;在塔的高层是最基本的资源——人。

为了使开发项目能够在规定的时间内完成,而且不超过预算,成本估计和管理控制是关键。对于一个大型的软件项目,由于项目的复杂性,开发成本的估算不是一件简单的事,要进行一系列的估算处理,IBM 模型是成本估算模型的经典模型。

小　　结

本章介绍了软件危机、软件工程、软件开发模型,应把软件作为工程产品来处理,按计划、分析、设计、实现、测试、维护的周期来进行生产,采用工程化方法和途径来开发与维护软件。软件工程正是从管理和技术两方面研究如何更好地开发和维护计算机软件的一门新兴学科。

习　　题

一、简答题
1. 什么叫软件生命周期?
2. 简述软件开发模型。
3. 简述软件测试的基本原则。

二、选择题
1. 软件是一种(　　)产品。
　　A. 有形　　　　　　B. 逻辑　　　　　　C. 物质　　　　　　D. 消耗

2. 软件工程学的目的应该是最终解决软件生产的（　　）问题。
   A. 提高软件的开发效率　　　　　　B. 使软件生产工程化
   C. 消除软件的生产危机　　　　　　D. 加强软件的质量保证
3. 与计算机科学的理论研究不同，软件工程是一门（　　）学科。
   A. 理论性　　　B. 工程性　　　C. 原理性　　　D. 心理性
4. 在计算机软件开发和维护中所产生的一系列严重的问题通常称为软件危机，这些问题中相对次要的因素是（　　）。
   A. 文档质量　　B. 开发效率　　C. 软件功能　　D. 软件性能
5. 数据字典的任务是对于数据流图中出现的所有被命名的数据元素，在数据字典中作为一个词条加以定义，使得每一个图形元素的名字都有一个确切的（　　）。
   A. 对象　　　　B. 解释　　　　C. 符号　　　　D. 描述
6. 由于软件生产的复杂性和高成本性，使大型软件的生存出现危机，软件危机的主要表现包括了下述（　　）方面。
   ①生产成本过高　　②需求增长难以满足　　③进度难以控制　　④质量难以保证
   A. ①②　　　　B. ②③　　　　C. ④　　　　　D. 全部
7. 使用白盒测试时，确定测试数据应根据（　　）和指定的覆盖标准。
   A. 程序内部逻辑　　　　　　　　　B. 程序复杂结构
   C. 使用说明书　　　　　　　　　　D. 程序的功能
8. 开发软件所需高成本和产品的低质量之间有着尖锐的矛盾，这种现象称为（　　）。
   A. 软件工程　　B. 软件周期　　C. 软件危机　　D. 软件产生
9. 有关计算机程序功能、设计、编制、使用的文字或图形资料称为（　　）。
   A. 软件　　　　B. 文档　　　　C. 程序　　　　D. 数据
10. 软件工程是一种（　　）分阶段实现的软件程序开发方法。
    A. 自顶向下　　B. 自底向上　　C. 逐步求精　　D. 面向数据流

三、填空题
1. 结构化分析方法（SA）是一种面向_____需求分析方法。
2. 软件测试的目的是尽可能多地发现软件中存在的_____。
3. 按是否查看程序内部结构来分，软件测试分为_____、_____、_____。
4. 测试用例由_____和预期的_____组成。
5. 数据流图和_____共同构成系统的逻辑模型。

第 10 章 人工智能基础

人工智能正在全球范围内蓬勃发展，促进了人类社会生活、生产和消费模式的巨大变革。人工智能是个非常宽泛且变化较快的概念，是当前的热门研究领域，其研究范畴包括知识表示、自动推理、专家系统、机器学习、计算机视觉、模式识别等。人工智能已经上升为国家战略，作为新时代的技术核心，有着无限的发展潜力，应用领域不断扩大，是新时代必备的知识技能基础。

学习目标

◎ 了解人工智能的概念。
◎ 了解人工智能的发展史。
◎ 了解人工智能的应用领域及发展前景。
◎ 了解人工智能应用实例。

10.1 智能及其本质

智能，是智力和能力的总称。中国古代思想家一般把智与能看做是两个相对独立的概念。前者是智能的基础，后者是指获取和运用知识求解的能力。"智"主要是指人对事物的认识能力；"能"主要是指人的行动能力，它包括各种技能和正确的习惯等。人类的"智"和"能"是密不可分的，人类的劳动、学习和语言等活动都是"智"和"能"的统一，是人类独有的智能活动。

视频
智能的概念

根据霍华德·加德纳的多元智能理论，人类的智能可以分成八个范畴：

①语言智能：是指有效地运用口头语言或文字表达自己的思想并理解他人，用言语表达和欣赏语言深层内涵的能力结合在一起并运用自如的能力。

②逻辑智能：是指有效地计算、测量、推理、归纳、分类，并进行复杂数学运算的能力。

③空间智能：是指准确感知视觉空间及周围一切事物，并且能把所感觉到的形象以图画

的形式表现出来的能力。

④肢体运作智能：是指善于运用整个身体来表达思想和情感、灵巧地运用双手制作或操作物体的能力。

⑤音乐智能：是指人能够敏锐地感知音调、旋律、节奏、音色等能力。

⑥人际智能：是指能很好地理解别人和与人交往的能力。

⑦自我认知智能：是指能自我认识和有自知之明并据此做出适当行为的能力。

⑧自然认知智能：是指善于观察自然界中的各种事物，对物体进行辨认和分类的能力。

综上所述，智能具有如下特征：①具有感知能力。感知能力是指通过视觉、听觉、触觉等感觉器官感知外部世界的能力。感知是人类获取外部信息的基本途径，是产生智能活动的前提。②具有记忆与思维能力。记忆与思维是人脑最重要的功能，是人有智能的根本原因。记忆用于存储由感知器官感知到的外部信息和由思维产生的知识；思维则是用于对记忆的信息进行处理，利用已有的知识对信息进行分析、计算、比较、推理、决策等。思维是获取知识以及运用知识求解问题的根本途径。③具有学习能力。学习是人的本能。人人都是通过在不断的学习与实践中获取知识的。④具有行为能力。人们通过语言或形体动作来对外界的刺激作出反应。我们可以把感知能力看成是信息的输入，行为能力看成是信息的输出，它们都受到神经系统的控制。

10.2 人工智能的概述

10.2.1 人工智能的定义

视频
人工智能的定义

人工智能（artificial intelligence，AI）是研究、开发用于模拟、延伸和扩展人的智能的理论、方法、技术及应用系统的一门新的技术科学。

通俗地理解，我们可以把人工智能定义为：用人工的方法在机器（计算机）上实现人类的智能，去模仿人类的知觉、推理、学习能力等，从而让计算机能够像人类一样思考和行动；或者说是人们编写计算机程序使机器具有类似人的智能。

人工智能是计算机科学的一个分支，20 世纪 70 年代以来被称为世界三大尖端技术之一（空间技术、能源技术、人工智能）。也被认为是 21 世纪三大尖端技术（基因工程、纳米科学、人工智能）之一。这是因为近 30 年来它获得了迅速的发展，在很多学科领域都获得了广泛应用，并取得了丰硕的成果，人工智能已逐步成为一个独立的分支，无论在理论和实践上都已自成一个系统。

人工智能是研究使计算机来模拟人的某些思维过程和智能行为（如学习、推理、思考、规划等）的学科，主要包括研究计算机实现智能的原理、制造类似于人脑智能的计算机、使计算机能实现更高层次的应用。人工智能将涉及计算机科学、心理学、哲学和语言学等学科。可以说几乎是自然科学和社会科学的所有学科，其范围已远远超出了计算机科学的范畴，人工智能与思维科学的关系是实践和理论的关系，人工智能是处于思维科学的技术应用层次，是它的一个应用分支。从思维观点看，人工智能不仅限于逻辑思维，要考虑形象思维、灵感思维才能促进人工智能的突破性的发展，数学常被认为是多种学科的基础科学，数学也进入语言、思维领域，人工智能学科也必须借用数学工具，数学不仅在标准逻辑、模糊数学等范围发挥作用，数学进入人工智能学科，它们将互相促进而更快地发展。

按照机器是否能够产生自我认知，人工智能分为弱人工智能、强人工智能和超强人工智能。

弱人工智能也称专用人工智能，此类机器没有自我意识，不具备真正的推理能力。弱人工智能的英文是 artificial narrow intelligence，简称为 ANI，弱人工智能是擅长于单个方面的人工智能。当前的人工智能领域取得的进展都只是在弱人工智能领域，比如人脸识别、语音识别、智能客服机器人等。

强人工智能也称通用人工智能，它的英文是 artificial general intelligence，简称 AGI，这是一种类似于人类级别的人工智能，具有独立的自我意识且具备真正的推理能力。强人工智能就是一种宽泛的心理能力，能够进行思考、计划、解决问题、抽象思维、理解复杂理念、快速学习和从经验中学习等操作。强人工智能在进行这些操作时应该和人类一样得心应手。强人工智能是指在各方面都能和人类比肩的人工智能，人类能干的脑力活动它都能干。创造强人工智能比创造弱人工智能难得多，我们现在还做不到。

超强人工智能，此类机器具有人的思维，有自己的世界观、价值观，会自己制定规则，具有人类所具有的本能和创造力，并且具备比人类思考效率及质量高数倍的大脑。它基本在所有领域都要比人类的大脑强，包括社交能力、科技创新等，所以这也是为什么现如今人工智能热度这么高的原因。

10.2.2　脑智能和群智能

要研究人工智能，当然要涉及什么是智能的问题，但这却是一个难以准确回答的问题，因为关于智能，至今还没有一个确切的公认的定义。下面我们就对此进行一些讨论。

我们知道，人的智能源于人脑。但由于人脑是由数以亿计（大约 850 亿）的神经元组成的一个复杂的、动态的巨系统，其奥秘至今还未完全被揭开，因而就导致了人们对智能的模糊认识。但从整体功能来看，人脑的智能表现还是可以辨识出来的，如学习、发现、创造等能力就是明显的智能表现。进一步分析可以发现，人脑的智能及其发生过程都是在其心理层面上可见的，即以某种心理活动和思维过程表现的，这就是说，智能是可以在宏观心理层次上定义和研究的。基于这一认识，我们把脑（主要指人脑）的这种宏观心理层次的智能表现称为脑智能（brain intelligence，BI）。

另外，人们发现一些生物群落或者更一般的生命群体的群体行为或者社会行为，也表现出一定的智能，如蚂蚁群、蜜蜂群、鸟群、鱼群等。在这些群体中，个体的功能并不复杂，但它们的群体行为却表现出相当的智慧，如蚂蚁觅食时总会走最短路径，蚁巢和蜂巢结构的科学性。现在人们把这种由群体行为所表现出的智能称为群智能（swarm intelligence，SI）。可以看出，群智能是有别于脑智能的，事实上，它们属于不同层次的智能。脑智能是一种个体智能（individual intelligence，II），而群智能是一种系统智能（system intelligence，SL），或者说社会智能（social intelligence，SI）。

当然，如果用群的眼光来考察脑，则脑中的神经网络其实也就是由神经细胞组成的细胞群。当我们在进行思维时，大脑中的相关神经元只是在各负其责，各司其职，至于它们在传递什么信息甚至在做什么，神经元自己则并不知道。然而由众多神经元所组成的群体——神经网络却具有自组织、自学习、自适应等智能表现，而且正是微观生理层次上神经元的低级的群智能才形成了宏观心理层次上高级的脑智能。这就是说，对于人脑来说，宏观心理（或者语言）层次上的脑智能与神经元层次上的群智能有密切的关系（但二者之间的具体关系如何却仍然是个谜，这个问题的解决可能需要借助于系统科学）。

至今人们对自然智能的机理还未完全弄清楚，这就导致了对智能的多种说法。譬如有人说（脑）智能的基础是知识（因为没有知识的智能是不可想象的），有人说（脑）智能的关键是思维（因为知识还是由思维产生的），还有人说智能取决于感知和行为，认为智能是在系统与周围环境不断"刺激-反应"的交互中发展和进化的。作者认为，脑智能就是发现规律、运用规律的能力，或者说发现知识、运用知识的能力；而群智能则可表现为自组织、自学习、自适应、自寻优等能力。进一步来讲，如果从解决问题的角度看，智能就是自主解决问题的能力。

互联网大脑模型的定义中提到："机器智能和群体智能是驱动互联网大脑的云反射弧对世界产生反应的根本动力"，但如何在模型中反应这一机制，一直没有很好的解决办法。第五版互联网大脑模型如图 10.1 所示，模型架构对于进一步分析人工智能如何影响科技生态、混合智能如何在互联网中的形成将会有更为明晰的启发。

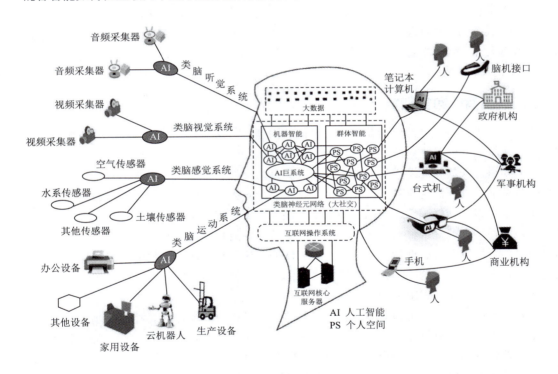

图 10.1　第五版互联网大脑模型

10.2.3　人工智能分支领域

人工智能可分为符号智能（symbolic intelligence）、计算智能（computational intelligence）、统计智能（statistical intelligence）、交互智能（interactional intelligence）等。

（1）符号智能

符号智能就是符号人工智能，也就是所说的传统人工智能或经典人工智能，它是模拟脑智能的人工智能。符号智能以符号形式的知识和信息为基础，主要通过逻辑推理，运用知识进行问题求解。符号智能的主要内容包括知识获取（knowledge acquisition，KA）、知识表示（knowledge representation，KR）、知识组织与管理、知识运用等技术，这些构成了所谓的知识工程（knowledge engineering，KE）以及基于知识的智能系统等。

（2）计算智能

计算智能即计算人工智能，它是模拟群智能的人工智能。计算智能以数值数据为基础，主要通过数值计算，运用算法对问题进行求解。计算智能的主要内容包括神经计算（neural computation，NC）、进化计算（evolutionary computation，EC）[亦称演化计算，包括遗传算法（genetic algorithm，GA）、进化规划（evolutionary planning，EP）、进化策略（evolutionary strategies，ES）等]、免疫计算（immune computation，IC）、粒群计算（particle swarm algorithm，PSA）、蚁群算法（ant colony algorithm，ACA）、自然计算（natural computation，NC）、人工生命（artificial life，AL）等。计算智能主要研究各类优化搜索算法，是当前人工智能学科中一个十分活跃的分支领域。

（3）统计智能

统计智能是指利用样例数据，并采用统计、概率和其他数学方法而实现的人工智能。

（4）交互智能

交互智能是指通过交互方式而实现的人工智能。

10.2.4　人工智能的三大学派

由于人们对"智能"本质的不同理解和认识，形成了人工智能研究的不同途径。逐步形成了符号主义、连接主义和行为主义三大学派。

1. 符号主义

符号主义又称为逻辑主义、心理学派或计算机学派。符号主义学派认为人工智能源于数学逻辑，是一种基于物理符号系统假设和有限合理性原理的人工智能学派。

该学派认为人类认知和思维的基本单元是符号，智能是符号的表征和运算过程，计算机同样也是一个物理符号系统，因此，符号主义主张（由人）将智能形式化为符号、知识、规则和算法，并用计算机实现符号、知识、规则和算法的表征和计算，从而实现用计算机来模拟人的智能行为。如"深蓝"就是符号主义在博弈领域的成果。现在，符号主义仍然是人工智能的主流派别。

2. 连接主义

连接主义又称为仿生学派或生理学派，是基于神经网络和网络间的连接机制与学习算法的人工智能学派。连接主义强调智能活动是由大量简单单元通过复杂连接并行运行的结果，基本思想是，既然生物智能是由神经网络产生的，那就通过人工方式构造神经网络，再训练人工神经网络产生智能。

与符号主义学派强调对人类逻辑推理的模拟不同，连接主义学派强调对人类大脑的直接模拟。如果说神经网络模型是对大脑结构和机制的模拟，那么连接主义的各种机器学习方法就是对大脑学习和训练机制的模拟。学习和训练是需要有内容的，数据就是机器学习、训练的内容。

连接主义学派可谓是生逢其时，在其深度学习理论取得了系列的突破后，人类进入互联网和大数据的时代。互联网产生了大量的数据，包括海量行为数据、图像数据、内容文本数据等。这些数据分别为智能推荐、图像处理、自然语言处理技术发展做出了卓著的贡献。

连接主义学派在人工智能领域取得了辉煌成绩，以至于现在业界所谈论的人工智能基本上都是指连接主义学派的技术，相对而言，符号主义被称作传统的人工智能。

3. 行为主义

行为主义又称为进化主义或控制论学派，是基于控制论和"动作－感知"控制系统的人工智能学派。

该学派认为，智能取决于感知和行为，取决于对外界复杂环境的适应，而不是表示和推理，不同的行为表现出不同的功能和不同的控制结构。生物智能是自然进化的产物，生物通过与环境及其他生物之间的相互作用，从而发展出越来越强的智能，人工智能也可以沿这个途径发展。

行为主义对传统人工智能进行了批评和否定，提出了无须知识表示和无须推理的智能行为观点。相比于智能是什么，行为主义对如何实现智能行为更感兴趣。在行为主义者眼中，只要机器能够具有和智能生物相同的表现，那它就是智能的。

行为主义学派重点是对控制系统和拟人的研究，20 世纪末，行为主义在人工智能中作为新学派出现。其代表作首推六足行走机器人，它被看作是新一代的"控制论动物"，是一个基于动作－感知模式模拟昆虫行为的控制系统。

人工智能的三大学派从不同的侧面研究了人工智能，见表 10.1。概括地讲，可以认为符号主义研究抽象思维，连接主义研究形象思维，行为主义研究感知思维。

表 10.1 人工智能三大学派研究范式对照表

人工智能 三大学派	认知 基元	知识 表达	黑箱	特征 学习	可解 释性	是否需要 大样本	计算 复杂性	组合 爆炸	环境 互动	过拟合 问题
符号主义	符号	强	否	无	强	否	高	多	否	无
连接主义	神经元	强	是	有	弱	是	高	少	否	有
行为主义	感知 行动	强	否	无	强	否	一般	一般	是	无

10.3 人工智能的发展史

10.3.1 孕育时期

• 视 频 •

人工智能的
发展史

人工智能的孕育期大致可以认为是 1956 年以前的时期。这个时期的主要成就是数理逻辑、自动机理论、控制论、信息论、神经计算、电子计算机等学科的建立和发展，为人工智能的诞生奠定了理论和物质的基础。

古希腊哲学家和思想家亚里士多德创立了演绎法。他提出的三段论至今仍然是演绎推理的最基本出发点。

美国哲学家培根系统地提出归纳法，并强调知识的作用——"知识就是力量"。

德国数学家和哲学家莱布尼兹提出了万能符号和推理计算的思想，他认为可以建立一种通用符号语言以及在此符号语言上进行推理的演算。这一思想是现代机器思维设计思想的萌芽。

英国逻辑学家布尔致力于使思维规律形式化和实现机械化，发明了一种二元代数，后来被称为布尔代数。布尔使用数学方法研究逻辑问题，成功地建立了第一个逻辑演算。他在《思维法则》一书中首次用符号语言描述了思维活动的基本推理法则。

英国数学家艾伦·图灵在1936年提出了一种理想计算机模型，即图灵机，为电子数字计算机诞生奠定了理论基础。1950年，图灵在他的论文《计算机器与智能》中提出了著名的图灵测试。在图灵测试中，一位人类测试员会通过文字与密室里的一台机器和一个人自由对话。如果测试员无法分辨与之对话的两个实体谁是人谁是机器，则参与对话的机器就被认为通过测试。虽然图灵测试的科学性受到过质疑，但是它在过去数十年一直被广泛认为是测试机器智能的重要标准，其机器智能思想被认为是人工智能的直接起源之一，对人工智能的发展产生了极为深远的影响。

美国阿塔纳索夫教授和他的研究生贝瑞在1937年至1941年间开发的世界上第一台电子计算机"阿塔纳索夫－贝瑞计算机"（atanasoff-berry computer，ABC）为人工智能的研究奠定了物质基础。

1943年，美国科学家麦卡洛克和匹兹首先提出来的一种人工神经元模型（M-P模型），将神经元当作一种二值阈值逻辑元件，开创了神经网络研究的先河。

10.3.2　第一次繁荣期

1956年夏，麦卡锡、明斯基、香农共同发起，邀请莫尔、塞缪尔等10名年轻学者在达特茅斯大学召开了两个月的学术研讨会（达特茅斯会议），讨论机器智能问题。会上经麦卡锡提议正式采用"人工智能"这一术语，标志着人工智能学科正式诞生，这是人类历史上第一次人工智能研讨会，具有十分重要的历史意义，麦卡锡因而被称为"人工智能之父"。此后，美国形成了多个人工智能研究组织，如纽厄尔和西蒙的Carnegie RAND协作组、明斯基和麦卡锡的MIT研究组、塞缪尔的IBM工程研究组等。

1956年以后，人工智能的研究在机器学习、定理证明、模式识别、问题求解、专家系统及人工智能语言等方面都取得了许多引人瞩目的成就。

1957年，卡内基梅隆大学（carnegie mellon university，CMU）开始研究一种不依赖于具体领域的通用解题程序（general problem solver，GPS）。GPS的研究前后持续了10年，最后的版本发表于1969年。

1960年，麦卡锡设计了LISP程序设计语言，适合字符串处理，该语言成为人工智能研究所用语言的基础。

1965年，鲁滨逊机械地证明给定的逻辑表达式的方法（它被称为归结原理），对后来的自动定理证明和问题求解的研究产生了很大的影响。现在有名的程序设计语言Prolog也是以归纳原理为基础的。

1969年，第一届国际人工智能联合会议（international joint conferences on artificial intelligence，IJCAI）召开，此后每两年召开一次。1970年，国际性的人工智能杂志 *Artificial Intelligence* 创刊，这本杂志对推动人工智能发展、促进研究者们的交流起到了重要的作用。

10.3.3 萧条波折期

这一时期主要是指 1970 年至 1976 年。20 世纪 60 年代末，人工智能研究遇到困难，例如：塞缪尔的跳棋程序打败了美国康涅狄格州州冠军后并没有进一步打败当时的美国全国冠军，以 1 比 4 告负。消解法能力有限，当用消解法证明两个连续函数之和还是连续函数时，推导 10 万步也没有推出来。机器翻译程序把"心有余而力不足"（The spirit is willing but the flesh is weak）的英语句子翻译成俄语，再翻译回来时竟变成了"酒是好的，肉变质了"。这种情况使英国、美国撤销了所有对于学术翻译项目的资助，中断了对大部分机器翻译项目的资助，甚至在人工智能研究方面颇有影响的 IBM 公司也取消了自己所有的人工智能研究项目。人工智能在世界范围内陷入困境，处于低潮。

10.3.4 第二次繁荣时期

经过认真地反思、总结前一时期的经验和教训，人工智能的研究又迎来了蓬勃发展的新时期，即以知识为中心的时期。

1977 年第五届人工智能国际会议提议使用"知识工程"（knowledge engineering），处理专家知识的知识工程和利用知识工程的应用系统（专家系统）大量涌现，推动了以知识为中心的研究。专家系统可以预测在一定条件下某种解的概率，专家系统的研究在多领域取得重大突破。这个时期也称为知识应用时期。

进入 20 世纪 80 年代，这一时期，人工智能的发展涉及两个问题：①交互（interaction）问题，即传统方法只能模拟人类深思熟虑的行为，而不包括人与环境的交互行为；②扩展（scaling up）问题，即大规模问题，传统人工智能方法只适合建造领域狭窄的专家系统，不能把这种方法简单地推广到规模更大、领域更广的复杂系统。

这些问题对人工智能的发展是一个挫折。于是到了 20 世纪 80 年代中期，人工智能特别是专家系统热大大降温，进而导致了一部分人对人工智能的发展前景持悲观态度，甚至有人提出人工智能的冬天已经来临。

20 世纪 80 年代中期的降温并不意味着人工智能研究停滞不前或遭受重大挫折，因为过高的期望未达到是预料中的事，不能认为是挫折。自那以后，人工智能研究便呈稳健的线性发展，而人工智能技术的实用化进程也逐步成熟。

1981 年，日本宣布第五代计算机发展计划，并在 1991 年展出了研制的 PSI-3 智能工作站和由 PSI-3 构成的模型机系统。

我国自 1978 年开始把"智能模拟"作为国家科学技术发展规划的主要研究课题。1981 年成立了中国人工智能学会。

20 世纪 80 年代中期，Agent（智能体）的概念被引入人工智能领域，形成了基于 Agent 的人工智能新理念。Agent 指的是一种具有智能的实体。它可以是智能软件、智能设备、智能机器人（robot）或智能计算机系统等。Agent 是多种智能技术之集大成，人们试图用 Agent 技术统一和发展人工智能技术。Agent 的出现，标志着人们对智能认识的一个飞跃，从而开创了人工智能技术的新局面。从此，智能系统的结构形式和运作方式发生了重大变化，传统的"知识＋推理"的脑智能模式发展为以 Agent 为基本单位的个体智能和社会智能新模式。20 世纪 90 年代以后，Agent 技术蓬勃发展，Agent 与 Internet 和 WWW 相结合，更是相得益彰。

1994年，关于神经网络、进化程序设计和模糊系统的三个 IEEE 国际会议联合举行了首届计算智能大会，标志着一个有别于符号智能的人工智能新领域——计算智能，正式形成。

10.3.5　大数据驱动发展期

大数据驱动发展期主要是指 2011 年以后，得益于大数据和计算机计算力的不断提升，深度学习迅速占领了机器学习领域的制高点。

2006 年，基于深度神经网络的"深度学习"技术获得突破。到 2012 年后被学术界承认，引起了巨大轰动。深度学习再一次掀起了神经网络的研究热潮，也掀起了机器学习乃至人工智能的研究热潮。

在深度学习的带动下，强化学习也越来越受到人们的重视，而成为机器学习的另一个热点。这样，机器学习有了突飞猛进的发展，有力地推动了人工智能的发展和繁荣，极大地改变了人工智能的面貌、生态和社会地位，使人工智能彻底走出象牙塔而进入企业，进入社会，进入千家万户。

2012 年，掀起了"知识图谱"的研究和应用热潮，其成为人工智能的又一个热门领域，进而也使知识工程甚至符号智能也再度活跃起来。

2016 年 3 月，AlphaGo 横空出世，战胜围棋顶级棋手。在 AlphaGo 出现前，人们普遍认为机器想要在围棋领域战胜人类至少还要 10 年时间。但这一切假定在 2016 年 3 月韩国的一家酒店被打破了。这个由英国初创公司 DeepMind 研发的围棋 AI 以 4∶1 的比分赢了人类职业棋手九段李世石。到了 2017 年 5 月，升级后的 AlphaGo 又在乌镇战胜了当时围棋第一人柯洁九段。AlphaGo 的棋艺增长迅速，势如破竹。战胜柯洁后，DeepMind 仍未停下研发脚步，随后又推出了 AlphaGo zero 版本，做到了无师自通，甚至还可以通过"左右手互搏"提高棋艺。

AlphaGo 的出现让世人对人工智能的期待再次提升到前所未有的高度，在它的带动下，人工智能迎来了最好的发展时代。而对于希望利用人工智能推动人类社会进步为使命的 DeepMind 来说，围棋并不是 AlphaGo 的终极奥义，他们的目标始终是要利用 AlphaGo 打造通用的、探索宇宙的终极工具。

正如 1956 年美国达特茅斯会议的那场头脑风暴讨论会一样，2018 年，上海开始向全球人工智能界发出邀约——举办世界人工智能大会（简称 WAIC），请各界有识之士齐聚上海，共同探讨新一代人工智能的发展愿景。大会先后以"人工智能赋能新时代"（2018 年）、"智联世界无限可能"（2019 年）、"智能世界 共同家园"（2020 年）、"智联世界 众智成城"（2021 年）、"智联世界 元生无界"（2022 年）、"智联世界 生成未来"（2023 年）为主题成功主办了 6 届，以"国际化、高端化、专业化、市场化"为特色，讨论了最权威的观点和共识，最前沿的新技术、新产品、新应用、新理念，为应对人类发展面临的共同难题、创造人类美好生活汇聚"中国方案"和"世界智慧"。

2022 年，以 ChatGPT 为代表的人工智能大模型火爆全球，生成式人工智能 AIGC 掀起新的热潮，公众对人工智能的关注日益加深，人工智能已然成为全球科技和产业发展的重要力量。

在科技日新月异的今天，人工智能已成为最具革命性的技术之一，全球产业界充分认识到人工智能技术引领新一轮产业变革的重大意义，把人工智能技术作为许多高技术产品的引擎，人工智能已经成为计算机、航空航天、军事装备、工业等众多领域的关键技术。过去几年，人工智能相关理论研究、技术创新、软硬件升级等整体推进，极大地促进了人工智能行业的发展。大量的人工智能应用促进了人工智能技术的深入研究，有望对人类社会生活产生显著的影响。而随着人工智能商业化进程驶入快车道，一个蓬勃发展的人工智能时代正在到来。

10.4 人工智能研究的基本内容

1. 搜索与求解

●视频
人工智能的研究内容

在求解一个问题时，涉及两个方面：一是该问题的表示，如果一个问题找不到一个合适的表示方法，就谈不上对它求解；二是选择一种相对合适的求解方法。在人工智能中，问题求解的基本方法有搜索法、归约法、归结法、推理法及产生式等。由于绝大多数需要用人工智能方法求解的问题缺乏直接求解的方法，因此，搜索不失为一种求解问题的一般方法。搜索求解方法的应用非常广泛，例如在下棋等游戏软件中。从搜索策略来讲，从初始状态出发的正向搜索，称为数据驱动。数据驱动就是用问题给定数据中的约束知识指导搜索，使其沿着那些已知是正确的线路前进。

从目的状态出发的逆向搜索，也称为目的驱动。逆向搜索就通过反向的连续的子目的不断进行，直至找到问题给定的条件为止。这样就找到了一条从数据到目的的操作算子所组成的链。

根据搜索过程中是否运用与问题有关的信息，可以将搜索方法分为启发式搜索和盲目搜索。所谓盲目搜索，是指在对特定问题不具有任何有关信息的条件下，按固定的步骤（依次或随机调用操作算子）进行的搜索，它能快速地调用一个操作算子。所谓启发式搜索（heuristic search），则是考虑特定问题领域可应用的知识，动态地确定调用态，提高搜索效率。操作算子时，优先选择较适合的操作算子，尽量减少不必要的搜索，以求尽快地到达结束状态，提高搜索效率。

2. 知识与推理

人类的智能活动主要是获得并运用知识。知识是智能的基础。为了使计算机具有智能，能模拟人类的智能行为，就必须使它具有知识。但知识需要用适当的模式表示出来才能存储到计算机中去，因此，知识的表示成为人工智能中一个十分重要的研究课题。

（1）知识表示

知识表示（knowledge representation）就是将人类知识形式化或者模型化。实际上就是对知识的一种描述，或者说是一组约定，一种计算机可以接收的用于描述知识的数据结构。

目前已经提出了许多知识表示方法，如一阶谓词逻辑、产生式、框架、状态空间、人工神经网络、遗传编码等。已有知识表示方法大都是在进行某项具体研究时提出来的，有一定的针对性和局限性，应用时需根据实际情况作适当的改变，有时还需要把几种表示模式结合起来。在建立一个具体的智能系统时，究竟采用哪种表示模式，目前还没有统一的标准，也不存在一个万能的知识表示模式。

（2）推理

人们在对各种事物进行分析、综合并最后做出决策时，通常是从已知的事实出发，通过运用已掌握的知识，找出其中蕴涵的事实，或归纳出新的事实。这一过程通常称为推理，即从初始证据出发，按某种策略不断运用知识库中的已知知识，逐步推出结论的过程。

在人工智能系统中，推理是由程序实现的，称为推理机。已知事实和知识是构成推理的两个基本要素。已知事实又称为证据，用以指出推理的出发点及推理时应该使用的知识；而知识是使推理得以向前推进，并逐步达到最终目标的依据。例如，在医疗诊断专家系统中，专家的经验及医学常识以某种表示形式存储于知识库中。为病人诊治疾病时，推理机就是从存储在综合数据库中的病人症状及化验结果等初始证据出发，按某种搜索策略在知识库中搜寻可与之匹配的知识，推出某些中间结论，然后再以这些中间结论为证据，在知识库中搜索与之匹配的知识，推出进一步的中间结论，如此反复进行，直到最终推出病人的病因与治疗方案为止。

3．机器感知

机器感知就是使机器（计算机）具有类似于人的感知能力。以机器视觉（machine vision）与机器听觉为主。机器视觉就是让机器能够识别并理解文字、图像、物景等；机器听觉是让机器能够识别并理解语言、声响等。

机器感知是机器获取外部信息的基本途径，是机器智能化不可缺少的部分，为了使机器具有感知能力，就需要为它配上能"听""看"的感知器官。目前，人工智能中已经形成了两个专门的研究领域，即模式识别与自然语言处理。

4．机器思维

机器思维是指对通过感知得来的外部信息及机器内部的各种工作信息进行有目的的处理。机器思维是人工智能研究中最重要、最关键的部分。它使机器能模拟人类的思维活动，像人那样既能进行逻辑思维，又可以进行形象思维。

5．机器学习

机器学习（machine learning）是研究如何使计算机具有类似于人的学习能力，使它能通过学习自动地获取知识。为了使计算机具有真正的智能，必须使计算机具有学习能力，具有获得新知识、学习新技巧并在实践中不断完善、改进的能力，实现自我完善。计算机可以在与人交互、通过对环境的观察、在实践中实现自我完善。

机器学习是人工智能中最具智能特征、最前沿的研究领域之一，其理论和方法已被广泛应用于解决工程应用和科学领域的复杂问题。机器学习是一门多领域交叉学科，它综合应用了心理学、生物学、神经生理学、数学、自动化和计算机科学等形成了机器学习理论基础。机器学习不仅在基于知识的系统中得到应用，而且在自然语言理解、非单调推理、机器视觉、模式识别等许多领域也得到了广泛应用。近年来，以深度学习为代表借鉴人脑的多分层结构、神经元的连接交互信息的逐层分析处理机制，以及自适应、自学习的强大并行信息处理能力，使机器学习在很多方面收获了突破性进展，其中最有代表性的是图像识别领域。

6．机器行为

机器行为与人的行为能力相对应，机器行为主要是指计算机的表达能力，即"说""写""画"等能力。对于智能机器人，它还应该具有人的四肢所具有的功能，如走路、取物、操作能力等。

10.5 人工智能的研究领域

1. 自然语言理解

人工智能的研究领域

如果能让计算机"听懂""看懂"人类语言（如汉语、英语等），那计算机将具有更广泛的用途，特别是将会大大推进机器人技术的发展。自然语言理解（natural language understanding）就是研究如何让计算机理解人类自然语言，包括回答问题、生成摘要、翻译等，它是人工智能中十分重要的一个研究领域。它是研究能够实现人与计算机之间用自然语言进行通信的理论与方法。具体地说，它要达到如下三个目标：①计算机能正确理解人们用自然语言输入的信息，并能正确回答输入信息中的有关问题；②对输入的自然语言信息，计算机能够产生相应的摘要，能用不同词语复述输入信息的内容。③计算机能把用某一种自然语言表示的信息自动翻译为用另一种自然语言表示的相同信息。

关于自然语言理解的研究可以追溯到 20 世纪 50 年代初期。当时由于通用计算机的出现，机器翻译一直是自然语言理解中的主要研究课题。进入 20 世纪 70 年代后，一批采用语法－语义分析技术的自然语言理解系统脱颖而出，在语音分析的深度和难度方面都比早期的系统有了长足的进步。进入 20 世纪 80 年代后，更强调知识在自然语言理解中的重要作用。近年来，在自然语言理解的研究中，一个值得注意的事件是语料库语言学（corpus linguistics）的崛起，它认为语言学知识来自语料，人们只有从大规模语料库中获取理解语言的知识，才能真正实现对语言的理解。目前，基于语料库的自然语言理解方法还不成熟，正处于研究之中，但它是一个应引起重视的研究方向。

2. 问题求解

人工智能的第一个大成就是发展了能够求解难题的机器博弈程序。通过研究下棋程序，人们发明了人工智能中的搜索策略及问题归约技术。搜索尤其是状态空间搜索和问题归约，已经成为一种十分重要而又非常有效的问题求解手段，也是人工智能研究中的一个重要方面。人工智能中的许多概念，如归约、推断、决策和规划等，都与问题求解有关。

问题求解研究涉及问题表示空间的研究、搜索策略的研究和归约策略的研究。目前有代表性的问题求解程序就是博弈程序。计算机博弈程序涉及中国象棋、国际象棋和跳棋等，已达到国际锦标赛的水平。如"深蓝"、AlphaGo 等。人工智能研究博弈的目的并不是为了让计算机与人进行下棋、打牌之类的游戏，而是通过对博弈的研究来检验某些人工智能技术是否能实现对人类智慧的模拟，促进人工智能技术的深入研究。

尽管计算机博弈程序具有很高的水平，但还有一些未解决的问题，比如人类棋手所具有的但尚不能明确表达的能力，如国际象棋大师们洞察棋局的能力。这些问题正是人工智能问题求解下一步所要解决的。

3. 自动定理证明

自动定理证明是人工智能中最先进行研究并得到成功应用的一个研究领域，同时它也为人工智能的发展起到了重要的推动作用。实际上，除了数学定理证明以外，医疗诊断、信息检索、问题求解等许多非数学领域问题，都可以转化为定理证明问题。

定理证明的实质是证明由前提 P 得到结论 Q 的永真性。但是，要直接证明 $P \rightarrow Q$ 的永真性一般来说是很困难的。通常采用的方法是反证法。在这方面海伯伦（Herbrand）与鲁滨逊

（Robinson）先后进行了卓有成效的研究，提出了相应的理论及方法，为自动定理证明奠定了理论基础。尤其是提出的归结原理使定理证明得以在计算机上实现，对机器推理做出了重要贡献。我国吴文俊院士提出并实现的几何定理机器证明"吴氏方法"，是机器定理证明领域的一项标志性成果。

4．自动程序设计

自动程序设计包括程序综合与程序正确性验证两个方面的内容。程序综合用于实现自动编程，即用户只需告诉计算机要"做什么"，无须说明"怎样做"，计算机就可自动实现程序的设计。程序正确性的验证是要研究出一套理论和方法，通过运用这套理论和方法就可证明程序的正确性。目前常用的验证方法是穷举法，即用一组已知其结果的数据对程序进行测试，如果程序的运行结果与已知结果一致，就认为程序是正确的。这种方法对于简单程序来说未必不可，但对于一个复杂系统来说就很难行得通。因为复杂程序中存在着纵横交错的复杂关系，形成难以计数的通路，用于测试的数据即便很多，也难以保证对每一条通路都能进行测试，这就不能保证程序的正确性。程序正确性的验证至今仍是一个比较困难的课题，有待进一步研究。

5．智能控制

智能控制即将人工智能技术引入控制领域，建立智能控制系统。自从科学家傅京孙（K.S.Fu）在1965年首先提出把人工智能的启发式推理规则用于学习控制系统以来，国内外众多的研究者投身于智能控制系统的研究，并取得了一些成果。经过20多年的努力，到20世纪80年代中期，智能控制新学科的形成条件已经逐渐成熟。1985年8月，IEEE在美国纽约召开了新一届智能控制学术讨论会，会上集中讨论了智能控制原理和智能控制系统的结构。1987年1月，IEEE控制系统学会（IEEE control systems society，IEEE CSS）和国际计算机学会（association for computing machinery，ACM）联合召开了智能控制国际学术讨论会。会议显示出智能控制的长足发展，也说明了高新技术的发展要重新考虑自动控制科学及其相关领域。这次会议表明，智能控制已作为一门新学科出现在国际科学舞台上。

6．智能管理

智能管理是现代管理科学技术发展的新动向。智能管理是人工智能与管理科学、系统工程、计算机技术及通信技术等多学科互相结合、互相渗透而产生的一门新学科。

智能管理就是把人工智能技术引入管理领域，建立智能管理系统，研究如何提高计算机管理系统的智能水平，以及智能管理系统的设计理论、方法与实现技术。

智能管理系统是在管理信息系统、办公自动化系统、决策支持系统的功能集成和技术集成的基础上，应用人工智能专家系统、知识工程、模式识别、人工神经网络等方法和技术，进行智能化、集成化、协调化，进而设计和实现的新一代的计算机管理系统。

7．智能决策

智能决策就是把人工智能技术引入决策过程，建立智能决策支持系统。智能决策支持系统是在20世纪80年代初提出来的。它是决策支持系统与人工智能（特别是专家系统中知识及知识处理的特长）的结合，既可以进行定量分析，又可以进行定性分析，能有效地解决半结构化和非结构化的问题。从而扩大了决策支持系统的范围，提高了决策支持系统的能力。

智能决策支持系统是在传统决策支持系统的基础上发展起来的，传统决策支持系统再加上相应的智能部件就构成了智能决策支持系统。智能部件可以有多种模式，如专家系统模式、知识库模式等。专家系统模式是把专家系统作为智能部件，这是目前比较流行的一种模式。该模式适合于以知识处理为主的问题，但它与决策支持系统的接口比较困难。知识库系统模式是以知识库作为智能部件。在这种情况下，决策支持系统就是由模型库、方法库、知识库、数据库组成的四库系统。这种模式接口比较容易实现，其整体性能也较好。

8．智能通信

智能通信就是把人工智能技术引入通信领域，建立智能通信系统。智能通信就是在通信系统的各个层次和环节上实现智能化。例如，在通信网的构建、网管与网控、转接、信息传输与转接等环节都可实现智能化。这样，网络就可运行在最佳状态，具有自适应、自组织、自学习、自修复等功能。

9．智能仿真

智能仿真（intelligent simulation）是指所有基于仿真的智能系统研究，主要包括人工智能的仿真研究、智能通信仿真、智能计算机的仿真研究、智能控制系统仿真等。仿真是对动态模型的实验，即行为产生器在规定的实验条件下驱动模型，从而产生模型行为。仿真是在描述性知识、目的性知识及处理知识的基础上产生结论性知识。

利用 AI 对整个仿真过程（建模、实验运行及结果分析）进行指导，在仿真模型中引进知识表示，改善仿真模型的描述能力，为研究面向目标的建模语言打下基础，提高仿真工具面向用户、面向问题的能力，使仿真更有效地用于决策，更好地用于分析、设计及评价知识库系统。

10．智能人机接口

智能人机接口一般简称为智能接口，是为了建立和谐的人机交互环境，在和谐的条件下实现智能，以智能的目的实现和谐，使人与计算机之间的交互能够像人与人之间的交流一样自然、方便，它对于改善人机交互的友好性，从而提高人们对信息系统的应用水平，以及促进相关产业的发展都具有重要意义。

11．模式识别

模式识别（pattern recognition）是一门研究对象描述和分类方法的学科。分析和识别的模式可以是信号、图像或者普通数据。

模式是对一个物体或者某些其他感兴趣实体定量的或者结构的描述，而模式类是指具有某些共同属性的模式集合。用机器进行模式识别的主要内容是研究一种自动技术，依靠这种技术，机器可以自动地或者尽可能少需要人工干预地把模式分配到它们各自的模式类中去。

传统的模式识别方法有统计模式识别和结构模式识别等类型。近年来迅速发展的模糊数学及人工神经网络技术已经应用到模式识别中，形成模糊模式识别、神经网络模式识别等方法，展示了巨大的发展潜力。

12．数据挖掘

随着计算机技术的快速发展，信息化社会已经到来，智慧城市、物联网、传感器以及互联网等的应用已经成为人们日常生活和社会生活中的一部分。除了互联网不断地产生着大量的数据外，在智慧城市建设中，从交通信号到汽车、医疗设备等也都会不断地产生大量的数据。这些数据所涉及的信息量规模巨大到无法通过目前主流软件工具在合理时间内撷取、管理、处理并整理成可用于企业经营决策的知识。对大数据如何采集获取、组织存储、检索过滤、分析处理以及展示呈现等都需要深入的研究。大数据的分析与挖掘已经成为人工智能的新兴研究领域。

13. 智能机器人

机器人是指可模拟人类行为的机器。人工智能的所有技术几乎都可以在它身上得到应用，因此，它可作为人工智能理论、方法、技术的实验场地。反过来，对机器人的研究又可大大地推动人工智能研究的发展。

自 20 世纪 60 年代初研制出尤尼梅特和沃莎特兰这两种机器人以来，机器人的研究已经从低级到高级经历了三代的发展历程。第一代机器人是程序控制机器人，它完全按照事先装入到机器人存储器中的程序安排的步骤进行规定性工作。第二代机器人的主要标志是自身配备有相应的感觉传感器，如视觉传感器、触觉传感器、听觉传感器等，并用计算机对其进行控制。这种机器人通过传感器获取作业环境、操作对象的简单信息，然后由计算机对获得的信息进行分析、处理，控制机器人的动作。由于它能随着环境的变化而改变自己的行为，故称为自适应机器人。目前，第二代机器人也已进入商品化阶段，主要从事焊接、装配、搬运等工作。第二代机器人虽然具有一些初级的智能，但还没有达到完全"自治"的程度。第三代机器人是指具有类似于人的智能的机器人，即它具有感知环境的能力，配备有视觉、听觉、触觉、嗅觉等感觉器官，能从外部环境中获取有关信息；具有思维能力，能对感知到的信息进行处理，以控制自己的行为；具有作用于环境的行为能力，能通过传动机构使自己的"手""脚"等肢体行动起来，正确、灵巧地执行思维机构下达的命令。目前研制的机器人大都只具有部分智能，但现在已经迅速发展为新兴的高技术产业，如智能驾驶、无人驾驶等。

14. 专家系统

专家系统是人工智能中最重要、最活跃的应用领域之一，它实现了人工智能从理论研究走向实际应用、从一般推理策略探讨转向运用专门知识的重大突破。一般地说，专家系统是一个智能计算机程序系统，其内部具有大量专家水平的某个领域的知识与经验，能够利用人类专家的知识和解决问题的方法来解决该领域的问题，专家系统可以解决的问题一般包括解释、预测、诊断、设计、规划、监视、修理、指导和控制等，其水平可以达到甚至超过人类专家的水平。

专家系统通常由人机交互界面、知识库、推理机、解释器、综合数据库和知识获取六个部分构成。知识库用来存放专家提供的知识。专家系统的问题求解过程是通过知识库中的知识来模拟专家的思维方式的，因此，知识库中知识的质量和数量决定着专家系统的质量水平。

专家系统的基本工作流程是：用户通过人机界面回答系统的提问，推理机将用户输入的信息与知识库中各个规则的条件进行匹配，并把被匹配规则的结论存放到综合数据库。最后，专家系统将得出的最终结论呈现给用户。

15. 深度学习

深度学习（deep learning）是机器学习的分支，是一种试图使用包含复杂结构或由多重非线性变换构成的多个处理层对数据进行高层抽象的算法。深度学习是机器学习中一种基于对数据进行表征学习的算法，至今已有数种深度学习框架，如卷积神经网络、深度置信网络和递归神经网络等已被应用在计算机视觉、语音识别、自然语言处理、音频识别与生物信息学等领域，并获取了极好的效果。

深度学习是学习样本数据的内在规律和表示层次，这些学习过程中获得的信息，对诸如文字图像和声音等数据的解释有很大的帮助。它的最终目标是让机器能够像人一样具有分析学习能力，能够识别文字图像和声音等数据。深度学习是一个复杂的机器学习算法，在语音和图像识别方面取得的效果远远超过先前相关技术。深度学习在搜索技术、数据挖掘、机器学习、机器翻译、自然语言处理、多媒体学习、语音推荐和个性化技术以及其他相关领域都取得了很多成果。深度学习是机器模仿试听和思考等人类的活动，解决了很多复杂的模式识别难题，使得人工智能相关技术取得了很大进步。

10.6 人工智能应用举例——基于 Python 实现

随着计算机技术的不断发展，人工智能自 1956 年提出，经过近 70 年的发展，曾经神秘叵测的技术已经走入我们的日常生活。本节我们基于 Python 程序实现，介绍几个人工智能的应用案例，使读者逐步步入人工智能的大门。作为人工智能初步入门的读者，对案例中涉及的卷积神经网络（convolutional neural networks，CNN）等部分概念或许不能充分理解，但这不影响程序的实现。

10.6.1 手写数字识别

1．Keras 简介

Keras 是一个由 Python 编写的开源人工神经网络库，可以作为 TensorFlow、MicrosoFt-CNTK 和 Theano 的高阶应用程序接口，进行深度学习模型的设计、调试、评估、应用和可视化。

Keras 在代码结构上由面向对象方法编写，完全模块化并具有可扩展性，其运行机制和说明文档考虑到了用户体验和使用难度，并试图简化复杂算法的实现难度。Keras 支持现代人工智能领域的主流算法，包括前馈结构和递归结构的神经网络，也可以通过封装参与构建统计学习模型。在硬件和开发环境方面，Keras 支持多操作系统下的多 GPU 并行计算，可以根据后台设置转化为 TensorFlow、Microsoft-CNTK 等系统下的组件。

Keras 强调的是快速建模，它能够快速产出产品原型。Keras 的神经网络 API（application program interface，应用程序接口）是在封装后与使用者直接进行交互的 API 组件，在使用时可以调用 Keras 的其他组件。除数据预处理外，使用者可以通过神经网络 API 实现机器学习任务中的常见操作，包括人工神经网络的构建、编译、学习、评估、测试等。

2．MNIST 数据集

MNIST 是一个手写体数字的图片数据集，该数据集由美国国家标准与技术研究所（national institute of standards and technology，NIST）发起整理，一共统计了 250 个人（其中 50% 是学生，50% 是人口普查局的工作人员）手写的数字图片。收集该数据集的目的是希望通过算法实现对手写数字的识别。

1998 年，Yan Le Cun 等人发表了论文 *Gradient-Based Learning Applied to Document Recognition*，首次提出了 LeNet-5 网络，利用上述数据集实现了手写数字的识别。MNIST 数据集官网上提供了数据集的下载，主要包括四个文件，见表 10.2。

表 10.2　MNIST 数据集的四个文件

文 件 下 载	文 件 用 途
train-images-idx3-ubyte.gz	训练集图像
train-labels-idx1-ubyte.gz	训练集标签
t10k-images-idx3-ubyte.gz	测试集图像
t10k-labels-idx1-ubyte.gz	测试集标签

表 10.2 这四个文件中，训练集共包含 60 000 张图像和标签，而测试集共包含 10 000 张图像和标签。测试集中前 5 000 个来自最初 NIST 项目的训练集，后 5 000 个来自最初 NIST 项目的测试集。前 5 000 个比后 5 000 个要规整，这是因为前 5 000 个数据来自于美国人口普查局的员工，而后 5 000 个来自学生。下载上述四个文件后，将其解压缩会发现，得到的并不是一系列图片，而是 .idx1-ubyte 和 .idx3-ubyte 格式的文件，这是一种 IDX 数据格式。

该数据集自 1998 年起被广泛应用于机器学习和深度学习领域，用来测试算法的效果，例如线性分类器（linear classifier）、K-近邻算法（k-nearest neighbor）、支持向量机（support vector machine，SVM）、神经网络（neural network，NN）、卷积神经网络等。

3. 手写数字识别程序的编写

下面基于 Keras 和 MNIST 用 Python 实现手写数字的识别。本案例的目标是搭建一个卷积神经网络，使用 MNIST 数据集来完成经典的手写数字识别问题。具体实现步骤如下：

（1）加载数据集

Keras 已经集成了 MNIST 数据集，只需要调用一个方法即可：

```
from keras.datasets import mnist
import keras(x_train,y_train),(x_test,y_test)=mnist.load_data()
```

数据集下载成功后，可以使用 x_train.shape 查看数据集。

（2）数据集预处理

由于数据集一共有约 6 万张图片，每张图片大小是 28×28 像素，接下来需要对原始的数据进行预处理。

```
img_rows,img_cols=28,28
x_train=x_train.reshape(x_train.shape[0],img_rows,img_cols,1)
x_test=x_test.reshape(x_test.shape[0],img_rows,img_cols,1)
x_train=x_train.astype('float32')
x_test=x_test.astype('float32')
x_train=x_train/255
x_test=x_test/255
num_classes=10
y_train=keras.utils.to_categorical(y_train,num_classes)
y_test=keras.utils.to_categorical(y_test,num_classes)
```

（3）搭建 CNN 网络

数据处理完毕，就可以搭建一个典型的 CNN 网络模型了。

①导入必需的模块。

```
from keras.models import Sequential
from keras.layers import Dense,Dropout,Flatten
from keras.layers import Conv2D,MaxPooling2D
input_shape=(img_rows,img_cols,1)
mode=Sequential()
```

②创建序列模型。CNN 是典型的序列模型。基于 Keras 的特性,可以像搭积木一样创建各种网络层。

```
model.add(Conv2D(32,kernel_size=(3,3),            #创建具有32个3×3卷积核的卷积层
        activation='relu',                         #创建使用relu作为激活函数的激活层
        input_shape=input_shape))
model.add(Conv2D(64,kernel_size=(3,3),            #创建具有64个3×3卷积核的卷积层
        activation='relu'))                        #创建使用relu作为激活函数的激活层
```

③创建池化层。

```
model.add(MaxPooling2D(pool_size=(2,2)))
```

④添加随机失活层。随机失活是深度神经网络中解决拟合的手段。

```
model.add(Dropout(0.25))
```

⑤添加扁平化层。扁平化层的目的是将多维的输入一维化,这里是把一幅图片的举证数据拉伸成一维向量的格式。

```
model.add(Flatten())
```

⑥创建全连接层。

```
model.add(Dense(128,activation='relu'))                       #创建全连接层
model.add(Dropout(0.5))                                        #创建随机失活层
model.add(Dense(num_classes,activation='softmax'))            #创建全连接层
```

上述代码的最后一行创建的全连接层有 10 个神经元,使用的激活函数是 softmax,这是最终的输出层。

在这个网络结构中除了第一层的神经元数量和最后一层的输出神经元的数量是固定的之外,中间各层的网络结构、神经元数量都是可以任意定制的。

⑦查看建立的模型。经过下面的代码,可以查看到建立的模型结构如图 10.2 所示。

```
model.summary()
```

⑧ CNN 结构可视化显示。如图 10.2 所示,在建立的网络结构中,共有 1 199 882 个参数需要学习,每一层的参数显示在最后一列,但显示不够直观。我们可以通过如下的代码可视化显示此网络结构:

```
from keras.utils.vis_utils import plot_model
from IPython.display import Image
plot_model(model, to_file="model.png", show_shapes=True)
Image('model.png')
```

```
Layer (type)                 Output Shape              Param #
=================================================================
conv2d_1 (Conv2D)            (None, 26, 26, 32)        320
_____
conv2d_2 (Conv2D)            (None, 24, 24, 64)        18496
_____
max_pooling2d_1 (MaxPooling2 (None, 12, 12, 64)        0
_____
dropout_1 (Dropout)          (None, 12, 12, 64)        0
_____
flatten_1 (Flatten)          (None, 9216)              0
_____
dense_1 (Dense)              (None, 128)               1179776
_____
dropout_2 (Dropout)          (None, 128)               0
_____
dense_2 (Dense)              (None, 10)                1290
=================================================================
Total params: 1,199,882
Trainable params: 1,199,882
Non-trainable params: 0
_____
```

图 10.2　CNN 网络结构图

（4）编译模型

模型建立完毕，接下来对模型进行编译。这里的编译是指把 Python 的描述信息翻译成后端 TensorFlow 或者 CNTK 能识别的信息。

在编译时，需要告诉后端使用哪一种损失函数，告诉后端使用哪种优化算法，这里建议使用 Adadelta 优化算法，该算法是对传统的梯度下降算法的改进，在寻找梯度上做了优化。最后还要告诉后端在训练网络结构时使用哪种评估指标。接下来就是用数据来训练模型。

（5）训练模型

训练模型的代码如下：

```
model.fit(x_train,y_train,
         batch_size=128,              #指定包含样本数量
         epochs=12,                   #训练轮次
         verbose=1,                   #是否显示日志信息
         validation_data=(x_test,y_test))   #用于验证的数据集
```

训练模型结束后，可以评估模型的效果。
相关代码如下：

```
score=model.evaluate(x_test,y_test,verbose=0)
print('Loss:',score[0])
print('Accuracy:',score[1])
```

显示的结果应该与训练过程中看到的数据是一致的。

（6）测试模型

模型训练完成后，可以把模型用于预测。需要说明的是，预测的图片形状要先转换成

$1\times28\times28\times1$ 像素。

相关代码如下：

```
import matplotlib.pyplot as plt
%matplotlib inline
pred=model.predict(x_test[10].reshape(1,28,28,1))
pred=pred.argmax(axis=1)
```

(7) 展示效果

这里考虑把预测的结果和原始图片可视化展示出来，图 10.3 所示为手写图形的识别效果图。

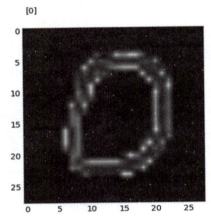

图 10.3　手写图形识别效果图

相关代码如下：

```
plt.figure()
plt.imshow(x_test[10].reshape(28,28))
plt.text(0,-3,pred,color='black')
plt.show()
```

(8) 模型保存

我们可以把模型保存起来，以后需要时重新加载即可，不需要重新训练了。

```
model.save('model.h5')
model=keras.model.load_model('model.h5')
```

至此，我们就从无到有地搭建并训练了一个能够识别手写数字的 CNN 网络。Keras 是一个已经高度模块化的产品。对于新手入门来说，Keras 最大的好处就是代码非常精简，相比 TensorFlow 来说，代码差不多精简了一个数量级。

10.6.2　人脸识别

上一节我们用 MNIST 数据集完成了使用卷积神经网络做手写数字识别的例子。MNIST 数据集是已经准备好的，只要用函数把所有的数据加载起来即可，这与实际的人工智能应用还是有区别的。下面以人脸识别为例讲解完整的人工智能应用项目流程。

人脸识别是基于人的脸部特征信息进行身份识别的一种生物识别技术。用摄像头或摄像机采集含有人脸的图像或视频流，并自动在图像中检测和跟踪人脸，进而对检测到的人脸进行脸部的一系列相关技术，通常也叫做人像识别、面部识别。

本实例里面我们将使用到工具包 OpenCV，Keras 中很多图像处理功能是用它来完成的。OpenCV 是一个跨平台计算机视觉和机器学习软件库，可以运行在 Linux、Windows、Android 和 Mac OS 操作系统上。它轻量级而且高效，实现了图像处理和计算机视觉方面的很多通用算法。OpenCV 用 C++ 语言编写，它具有 C++、Python、Java 和 MATLAB 接口，OpenCV 主要倾向于实时视觉应用，并在可用时利用 MMX 和 SSE 指令。

人脸识别有以下几个流程：①人脸采集，通过摄像头等工具提取人脸并保存；②人脸照片预处理，一般是把人脸图片转为灰度图片，提高识别度；③人脸图像特征提取，包括提取边缘特征、线性特征、中心特征和对角线特征；④训练图片，创建一个人脸识别数据库，对人脸识别模型进行训练；⑤人脸识别，读取用于测试的图片，调用 OpenCV 函数，确定输入图片与相似图片可信度。具体实现过程如下：

1. 环境配置

在计算机（或者项目虚拟环境）中安装各种工具包，为后续工作做好准备。

```
pip install opencv-python          #opencv 的安装
pip install pillow                 #pillow的安装，pillow为图像处理包
pip instal opencv-contrib-python   #contrib的安装，用于训练自己的人脸模型的一个OpenCV扩展包
pip install pyttsx3                #pyttsx3 文字转语音库使用
pip install imutils                #图片枚举辅助工具
```

2. 人脸采集

本实例中我们从摄像头直接获取人脸数据。OpenCV 可以读取摄像头画面，首先建立摄像头对象，并使用摄像头拍摄人脸画面。

人脸采集函数的代码如下：

```
import cv2 as cv
cap=cv.VideoCapture(0)                      #打开摄像头
num=1                                       #采集的照片的数目，根据实际情况调整
face_id=input('录入人员姓名:\n')             #获取人员的姓名
face_idnum=input('录入人员标签:\n')          #录入人员的标签，每个人的标签不能相同
while (cap.isOpened()):
    ret_flag,vshow=cap.read()               #捕获摄像头图像
        cv.imshow("capture_test",vshow)     #显示捕获的照片
      k=cv.waitKey(1)&0xff                  #图像刷新的频率，图像才能正常显示出来，返回1 ms内按键按下的ASII码
    if k==ord('s'):                         #设置按键保存照片
 cv.imencode(".jpg",vshow)[1].tofile("imgdata/"+str(face_idnum)+"."+str(face_id)+'.'+str(num)+".jpg")         #保存图片（注意保存路径以及文件命名方式）
        print("成功保存第"+str(num)+'张照片'+".jpg")
        num+=1
```

```
        elif k==ord(' '):
            break
cap.release()                                    #关闭摄像
cv.destroyAllWindows()                           #释放图像显示窗口
```

为了识别的准确度，一般情况下要采集尽量多的照片。对于深度学习而言，只有分析处理海量的数据才有意义，因为如果样本数量不足，后续对图像分类来说是个大麻烦。

3. 从图片文件到张量

这一步除了用到工具包 OpenCV，还将用到 imutils，imutils 提供了一些辅助方法，比如可以通过 list_images 方法获得一个目录下所有图片的文件列表，包括子目录中的图片。

这里定义一个函数，它把目录下的所有图片文件读入内存，缩放成统一尺寸的文件，最后返回一个包含了全部图片的 4 阶张量，具体代码如下：

```
from imutils import paths
import random
import os
from keras.utils import to_categorical

def imgs_to_narray(path):
    print("[INFO] loading images...")
    labels=[0]
    data=np.zeros([1,IMG_WIDTH,IMG_HEIGHT,3])
    #grab the image paths and randomly shuffle them
    imagePaths=sorted(list(paths.list_images(path)))
    random.seed(42)
    random.shuffle(imagePaths)
    #loop over the input images
    for imagePath in imagePaths:
        #load the image, pre-process it, and store it in the data list
        image=process_img_2(imagePath,(IMG_WIDTH,IMG_HEIGHT))
         #extract the class label from the image path and update the labels list
        label=int(imagePath.split(os.path.sep)[-2])

        data=np.vstack((data, image))
        labels.append(label)

    #scale the raw pixel intensities to the range[0,1]
    labels=np.array(labels)
    data=data[1:, :]
    labels=labels[1:]
    data=data/255.0

    #convert the labels from integers to vectors
```

```
        labels=to_categorical(labels,num_classes=CLASS_NUM)
        return data,labels
```

4．人脸图像特征提取

OpenCV 将许多已经训练且测试过的联播、表情、笑脸等特征分类文件存储在 OpenCV 安装包内，本节内容需要用到 haarcascade_frontalface_default.xml 文件，需要事先下载下来并存放到 OpenCV 文件夹下。

相关代码段如下：

```
import os
import cv2 as cv
from PIL import Image
import numpy as np
def getImageAndlabels(path):
    #人脸数据
    facesSamples=[]
    #人标签
    ids=[]
    #读取所有的照片的名称（os.listdir读取根目录下文件的名称返回一个列表，os.path.join将根目录和文件名称组合形成完整的文件路径）
    imagePaths=[os.path.join(path,f) for f in os.listdir(path)]
    #调用人脸分类器（注意自己文件保存的路径，英文名）
    face_detect=cv.CascadeClassifier('D:/python 3.10.4/OpenCV/haarcascade_frontalface_default.xml')
    #循环读取照片人脸数据
    for imagePath in imagePaths:
        #用灰度的方式打开照片
        PIL_img=Image.open(imagePath).convert('L')
        #将照片转换为计算机能识别的数组OpenCV（BGR--0-255）
        img_numpy=np.array(PIL_img,'uint8')
        #提取图像中人脸的特征值
        faces=face_detect.detectMultiScale(img_numpy)
        #将文件名按"."进行分割
        id=int(os.path.split(imagePath)[1].split('.')[0])
        #防止无人脸图像
        for x,y,w,h in faces:
            ids.append(id)
            facesSamples.append(img_numpy[y:y+h,x:x+w])
    return facesSamples,ids
```

5．搭建网络模型

搭建网络模型如同 10.6.1 节手写数字识别中 CNN 网络模型的搭建，限于篇幅，在这里不再重复叙述。需要说明的是，根据上一节的 CNN 网络模型的搭建过程可知，我们建立的是一个很小的卷积网络，只有很少的几层，每一层的卷积核数目也不多。在后续训练模型时，参数过多，如果采集的人脸照片偏少，网络可能会出现过拟合。

6. 训练模型

网络搭建好之后，接着就是训练模型了，这里用一个函数封装训练过程。相关代码如下：

```
from keras.optimizers import Adam
from keras.callbacks import ModelCheckpoint
from keras.callbacks import EarlyStopping
from keras.callbacks import TensorBoard
def train(model,aug,trainX,trainY,testX,testY):
    #初始化模型
    checkpoint=ModelCheckpoint('second_model-{epoch:03d}.h5',
                                monitor='val_loss',
                                verbose=0,
                                save_best_only=True,
                                mode='min')
    early_stop=EarlyStopping(monitor='val_loss',min_delta=.0005,patience=4,verbose=1,mode='min')
    tensorboard=TensorBoard(log_dir='./logs/second_traffic_sign', histogram_freq=0, batch_size=20 write_graph=True,write_grads=True,
    write_images=True, embeddings_freq=0,
    embeddings_layer_names=None, embeddings_metadata=None)
    #定义优化器
    opt=Adam(lr=INIT_LR, decay=INIT_LR / EPOCHS)
    #编译模型
    model.compile(loss="categorical_crossentropy", optimizer=opt,metrics=["accuracy"])
    #训练模型
    print("[INFO] training network...")
    H=model.fit_generator(aug.flow(trainX, trainY, batch_size=BS),
                           validation_data=(testX, testY),
                           steps_per_epoch=len(trainX) //BS,
                           epochs=EPOCHS,
                           callbacks=[tensorboard ],
                           verbose=1)
    #保存模型
    model.save('second_traffic_set.h')
    return H
```

在定义好函数后，把所有函数放在一起调用，即可训练模型了，相关代码如下：

```
from keras.preprocessing.image import ImageDataGenerator
def main():
    trainX,trainY,testX,testY=load_npz()
    model=SimpleNet.model(width=IMG_WIDTH, height=IMG_HEIGHT, depth=3, classes=CLASS_NUM)
    aug=ImageDataGenerator(rotation_range=30,width_shift_range=0.1,
```

```
            height_shift_range=0.1,shear_range=0.2,zoom_range=0.2,
            horizontal_flip=True,fill_mode="nearest")
    H=train(model,aug,trainX,trainY,testX,testY)
return H
H= main()    #训练模型
```

7．人脸识别

人脸识别过程其实就是应用训练数据的过程，其主要过程是调用 OpenCV 函数，确定输入的图片与相识图片的可信度。相关代码如下：

```
import os,cv2
from PIL import Image, ImageDraw, ImageFont
import numpy as np
import pyttsx3
engine=pyttsx3.init()
#加载训练数据集文件
recogizer=cv2.face.LBPHFaceRecognizer_create()
recogizer.read('trainer/trainer.yml')
names=[]
idn=[]
#准备识别的图片
def face_detect_demo(img):
    gray=cv2.cvtColor(img,cv2.COLOR_BGR2GRAY)#转换为灰度
    face_detector=cv2.CascadeClassifier('source/OpenCV/haarcascade_frontalface_default.xml')
    face=face_detector.detectMultiScale(gray,1.1,5,0, (100,100),(800,800))
    for x,y,w,h in face:
        cv2.rectangle(img,(x,y),(x+w,y+h),color=(0,0,255),thickness=2)
        #人脸识别
        ids, confidence=recogizer.predict(gray[y:y+h, x:x+w])
        if confidence>60:
            img=cv2AddChineseText(img,"外来人员"+str(int(confidence)),(x+10,y+10),(0,255,0),30)
        else:
            img=cv2AddChineseText(img, str(names[idn.index(ids)])+str(int(confidence)),(x+10,y-25),(0,255,0),30)
    cv2.imshow('result',img)
def cv2AddChineseText(img,text,position,textColor=(0,255,0),textSize=30):
    if (isinstance(img,np.ndarray)):    #判断是否OpenCV图片类型
        img=Image.fromarray(cv2.cvtColor(img,cv2.COLOR_BGR2RGB))
    #创建一个可以在给定图像上绘图的对象
    draw=ImageDraw.Draw(img)
    #字体的格式
```

```
            fontStyle=ImageFont.truetype("simsun.ttc", textSize,
encoding="utf-8")
        #绘制文本
        draw.text(position,text,textColor,font=fontStyle)
        #转换回OpenCV格式
        return cv2.cvtColor(np.asarray(img),cv2.COLOR_RGB2BGR)
def name():
    path='./imgdata/'
    imagePaths=[os.path.join(path,f) for f in os.listdir(path)]
    for imagePath in imagePaths:
        name=str(os.path.split(imagePath)[1].split('.',3)[1])
        id=int(os.path.split(imagePath)[1].split('.',3)[0])
        names.append(name)
        idn.append(id)
cap=cv2.VideoCapture(0)
name()
while True:
    flag,frame=cap.read()
    if not flag:
        break
    face_detect_demo(frame)
    if ord(' ')==cv2.waitKey(10):
        break
cv2.destroyAllWindows()
cap.release()
```

至此，一个完整的人脸识别程序就完成了。这一节我们用一个实际的例子体会了用 Keras 图像识别的全流程。在计算机视觉领域，许多经典模型现在都可以公开下载，所以如何重用这些经典模型，站在巨人的肩膀上前进，也是一件很有意义的工作。

小　　结

人工智能就是让计算机具有像人一样的智能。人工智能作为一门学科，经历了孕育、形成和发展几个阶段，并且还在不断地发展。对人工智能不同的看法导致了不同的人工智能研究方法，主要的研究方法有符号主义、连接主义和行为主义，这三种途径各有千秋，将其集成和综合已经成为人工智能研究的趋势。

人工智能研究和应用领域十分广泛，包括问题求解、机器学习、专家系统、自动定理证明、自然语言处理、模式识别、机器视觉、机器人学、人工神经网络、智能控制、数据挖掘等，并且随着科学技术的发展，人工智能的研究会越来越深入，走上稳健的发展道路。本章在最后还给出了两个人工智能应用实例，带领初学者领略人工智能的魅力。

习 题

一、简答题

1. 什么是人工智能？它的发展过程经历了哪些阶段？
2. 人工智能研究的基本内容有哪些？
3. 人工智能有哪些主要的研究领域？

二、选择题

1. 被誉为"人工智能之父"的科学家是（　　）。
   A. 明斯基　　　　B. 图灵　　　　C. 麦卡锡　　　　D. 冯·诺依曼
2. 人工智能的目的是让机器能够（　　），以实现某些脑力劳动的机械化。
   A. 具有智能　　　　　　　　　　B. 和人一样工作
   C. 完全代替人的大脑　　　　　　D. 模拟、延伸和扩展人的智能
3. AI 是（　　）的英文缩写。
   A. automatic intelligence　　　　B. artifical intelligence
   C. automatice information　　　　D. artifical information
4. 人类智能的特性表现在（　　）四个方面。
   A. 聪明、灵活、学习、运用
   B. 能感知客观世界的信息，能通过思维对获得的知识进行加工处理，能通过学习积累知识、增长才干和适应环境变化，能对外界的刺激做出反应并传递信息
   C. 感觉、适应、学习、创新
   D. 能捕捉外界环境信息，能利用外界的有利因素，能传递外界信息，能综合外界信息进行创新思维
5. 下列关于人工智能的叙述不正确的有（　　）。
   A. 人工智能技术与其他科学技术相结合极大地提高了应用技术的智能化水平
   B. 人工智能是科学技术发展的趋势
   C. 因为人工智能的系统研究是从 20 世纪 50 年代才开始的，非常新，所以十分重要
   D. 人工智能有力地促进了社会的发展
6. 人工智能研究的一项基本内容是机器感知。以下叙述中,（　　）不属于机器感知的领域。
   A. 使机器具有视觉、听觉、触觉、味觉和嗅觉等感知能力
   B. 使机器具有理解文字的能力
   C. 使机器具有能够获取新知识、学习新技巧的能力
   D. 使机器具有听懂人类语言的能力
7. 自然语言理解是人工智能的重要应用领域，以下叙述中，（　　）不是它要实现的目标。
   A. 理解别人讲的话
   B. 对自然语言表示的信息进行分析概括或编辑
   C. 欣赏音乐
   D. 机器翻译
8. 为了解决如何模拟人类的感性思维，例如视觉理解、直觉思维、悟性等，研究者找到

一个重要的信息处理的机制是（　　）。

  A．专家系统 B．人工神经网 C．模式识别 D．智能代理

9．专家系统是一个复杂的智能软件，它处理的对象是用符号表示的知识，处理的过程是（　　）的过程。

  A．思维 B．思考 C．推理 D．递推

10．进行专家系统的开发通常采用的方法是（　　）。

  A．逐步求精 B．实验法 C．原型法 D．递推法

11．在专家系统的开发过程中使用的专家系统工具一般分为专家系统的（　　）和通用专家系统工具两类。

  A．模型工具 B．外壳 C．知识库工具 D．专用工具

12．专家系统是以（　　）为基础，以推理为核心的系统。

  A．专家 B．软件 C．知识 D．解决问题

13．（　　）是专家系统的重要特征之一。

  A．具有某个专家的经验 B．能模拟人类解决问题

  C．看上去像一个专家 D．能解决复杂的问题

14．一般的专家系统都包括（　　）个部分。

  A．4 B．2 C．8 D．6

第 11 章
计算机文化与信息道德

随着社会信息化程度的不断提高,计算机对社会的生产生活产生了重要的影响,使人们的思想观念发生了重要改变,计算机文化已经成为影响人类社会生活的一种重要文化形态。信息技术促进了社会的进步,但也带来了一些负面影响。在信息社会中,我们要利用计算机改变世界,也要学会使用信息道德来规范自己的言行。

学习目标

◎ 了解计算机文化的含义及其影响。
◎ 了解计算思维的概念及其影响。
◎ 了解计算机文化中的社会责任。
◎ 掌握知识产权的相关知识。

11.1 计算机文化

在"互联网+"的浪潮下,计算机文化已经渗透到社会的各个领域,人类的工作、生活已经深深地打上了计算机的烙印。计算机文化所带来的思想观念的转变、社会物质条件的改善以及计算机文化教育的普及,将有利于人类社会的发展和进步。

11.1.1 计算机文化概述

过去我们主要是使教育对象具有"能写会算"的基本功,可以归纳为 3R,即读、写、算。现在针对信息社会的要求又提出要培养在计算机上"能写会算"的人,称为计算机素养,从而又归纳出新的 3R,即读计算机的书、写计算机程序、取得计算机实际经验。这概括了计算机扫盲的基本要求。随着计算机教育的普及与"互联网+"模式的广泛推进,计算机文化正成为人们关注的热点。

1．文化的内涵

文化不是一种个体特征，而是具有相同社会经验、受过相同教育的许多人所共有的心理程序。文化在精神方面包括语言、文字、思想、心态、道德、传统、风俗习惯等，在物质方面它渗透到生产、生活、住房、饮食、交通、旅游、娱乐、体育等领域。

人类文化的发展与传播文化的媒体技术关系极大。早在 1968 年，美国一位计算机科学家就设想过将来的计算机将成为"超级媒体"或"超级纸张"，并希望它能像活字印刷术那样对人类产生革命性的冲击。计算机的发展证实了他的预言。在计算机的支持下，无纸贸易、无纸办公、无纸新闻、无纸出版正在成为现实。

2．计算机文化

对于计算机文化，西摩尔·帕勃特（S. Paperet）认为，真正的计算机文化不是知道怎样使用计算机，而是知道什么时候使用计算机是合适的。

从 1946 年世界上第一台电子计算机诞生以来，经过 70 多年的发展，计算机技术的应用领域几乎无所不在，计算机已成为人们工作、生活、学习不可或缺的重要组成部分，并由此形成了独特的计算机文化。

所谓计算机文化，就是人类社会的生存方式因使用计算机而发生根本性变化而产生的一种崭新文化形态，这种崭新的文化形态可以体现为：①计算机理论及其技术对自然科学、社会科学的广泛渗透表现的丰富文化；②计算机的软、硬件设备，作为人类所创造的物质设备丰富了人类文化的物质设备品种；③计算机应用介入人类社会的方方面面，从而创造和形成的科学思想、科学方法、科学精神、价值标准等成为一种崭新的文化观念。

计算机文化来源于计算机技术，正是后者的发展，孕育并推动了计算机文化的产生和成长；而计算机文化的普及，又反过来促进了计算机技术的进步与计算机应用的扩展。

在云计算、物联网及"互联网+"的时代，作为计算机文化的一个重要组成部分，网络文化已成为人们生活的一部分，深刻地影响着人们的生活，同样，也给我们带来了前所未有的挑战。信息时代是互联网的时代，娴熟地驾驭互联网将成为人们工作生活的重要手段。互联网、物联网、云计算与智能化的结合极大地丰富了计算机文化的内涵，让每一个人都能领略计算机文化的无穷魅力，体验计算机文化的浩瀚。

如今，计算机文化已成为人类现代文化的一个重要组成部分，完整准确地理解计算科学与工程及其社会影响，已成为新时代青年人的一项重要任务。

3．计算机文化的形成

自第一台微型计算机于 1971 年问世以来，个人计算机（personal computer，PC）已经全面普及并在世界各地运行。PC 在美国家庭的普及率已超过 70%，在我国，PC 的销售量以每年约 20% 的速度增长。据中国互联网络信息中心（CNNIC）的统计数据表明，截至 2022 年 12 月，我国网民规模达 10.67 亿，互联网普及率达 75.6%；网络支付用户达 9.11 亿，在线办公用户达 5.40 亿。除此以外，每年还有上百万的单片机装入汽车、微波炉、洗衣机、电话和电视机中。

一个计算机大普及的时代已经揭开了序幕，计算机已经成为人们生活中重要的一部分，融入社会的方方面面，并且依旧在改变着世界，影响颠覆着我们的观念和习惯。我们不仅在越来越多地利用计算机做事情，也在越来越多地使用计算机科学中描述问题、解决问题的方法，由此形成了独具魅力的计算机文化。我们不能单纯把它当作科学技术问题来研究，而是应该当作一种重大的文化现象来探讨，兴利除弊，因势利导。

4．计算机文化素养

计算机的普及和计算机文化的形成及发展，对社会产生了深远的影响。网络技术的飞速发展，使互联网渗透到了人们工作、生活的各个领域，成为人们获取信息、享受网络服务的重要来源。随着"互联网＋"时代的到来，我们对计算机及其所形成的计算机文化有了更全面的认识。以计算机技术为核心的现代信息技术正在全方位地向人类社会的各个领域渗透，影响着人们的思维方式、学习方式和工作方式。因此，为更好地适应现代社会的学习和工作需求，我们每个人都应该具备基本的计算机文化素养。那么该如何衡量一个人是否具备良好的计算文化素养呢？一般说来，主要从以下五个方面来考虑：

①能准确、简明、规范地用计算机科学术语表述问题。

②能运用计算与计算机的概念、原理和思维方法求解问题。

③能通过现实世界中的现象和过程发现问题，运用计算机科学方法进行建模。

④具有良好的科学态度与创新精神，敏感于新思想、新概念、新方法，紧跟学科发展前沿，把握学科动向。

⑤能在使用计算机技术过程中恪守社会道德准则，使计算机技术为社会带来积极影响和正面作用。

大学生应该培养健康的计算机文化素养，树立积极、正面、高尚的世界观、价值观和伦理道德观念，努力使计算机更好地为我们的专业学习服务。

11.1.2　计算机技术对社会的影响

由于计算机带给现代社会的变化之大，是人类历史上任何一门科学所没有过的，因此社会对计算机技术的讨论从来就没有停止过。计算机技术对社会的影响、计算机对生活环境的影响、计算机与人类健康问题等，深刻影响和改变着今天的社会。

1．计算机技术的影响

自第一台计算机诞生至今，计算机的广泛应用不仅为社会带来了巨大的经济效益，同时也对人类社会生活的诸多方面产生了深远的影响，它把社会及其成员带入了一个全新的生存与发展的技术和人文环境中。这些影响，无论是积极的还是负面的，都是需要直面应对的，是无法回避的。可以这么说，人们的生活内容已经离不开计算机技术了。

（1）有效推动社会生产力的巨大发展

计算机技术和网络技术的创新成果与经济社会各领域的深度融合，有效地推动了计算机与网络技术的进步、效率提升和组织变革，提升了实体经济的创新力和生产力，形成了更广泛的以互联网为基础设施和创新要素的经济社会发展新形态。

（2）法律方面的变化

在计算机信息技术和网络没有普及之前，法律是建立在传统的人与人、人与社会、人与自然的关系协调之上的。在计算机出现、普及应用之后，计算机科学的进步不但改变了社会的形态，也模糊了过去存在的许多差别。法律上，知识产权问题变得更为敏感；伦理上，传统的社会行为被颠覆；管理上，出现许多不确定的、难以界定的新问题。这就要求人们在道德上自律，共同创建良好的生活环境，将计算机技术发展所带来的负面影响降到最低。

（3）使道德延伸到网络虚拟世界

计算机网络的发展让人们接触到了虚拟世界——接触的人和事遍布世界的每一个角落，可以和网上的陌生人无拘无束地聊天，真假信息遍布整个网络。这就需要我们使用全球化的道德规范来净化网络生活，制止不良事态的扩大，将现实生活中的道德延伸、补充到网络世界中来。

（4）工作和学习方式的变化

计算机技术的普及、互联网与各行各业的融合、移动互联的快速发展使得这个时代人们的工作与学习方式产生了日新月异的变化，越来越多的人依靠文字、数据、信息谋生。"互联网+"教育的深度融合使教育事业焕发出新的活力，不仅改变了固有的教学模式和学习方式，更是激发了新层面的学习观念。

（5）日常生活的变化

计算机技术改变了我们的日常生活。淘宝网、京东商城、当当网等电子商务网站已经成为人们生活中不可或缺的一部分；网上理财、移动购物、移动支付已经成为流行的生活方式。在社会生活的各个方面，信息技术已经无处不在，涵盖了现代工业、企业管理、科学研究等各个领域。

2．计算机与环境

计算机和环境保护都是当今热门话题，看起来这两者并没有多大的联系，事实上，越来越多的人意识到了计算机和环境保护之间的密切关系。计算机的诞生给人类带来了巨大效益和便利，但同时对环境、对人类自身健康也造成了一定的危害。如何使人们在享受计算机文明的同时，也尽可能少地付出环境污染的代价呢？因而创造一个真正的绿色计算机世界就成为了人们的追求目标。

3．计算机与人类健康

计算机的发展为人类的工作、学习、生活等提供了极大的便利，包括医学方面使用计算机为医院管理和临床服务，改进医疗过程，研究和制造新的医疗设备，改善人类健康环境等积极的方面。然而随着计算机的快速普及，"计算机病"也开始发生并引起人们的关注。

11.2 计算科学与计算思维

计算机文化影响了社会，也改变了人类的思维活动和行为方式。计算、计算科学、计算机学科、计算思维被越来越多的人理解和接受，一些新型的交叉学科的出现，给教育、社会和生活带来了一场新的变革。

11.2.1 计算与计算科学

1．计算的意义

"计算"是人类基本的思维活动和行为方式，也是人们认识世界与改造世界的基本方法。随着计算机的诞生和计算机科学技术的发展，计算技术作为现代技术的标志，已成为世界各国许多经济增长的主要动力，计算领域也已成为一个极其活跃的领域。"计算"作为一门学科是在20世纪末才被人们真正认识，这要归功于（国际）计算机学会（ACM）和（国际）电气和电子工程师学会计算机分会（简称IEEE-CS）组成的联合攻关组成员的工作。目前，计算学科正以令人惊异的速度发展，并大大延伸到传统的计算机科学的边界之外，成为一门范围极为宽广的学科。如今，"计算"已不再是一个一般意义上的概念，而是"各门科学研究的一种基本视角、观念和方法，并上升为一种具有世界观和方法论特征的哲学范畴"。

随着计算机日益广泛而深刻的运用，"计算"这个原本专门的数学概念已经泛化到了人类的整个知识领域，并上升为一种极为普适的科学概念和哲学概念，成为人们认识事物、研究问题的一种新视角、新观念和新方法。一些哲学家和科学家开始从计算的视角审视世界，科学家们不仅发现大脑和生命系统可被视作计算系统，而且发现整个世界事实上就是一个计算系统。

"计算"的观念在当今已经渗透到宇宙学、物理学、生物学乃至经济学和社会科学等诸多领域。计算已不仅成为人们认识自然、生命、思维和社会的一种普适的观念和方法，而且成为一种新的世界观。

2．计算科学

什么是计算科学呢？计算科学由简单的计数的诞生开始发展，最早记载是公元前 3000 年古埃及的结绳计数，后来又出现了古代中国，古代罗马等一些早期文明发明的计数方法；到中世纪，开始出现机械式计算工具，以欧洲的英国、法国、德国为代表；近代出现电子计数使计算科学发展到一个空前稳定的时期，计算科学得到了广泛的应用。

计算科学（computational science）是一个与数学模型建构、定量分析方法以及利用计算机来分析和解决科学问题相关的研究领域。在实际应用中，计算科学主要应用于对各个科学学科中的问题进行计算机模拟和其他形式的计算。

11.2.2　计算机科学与计算机学科

计算机是一种对人类进步的有着巨大意义的智慧产物，它最初用于简单的数学计算，后来逐渐向成熟化发展，被应用在生活的各个方面，开始它只解决问题（数学问题）的本身，后发展为解决问题（生活问题）的终端，但又向着解决问题（生活问题）本身（智能化）发展。它是一种进行算术和逻辑运算的机器。

计算机科学是研究计算机及其周围各种现象和规律的科学，亦即研究计算机系统结构、程序系统、人工智能（AI）以及计算本身的性质和问题的学科。计算机科学是一门包含各种各样与计算和信息处理相关主题的系统学科，从抽象的算法分析、形式化语法等，到更具体的主题，如编程语言、程序设计、软件和硬件等。计算机科学分为理论计算机科学和实验计算机科学两个部分。在数学文献中所说的计算机科学，一般是指理论计算机科学。实验计算机科学还包括有关开辟计算机新的应用领域的研究。

计算机科学的大部分研究是基于"冯·诺依曼计算机"和"图灵机"的，它们是绝大多数实际机器的计算模型。作为此模型的开山鼻祖，邱奇-图灵论题（Church-Turing thesis）表明，尽管在计算的时间、空间效率上可能有所差异，现有的各种计算设备在计算的能力上是等同的。在这个意义上来讲，计算机只是一种计算的工具，著名的计算机科学家 Dijkstra 有一句名言"计算机科学之关注于计算机并不甚于天文学之关注于望远镜"。

作为一个学科，计算机科学涵盖了从算法的理论研究和计算的极限，到如何通过硬件和软件实现计算系统。计算机科学认证委员会（computing sciences accreditation board，CSAB）

由国际计算机学会（association for computing machinery，ACM）和国际电气电子工程师学会计算机协会（IEEE computer society，IEEE-CS）的代表组成，确立了计算机科学学科的四个主要领域：计算理论、算法与数据结构、编程方法与编程语言及计算机元素与架构。CSAB 还确立了其他一些重要领域，如软件工程、人工智能、计算机网络与通信、数据库系统、并行计算、分布式计算、人机交互、计算机图形学、操作系统以及数值和符号计算。

尽管计算机科学的名称里包含计算机这几个字，但实际上计算机科学相当数量的领域都不涉及计算机本身的研究。设计、部署计算机和计算机系统通常被认为是非计算机科学学科的领域。例如，研究计算机硬件被看作是计算机工程的一部分，而对于商业计算机系统的研究和部署被称为信息技术或者信息系统。然而，现如今也越来越多地融合了各类计算机相关学科的思想。计算机科学研究也经常与其他学科交叉，比如心理学、认知科学、语言学、数学、物理学、统计学和经济学。

计算机科学被认为比其他科学学科与数学的联系更加密切，一些观察者说计算就是一门数学科学。早期计算机科学受数学研究成果的影响很大，在某些学科，例如数理逻辑、范畴论、域理论和代数中，也不断有有益的思想交流。

11.2.3 计算思维

1. 计算思维的定义

计算思维这个概念是美国卡内基·梅隆大学计算机科学系主任周以真教授给出并定义：计算思维是运用计算机科学的基础概念进行问题求解、系统设计及人类行为理解等涵盖计算机科学之广度的一系列思维活动。

计算思维是运用计算的基础概念去求解问题、设计系统和理解人类行为的一种方法，是一类解析思维。它综合运用了数学思维（求解问题的方法）、工程思维（设计、评价大型复杂系统）和科学思维（理解可计算性、智能、心理和人类行为）。它如同所有人都具备的"读、写、算"能力一样，是必须具备的思维能力。

计算思维吸取了问题解决所采用的一般数学思维方法、现实世界中巨大复杂系统的设计与评估的一般工程思维方法，以及复杂性、智能、心理、人类行为的理解等的一般科学思维方法。其优点在于，计算思维建立在计算过程的能力和限制之上，由人和机器执行。计算方法和模型使人们敢于去处理那些原本无法由个人独立完成的问题求解和系统设计。

计算思维最根本的内容，即其本质（essence）是抽象（abstraction）和自动化（automation）。计算思维中的抽象完全超越物理的时空观，并完全用符号来表示，其中，数字抽象只是一类特例。与数学和物理科学相比，计算思维中的抽象显得更为丰富，也更为复杂。数学抽象的最大特点是抛开现实事物的物理、化学和生物学等特性，而仅保留其数量和空间的特征。

计算思维具有以下特性：

①概念化而不是程序化。计算思维是一种根本技能，是每一个人为了在现代社会中发挥职能所必须掌握的。刻板的技能意味着简单的机械重复。

②计算思维是人的思维，不是计算机的思维。计算思维是人类求解问题的一条途径，但绝非要使人类像计算机那样思考。

③计算思维是数学和工程思维的互补与融合。计算思维是思想，不是人造物，计算思维

面向所有人，所有地方。当计算思维真正融入人类活动的整体时，它作为一个问题解决的有效工具，人人都应当掌握，处处都会被使用。就教学而言，计算思维作为一个问题解决的有效工具，应当在课堂教学中得到应用。

2．计算思维与计算机

计算机科学是计算的学问——什么是可计算的，怎样去计算。在科学研究手段方面，计算科学已经和理论科学、实验科学并列成为推进社会文明进步和科技发展的三大手段。不难发现，现在几乎所有领域的重大成就无不得益于计算科学的支持。事实上，当今任何一项被称为"高科技"的项目或专业、职业，无一不是与计算机紧密结合的。例如，在物理学、经济学等领域里，传统的手段是数学表达，而今天已经大量地使用计算机模拟。在许多情况下，使用计算机不但能够精确地表示且具有更宽泛的表达。因此，计算机模拟的认识论范围要比解析数学模型的认识论范围宽泛得多。计算科学已经和数理方法、实验方法、统计方法一起成为现代科学研究的重要方法。

计算思维虽然有着计算机科学的许多特征，但是计算思维本身却并不是计算机科学的专属。实际上，即使没有计算机，计算思维也在逐步发展，并且有些内容与计算机也没有关系。但是，正是计算机的出现，给计算思维的研究和发展带来了根本性的变化。由于计算机对于信息和符号的快速处理能力，使得许多原本只是理论可以实现的过程变成了实际可以实现的过程。可以说，计算机的出现和发展强化了计算思维的意义和作用。

11.2.4 新型交叉学科

计算思维对于计算机学科的发展产生了深远的影响，计算机的出现给计算思维的研究和发展带来了根本性的变化，计算机学科作为主要研究计算思维的概念、方法和内容的学科，同样得到了快速发展。随着数据规模和问题复杂度的不断提升，出现了许多传统学科无法解决的问题，因此许多学科开始学习和利用计算思维，出现了众多"计算+X"的新兴交叉学科。这些新兴学科结合计算思维和传统学科的优势，极大地促进了传统学科的发展。计算社会学、计算生物学、计算经济学和计算广告学等都是这些新兴学科的代表。

11.3 信息道德

随着信息化程度的不断提高，人类获取信息的主要手段转向通过计算机、智能移动设备和网络来获取。在计算机、智能移动设备给人类带来极大便利的同时，也不可避免地造成了一些社会问题，同时对我们提出了一些道德规范要求。

11.3.1 信息道德的定义

1．道德的内涵和功能

道德（morality）是一种社会意识形态，是人们共同生活及其行为的准则和规范，是社会调整人与人、人与社会之间行为规范的总和。道德不是一种制度化的规范，它通过教育和社会舆论的力量和习惯传统发挥作用，运用各种标准评价和协调人们的行为。

2. 信息道德的概念

信息道德（information morality）是指在信息领域中用以规范人们相互关系的思想观念与行为准则。它通过社会舆论、传统习俗等，使人们形成一定的信念、价值观和习惯，从而使人们自觉地通过自己的判断规范自己的信息行为。

信息道德作为信息管理的一种手段，与信息政策、信息法律有密切的关系，它们各自从不同的角度实现对信息及信息行为的规范和管理。信息道德以其巨大的约束力在潜移默化中规范人们的信息行为，信息政策和信息法律的制定和实施必须考虑现实社会的道德基础，所以说，是信息政策和信息法律建立和发挥作用的基础；而在自觉、自发的道德约束无法涉及的领域，以法制手段调节信息活动中的各种关系的信息政策和信息法律则能够发挥充分的作用；信息政策弥补了信息法律滞后的不足，其形式较为灵活，有较强的适应性，而信息法律则将相应的信息政策、信息道德固化为成文的法律、规定、条例等形式，从而使信息政策和信息道德的实施具有一定的强制性，更加有法可依。信息道德、信息政策和信息法律三者相互补充、相辅相成，共同促进各种信息活动的正常进行。

3. 信息道德的特点

信息道德没有明确的制定主体，它是一种道德手段，是依靠社会舆论和内心信念形成的一种行为规范，并没有一个明确的制定主体。

信息道德执行手段独特。由于制定主体的不同，信息政策、信息法律和信息道德的执行手段也有所不同。信息道德的执行并没有任何机构或者组织来管理，它依靠社会舆论和社会评价以及人们内心的信念、传统习惯和价值观念来维持。通过人们内在的道德来自觉实现，其约束力具有很大的弹性。

信息道德作用范围广泛，它的建设对于世界各国来说都是一个需要持续努力的重要课题。我们不仅仅要加强全社会的信息伦理道德的教育，更应该致力于全民的信息伦理道德建设，从而提高信息行为主体的文明意识和道德水平，使他们能够更好地在信息社会中自爱、自律，为共同促进信息社会的发展而努力。

信息道德功能的发挥也是多方面的，对人们的信息意识的形成、信息行为的发生有教育功能，通过舆论、习惯、传统培养人们良好的信息道德意识、品质和行为，从而提高人们信息活动的精神境界和道德水平。

知识拓展
网络道德

11.3.2 网络道德

1. 网络道德概述

当今各种信息通过网络得到交换，网络信息的膨胀，网络中出现了大量不道德的信息和获取有用信息的不道德的行为。目前网络秩序的管理很大程度上要依赖网络道德约束人们在网络中的所作所为。

网络道德则可以说是随着计算机技术、互联网技术等现代信息技术的出现才诞生的。网络道德是在计算机信息网络领域调节人与人、人与社会特殊利益关系的道德价值观念和行为规范。从网络伦理的特点来看，一方面，它作为与信息网络技术密切联系的职业伦理和场所境遇伦理，反映了这一高新技术对人们道德品质和素养的特定要求，体现出人类道德进步的一种价值标准和行为尺度。遵守一般的、普遍的计算机网络道德，是当今世界各国从事信息网络工作和活动的基本"游戏规则"，是信息网络社会的社会公德。另一方面，它作为一种新型的道德意识和行为规范,受一定的经济、政治制度和文化传统的制约,具有一定的特殊性。

2. 网络道德行为

互联网的发展,使得一个全新的网络社会开始产生并逐渐繁荣,成为人们物理生活社会之外的另一个虚拟生活社会。更重要的是,网络社会在人们生活和社会发展中的趋势是不容置疑的。它对人们的工作、学习、生活的意义日趋重要,对社会经济、政治、文化发展的影响也逐日提升。但是,在网络社会中,知识产权、个人隐私、信息安全、信息共享等各种问题也纷纷出现,使得传统的社会伦理道德在网络空间中显得苍白无力。为了规范和管理网络社会中的各种关系,伦理道德的手段被引入其中。目前,网络道德的研究和实践已经引起国内外的普遍重视。目前比较严重的不遵守网络道德的行为主要有:知识产权侵权、网络文化侵略、网络犯罪、信息污染等。

3. 隐私权和公民自由

在信息网络时代,个人隐私由信息技术系统采集、检索、处理、重组、传播等,使某些人更容易获得他人机密及信息,个人隐私面临空前威胁。保护个人隐私是一项社会基本伦理要求,是人类文明进步的一个重要标志。如何界定个人隐私的范畴,如何切实保护个人隐私等问题,成为网络时代需要面对的问题。

网络自由是指网络主体通过因特网运用各种网络工具以各种语言形式表达自己的思想和观点的自由。网络环境是随着计算机信息网络的兴起而出现的一种人类交流信息、知识、情感的生存环境。网络隐私权,主要指"公民在网上享有的私人生活安宁与私人信息依法受到保护,不被他人非法侵犯、知悉、搜集、复制、公开和利用的一种人格权";也指"禁止在网上泄露某些与个人有关的敏感信息,包括事实、图像以及毁损的意见等"。网络隐私权是隐私权在网络空间中的体现,它是伴随着互联网技术的普及而产生的一个新的难题,网络技术的发展使得对个人隐私的保护比传统隐私保护更为困难。

隐私保护,已成为关系到现代社会公民在法律约束下的人身自由及人身安全的重要问题。隐私保护技术措施主要有防火墙、数据加密技术、匿名技术、P3P 技术及 Cookies 管理等五种类型。

11.3.3 职业道德和计算机职业道德

1. 职业道德

职业道德是同人们的职业活动紧密联系的、符合职业特点所要求的道德准则、道德情操与道德品质的总和。

职业道德的含义包括以下八个方面:

①职业道德是一种职业规范,受社会普遍的认可。
②职业道德是长期以来自然形成的。
③职业道德没有确定形式,通常体现为观念、习惯、信念等。
④职业道德依靠文化、内心信念和习惯,通过员工的自律实现。
⑤职业道德大多没有实质的约束力和强制力。
⑥职业道德的主要内容是对员工义务的要求。
⑦职业道德标准多元化,代表了不同企业可能具有不同的价值观。
⑧职业道德承载着企业文化和凝聚力,影响深远。

2. 计算机职业道德

不同行业有自己的职业道德标准。在计算机的使用中，存在着种种道德问题，所以各个计算机组织都制定了自己的道德规范。

（1）国际计算机学会

国际计算机学会（ACM）对其成员制定了《ACM 道德和职业行为规范》，要求其成员无论是在本学会中还是在学会外都必须遵守，其中几条基本规范也是所有专业人员必须遵守的。

① 为人类和社会做贡献。
② 不伤害他人。
③ 诚实并值得信赖。
④ 公正，不歧视他人。
⑤ 尊重产权（包括版权和专利）。
⑥ 正确评价知识财产。
⑦ 尊重他人隐私。
⑧ 保守机密。

（2）电气和电子工程师学会

电气和电子工程师协会（IEEE）是一个美国的电子技术与信息科学工程师的协会，是目前世界上最大的非营利性专业技术学会，它是一个工程师的组织，并不局限于计算机方面，因此它的道德规范涉及的范围比计算机要求更广泛，其道德规范如下：

① 始终如一地以公众的安全、健康和财产作为工程决议的出发点，并及时公布那些可能危及公众和环境的要素。
② 在任何情况下都要避免真实存在的或可察觉的利益冲突，并且在它们出现时要及时地告知受害方。
③ 在发表声明或者对现有数据进行评估的时候，要诚实、不浮夸。
④ 拒绝各种形式的贿赂。
⑤ 提高对技术、应用及各种潜在后果的了解。
⑥ 保持并提高自己的技术竞争力，只有在经过培训和实践取得资格，或者在有关限制安全公开的条件下，才替他人承担技术性任务。
⑦ 探索、接受和提出技术工作的真实评价，承认并改正错误，正确评价他人的贡献。
⑧ 不因他人的种族、宗教、性别和国籍而出现不公平待遇。
⑨ 不以恶意的行为来影响他人的身体、财产、声誉和职业。
⑩ 在工作中，协助同时并监督工程师遵守该规范。

（3）软件工程师道德规范

1998 年 IEEE-CS（IEEE 计算机协会）和 ACM 联合特别工作组在对多个计算学科和工程学科规范进行广泛研究的基础上提出了《软件工程资格和专业规范》。本规范含有八组由关键词命名的准则，这些准则对参与其中的个人、群体和组织相互之间的各种关系给出了区别，并指出了在这些关系当中各自的主要义务。

准则 1：产品。软件工程师应当尽可能地确保他们开发的软件对于公众、雇主、客户以及用户是有用的，在质量上是可接受的，在时间上要按期完成，并且费用合理，同时无错。

准则 2：公众。从职业角色来说，软件工程应该按照与公众的安全、健康和福利相一致的方式发挥作用。

准则 3：判断。在与准则 2 保持一致的情况下，软件工程师应该尽可能地维护他们职业判断的独立性，并保护判断的声誉。

准则 4：客户和雇主。软件工程师的工作应该始终与公众的健康、安全和福利保持一致，他们应该总是以职业的方式担当他们的客户或雇主的忠实代理人和委托人。

准则 5：管理。具有管理和领导职能的软件工程师应该公平行事，应使得并鼓励他们所领导的人履行自己的和集体的义务，包括本规范中要求的义务。

准则 6：职业。软件工程师应该在职业的各个方面提高他们职业的正直性和声誉，并与公众的健康、安全和福利要求保持一致。

准则 7：同事。软件工程师应该公平地对待所有与他们一起工作的人，并应该采取积极的步骤支持社团的活动。

准则 8：本人。软件工程师应该在他们的整个职业生涯中，努力增加他们从事自己的职业所应该具有的能力。

11.3.4　计算机犯罪

随着计算机技术的不断发展，违法犯罪行为也同时大量滋生，这就需要我们对计算机网络违法行为加以限制和约束。计算机网络空间犯罪往往与信息紧密相连。

1．计算机犯罪的概念

在学术研究上关于计算机犯罪迄今为止尚无统一的定义。随着计算机技术的飞速发展，计算机在社会中的应用领域不断扩大，计算机犯罪的类型和领域也不断地增加和扩展，从而使"计算机犯罪"这一术语随着时间的推移不断获得新的含义。

计算机犯罪的概念是 20 世纪五六十年代在信息科学技术比较发达的国家首先提出的。国内外对计算机犯罪的定义都不尽相同。美国司法部从法律和计算机技术的角度将计算机犯罪定义为：因计算机技术和知识起了基本作用而产生的非法行为。欧洲经济合作与发展组织的定义是：在自动数据处理过程中，任何非法的、违反职业道德的、未经批准的行为都是计算机犯罪行为。

一般来说，计算机犯罪可以分为两大类：使用了计算机和网络新技术的传统犯罪和计算机与网络环境下的新型犯罪。前者如网络诈骗和勒索、侵犯知识产权、网络间谍、泄露国家秘密等非法活动，后者如未经授权非法使用计算机、破坏计算机信息系统、发布恶意计算机程序等。

和传统的犯罪相比，计算机犯罪更加容易，往往只需要一台连到网络上的计算机就可以实施。计算机犯罪在信息技术发达的国家里发案率非常高，造成的损失也非常严重。据估计，美国每年因计算机犯罪造成的损失高达几十亿美元。

2．计算机犯罪的特点

计算机犯罪是指利用计算机作为犯罪工具进行的犯罪活动，例如，利用计算机网络窃取国家机密、盗取他人信用卡密码等。计算机犯罪有其不同于其他犯罪的以下特点：

（1）犯罪的成本低，传播迅速，传播范围广

如利用黑客程序的犯罪，只要几封电子邮件，被攻击者一打开，犯罪活动就完成了。因此，

不少犯罪分子越来越喜欢用因特网来实施犯罪。计算机网络犯罪的受害者范围很广,受害者可能是全世界的人。

(2) 犯罪的手段隐蔽性高

由于网络的开放性、不确定性、虚拟性和超越时空性等,犯罪手段看不见、摸不着,破坏性波及面广,但犯罪嫌疑人的流动性却不大,证据难以确定,使得计算机网络犯罪具有极高的隐蔽性,增加了计算机网络犯罪案件的侦破难度。

(3) 犯罪行为具有严重的社会危害性

随着计算机的广泛普及、IT 的不断发展,现代社会对计算机的依赖程度日益加深,大到国防、电力、金融、通信系统,小到机关的办公网络、家庭计算机,都是犯罪侵害的目标。

(4) 犯罪的智能化程度越来越高

犯罪分子大多具有一定学历,受过较好教育或专业训练,了解计算机系统技术,对实施犯罪领域的技能比较娴熟。

要在打击计算机犯罪活动中占得先机、取得胜利,就必须从道德、法制、科技、合作等多方面全线出击,严格执法、发展科技、注重预防、加强合作,动员一切力量,做到"未雨绸缪,犯则必惩",积极主动地开展计算机犯罪的预防活动,增强对网络破坏者的打击处罚力度。

11.4 信息技术中的知识产权

计算机网络中蕴涵着的大量信息往往具有巨大的价值,它们是研制人或开发团体脑力、体力、财力付出的结果,加之计算机网络信息传播的虚拟性和便捷性,法律有必要对这些具有知识产权特征的信息予以保护。

11.4.1 知识产权基础

1. 知识产权的概念与特点

知识产权英文全称为"intellectual property",这个词可以翻译为"智慧财产权""智力成果权",是指由个人或组织创造的无形资产,指"权利人对其所创作的智力劳动成果所享有的专有权利",与有形资产一样,它也应该享有专有权利。

知识产权通常是指各国法律赋予智力劳动成果的创造人对其创造性的智力劳动成果所享有的专有权利。知识产权是一个发展的概念,其内涵和外延随着社会经济文化的发展也在不断拓展和深化。

2. 知识产权的性质和特征

从知识产权的本质来看,是一种私权,法律上属于民事权利,是一种无形财产权,知识产权共同特征如下:

①专有性。知识产权具有垄断性、独占性和排他性的特点,没有法律规定或知识产权人的许可,任何人不得擅自使用知识产权所有人的智力成果,否则就是侵权。

②地域性。知识产权只在授予或确认其权利的国家和地区发生法律效力,受到法律保护。

③时间性。知识产权只在法律规定的期限内受到法律的保护,一旦超过法律规定的有效期限,该权利就依法丧失,相关的知识产品就进入公共领域,成为全社会的共同财富。

上述三个特点是目前学界所公认的知识产权的特点，还有学者概括出知识产权的其他特点，如知识产权的法律确认性、知识产权的可复制性、知识产权内容具有财产权和人身权的双重属性。

3. 知识产权的分类

广义的知识产权包括一切人类智力创作的成果，其中包括了发明、实用新型、外观设计、文学艺术作品、计算机软件、工商业标记、商誉、商业秘密、植物新品种、集成电路布图设计等。

狭义的或传统的知识产权一般包括著作权（包括邻接权）、商标权和专利权三个部分。一般而言可以将其分为两类：一类是著作权（邻接权）；一类是工业产权，主要指商标和专利权。

（1）著作权

著作权（也称为版权）是指作者对其创作的作品享有的人身权和财产权，是公民、法人或非法人单位按照法律享有的对自己文学、艺术、自然科学、工程技术等作品的专有权。人身权包括发表权、署名权、修改权和保护作品完整权等。财产权包括作品的使用权和获得报酬权。著作权保护的对象包括文学、科学和艺术领域内的一切作品，不论其表现形式或方式如何。著作权与专利权、商标权有时有交叉情形，这是知识产权的一个特点。

著作权所涵盖的一般作品包括文字作品，口述作品，音乐、戏剧、曲艺、舞蹈、杂技作品，美术、建筑作品，摄影作品，电影作品和以类似摄制电影的方法创作的作品，工程设计图、产品设计图、地图、示意图等图形作品和模型作品，计算机软件等。

（2）工业产权

根据保护工业产权巴黎公约第一条的规定，工业产权包括专利、实用新型、工业品外观设计、商标、服务标记、厂商名称、产地标记或原产地名称、制止不正当竞争等项内容。此外，商业秘密、微生物技术、遗传基因技术等也属于工业产权保护的对象。

专利权是依法授予发明创造者或单位对发明创造成果独占、使用、处分的权利，如计算机软件专利权。

商标权是人们依法对所使用的商标享有的专有权利。

4. 计算机中的知识产权

计算机软件是脑力劳动的创造性产物，是一种商品，一种财产，和其他的著作一样，受《著作权法》的保护。软件版权是授予一个程序的作者唯一享有复制、发布、出售、更改软件等诸多权利。购买版权或者获得授权（license）并不是成为软件的版权所有者，而仅仅是得到了使用这个软件的权利。如果将购买的软件复制到机器或者备份到其他存储介质上，这是合法的；但如果把购买的软件让他人复制就不是合法的了，除非得到版权所有人的许可。

商业软件一般除了版权保护外，同样享有"许可证保护"。软件许可证是一种具有法律效力的"合同"，在安装软件时经常会要求认可使用许可——"同意"它的条款，则继续安装，"不同意"则退出安装，它是计算机软件提供合法保护常见的方法之一。

对网络软件还有多用户许可问题。在一个单位或者是机构的网络中使用的软件，一般不需要为网络的每一个用户支付许可费用。多用户许可允许多人使用同一个软件，如电子邮件软件就可以通过多用户许可证解决使用问题。

由于计算机信息可以在网络上轻易复制和传播，因此加强知识产权的保护非常重要。按照不同的保护方式，知识财产可分为商业机密、版权和专利。自 1978 年以来，我国基本确定了符合中国国情并达到国际先进水平的知识产权保护制度，制定了多部相关法律，使知识产权保护成为现实。我国现行的针对知识产权的立法包括：著作权方面的立法、专利方面的立法、商标方面的立法、反不正当竞争方面的立法以及其他有关知识产权的立法。

计算机软件可以适用的针对知识产权制定的法律法规主要有：《著作权法》《著作权法实施条例》《计算机软件保护条例》《专利法》《专利法实施细则》《商标法》《商标法实施细则》《反不正当竞争法》《关于禁止侵犯商业秘密行为的若干规定》等。

当然，并不是所有的作品都受《著作权法》保护，《著作权法》不予保护的对象主要有：①违禁软件，指因内容违反法律而被禁止发行、传播的软件。认定软件内容是否合法的依据是有关行政部门管理的行政法规。②不适用于《著作权法》保护的对象。法律、法规、国家机关的决议、决定、命令和其他具有立法、行政、司法性质的文件，及其官方正式译文。开发软件所用的思想、处理过程、操作方法或者数学概念等。

11.4.2 计算机著作权

1. 计算机软件作品的著作权

计算机作品著作权的主体是指享有著作权的人。计算机作品著作权的主体包括公民、法人和其他组织。

计算机作品著作权的客体是指《著作权法》保护的计算机软件著作权的范围（受保护的对象）。著作权法保护的计算机软件是指计算机程序（源程序和目标程序）及其有关文档（程序设计说明书、流程图、用户手册等）。

计算机软件作品著作权人享有的专有权利包括发表权、署名权、修改权、复制权、发行权、出租权、信息网络传播权、翻译权和应当由软件著作权人享有的其他权利。

2. 计算机软件受《著作权法》保护的条件

（1）独立创作

受保护的作品必须由开发者独立开发创作，复制或抄袭他人开发的软件不能获得著作权。一个程序的功能设计往往被认为是程序的思想概念，根据著作权法不保护思想概念的原则，任何人可以设计具有类似功能的另一件软件作品。

（2）可被感知

受《著作权法》保护的作品应当是固定在载体上的作者创作思想的一种实际表达。如果作者的创作思想没有表达出来或不可以被感知，就不能得到著作权法的保护。因此，《计算机软件保护条例》规定，受保护的软件必须固定在某种有形物体上，如固定在存储器或磁盘、磁带等计算机外围设备上，也可以是其他的有形物，如纸张等。

（3）逻辑合理

计算机运行过程实际上是按照预先的安排，不断对信息随机进行的逻辑判断智能化过程。逻辑判断功能是计算机系统的基本功能。受《著作权法》保护的计算机软件作品必须具备合理的逻辑思想，并以正确的逻辑步骤表现出来。

3. 软件著作权的主客体

软件著作权的客体是指《著作权法》保护的计算机软件。主要包含两方面：计算机程序和计算机软件文档及相关数据。

对于软件著作权的主体，我国法律原则上规定"谁开发谁享有著作权"，即软件著作权属于软件开发者。除了"谁开发谁享有著作权"一般原则之外，法律还规定了以下几种特殊情况：

（1）合作开发

两个以上单位、公民共同提供物质技术条件所进行的开发。

与一般合作作品不同，合作开发的计算机软件，其著作权的享有以书面协议为根据，即允许当事人以书面协议约定著作权的归属；如果没有书面协议，合作开发的软件可以分割使用的，开发者对各自开发的部分可以单独享有著作权，但行使著作权时不得扩展到合作开发的软件的整体著作权；合作开发的软件不能分割使用的，由合作开发者协商一致行使。如不能协商一致，又无正当理由，任何一方不得组织他人行使除转让权以外的其他权利，但所得收益应合理分配给所有合作开发者。

（2）委托开发

著作权的归属由委托人与受托人签订书面协议确定；如无书面协议或在协议中未作明确规定，其著作权属于受托者。

（3）指定开发

是为完成上级单位或政府部门下达的任务开发的软件，其著作权的归属由项目任务书或合同规定，如项目任务书或合同中未作明确规定，软件著作权属于接受任务的单位。

（4）职务开发

公民在任职期间所开发的软件，如是执行本单位工作的结果，即针对本职工作中明确指定的工作目标所开发的，或者是从事本职工作活动所预见的结果，或自然的结果，则该软件的著作权属于该单位。

（5）非职务开发

公民所开发的软件如果不是执行本职工作的结果，并与其在单位从事的工作内容无直接联系，同时又未使用单位的物质技术条件，则该软件的著作权属于开发者自己。

4．软件著作权的期限

计算机软件著作权自软件开发完成之日起产生，不同性质的群体和组织所持有的软件的著作权的期限不一样。

①自然人的计算机软件著作财产权保护期，是自然人终生及其死亡后50年，截止于自然人死亡后第50年的12月31日；如果计算机软件是自然人合作开发的，则保护期截止于最后死亡的自然人死亡后第50年的12月31日。

②法人等组织的计算机软件著作财产权保护期是50年，截止于计算机软件首次发表后第50年的12月31日，但计算机软件自开发完成之日起50年内未发表的法律不再保护，但是，计算机软件开发者人格利益的保护没有期间限制。

5．自由软件和共享软件

（1）自由软件

自由软件也叫做源代码开放软件。一个程序能被称为自由软件，被许可人可以自由分发副本，而不管这个副本是经过更改或未改过的，可以免费收取发行费的方式给予任何其他人。

被许可人不用为能否使用该软件而申请或付费。

（2）共享软件

共享软件也叫试用软件，是美国微软公司的 R.Wallace 在 20 世纪 80 年代提出来的，严格意义上它是介于商业软件与自由软件之间的一种形式。在发行方式上，共享软件的复制品也可以通过网络在线服务、BBS 或者从一个用户传给另一个用户等途径自由传播。这种软件的使用说明通常也以文本文件的形式与程序一起提供。这种试用性质的软件通常附有一个用户注意事项，其内容是说明权利人保留对该软件的权利，因此试用软件受著作权保护。

6. 侵犯软件著作权的行为

我国对软件著作权保护已经建立起比较完备的法律，以下列举了 10 类常见的侵犯著作权行为：

①未经软件著作权人的许可而发表或者登记其软件。

②将他人开发的软件当作自己的软件发表或者登记。

③未经合作者的同意将与他人合作开发的软件当作自己独立完成的软件发表或者登记。

④在他人开发的软件上署名或者更改他人开发的软件上的署名。

⑤未经软件著作权人的许可，修改、翻译其软件。

⑥未经软件著作权人的许可，复制或部分复制其软件。

⑦未经软件著作权人同意，向公众发行、出租、通过信息网络传播软件著作权人的软件。

⑧故意避开或者破坏著作权人为保护其软件著作权而采取的技术措施。

⑨故意删除或者改变软件权利管理电子信息。

⑩转让或者许可他人行使著作权人的软件著作权。

11.4.3　网络知识产权

移动互联与线下经济联系日益紧密，并推动消费模式向资源共享化、设备智能化和场景多元化发展。因为网络无时差、无国界、无地域限制，对网络里面的各种知识、言论及相关知识产权的保护显得尤为重要。因此，网络知识产权问题，已经成为网络中最为敏感的问题之一。

网络知识产权最主要的特征是知识产权的数字化和网络化。网络技术进步加速了信息的流通，充分实现了信息资源共享，促进了科学文化的传播交流。在网络环境下，作品的创作、传播、使用通常是以数字化的形式进行的，任何作品都可以很容易地被数字化，自然也就便利了侵权行为的发生，增加了保护著作权人合法权益的难度，引发了一些现行知识产权管理制度所无法解决的问题。

从知识产权保护的角度上看，网络上传播的信息可以分为作品类信息和非作品类信息。作品类信息主要指经智力加工过的信息产品，如各类研究作品、计算机程序作品、数据库作品、多媒体作品等；非作品类信息主要指未经智力加工过的信息产品，如社会、经济、军事等事实类信息。只有作品类信息才存在网络知识产权保护问题。

在网络环境下，各种类型的信息缤纷复杂，有受版权保护的，有不受版权保护的，有保护已期满的，这类信息很难区分和辨别，是业界的技术难题。因此，很有必要建立一个同网络管理相结合的、既合理又方便可行的知识产权管理制度，来实施网络知识产权保护。

信息网络的日趋国际化，使得网络知识产权问题越来越突出，涉及法律、技术、道德、社会环境、信仰等方面诸多复杂问题，这有待于国际社会进一步认识和共同探讨。

11.5 信息技术中的法律与法规

信息时代出现了一些前所未有的法律问题，但是法律还没有跟上技术的发展。现在，世界各国面临的一个共同难题就是如何制定和完善网络相关的法律法规。道德是从精神层面对人类活动产生影响与约束，而法律（法规）则对人类活动起着强制性的约束作用。由于计算机中犯罪现象及非法活动近年来有上升趋势，因此从国外到国内都陆续制定了一些专门用于计算机的法律与法规，除了有关知识产权保护的法律法规外，还包括如何在计算机空间里保护公民的隐私、如何规范网络言论、如何保障网络安全等。

11.5.1 信息安全法律法规

1994年，我国颁布了第一部有关信息网络安全的行政法规《中华人民共和国计算机信息系统安全保护条例》。

随着信息技术的发展，我国逐步形成了法律法规、行政法、部门规章和地方法规构成的计算机犯罪法律政策体系。法律法规主要包括《中华人民共和国宪法》《中华人民共和国刑法》《中华人民共和国治安管理处罚法》等。该类立法为计算机法律体系奠定了良好的基础。行政法有国务院于1991年6月4日发布的《中华人民共和国计算机软件保护条例》，于1994年2月18日发布的《中华人民共和国计算机信息系统安全保护条例》等法规。部门规章有由原国家邮电部于1996年4月9日发布的《计算机信息网络国际联网出入口信道管理办法》和《中国公用计算机互联网国际联网管理办法》，公安部、中国人民银行于1998年8月31日联合发布的《金融机构计算机信息系统安全保护工作暂行规定》等法规。地方法规主要是全国各地结合本地实际，制定的一系列针对计算机犯罪的地方法规，如《山东省计算机信息系统安全管理办法》《重庆市计算机信息系统安全保护条例》等。

全国人大于2016年11月7日正式通过《中华人民共和国网络安全法》，不仅明确了"保障网络安全，维护网络空间主权和国家安全"的立法目的，而且标志着我国网络空间安全治理进入一个有法可依的时代。

11.5.2 隐私保护的法律基础

1. 世界各国的隐私保护

在保护隐私安全方面，目前世界上可供利用和借鉴的政策法规有：《世界知识产权组织版权条约》（1996年）、美国《知识产权与国家信息基础设施白皮书》（1995年）、美国《个人隐私权和国家信息基础设施白皮书》（1995年）、欧盟《欧盟隐私保护指令》（1998年）、加拿大的《隐私权法》（1983年）等。

2. 我国网络隐私的保护

我国在2009年制定《侵权责任法》时，在该法第二条将隐私权以列举的方式规定在其中，但并没有得到确切解释，因此，在适用过程中无法解决诸如网络个人信息保护等问题（2021

年 1 月 1 日起，《侵权责任法》废止）。基于此情况，2012 年 12 月 28 日，全国人大常委会出台了《关于加强网络信息保护的决定》，拓展了隐私权的适用空间，将网络上的个人信息保护作为重点加以规定，除此之外在已有的法律法规中，涉及隐私保护的有以下规定：

《宪法》第三十八条、第三十九条和第四十条分别规定："中华人民共和国公民的人格尊严不受侵犯，禁止用任何方法对公民进行非法侮辱、诽谤和诬告陷害。""中华人民共和国的公民住宅不受侵犯，禁止非法搜查或者非法侵入公民的住宅。""中华人民共和国公民的通信自由和通信秘密受法律的保护，除因国家安全或者追究刑事犯罪的需要，由公安机关或者检察机关依照法律规定的程序对通信进行检查外，任何组织或者个人不得以任何理由侵犯公民的通信自由和通信秘密。"

《民法典》第一千零一十九条规定："任何组织或个人不得以丑化、污损，或者利用信息技术手段伪造等方式侵害他人的肖像权。未经肖像权人同意，不得制作、使用、公开肖像权人的肖像，但法律另有规定的除外。"

在宪法原则的指导下，我国刑法、民事诉讼法、刑事诉讼法和其他一些行政法律法规分别对公民的隐私权保护作出了具体的规定，如《中华人民共和国刑事诉讼法》第一百八十八条规定："人民法院审判第一审案件应当公开进行，但是有关国家秘密或者个人隐私的案件，不公开审理；涉及商业秘密的案件，当事人申请不公开审理的，可以不公开审理。"

目前，我国出台的有关法律法规也涉及计算机网络和电子商务等中的隐私权保护：

① 《计算机信息网络国际联网安全保护管理办法》第七条规定："用户的通信自由和通信秘密受法律保护。任何单位和个人不得违反法律规定，利用国际联网侵犯用户的通信自由和通信秘密。"

② 《计算机信息网络国际联网管理暂行规定实施办法》第十八条规定："用户应当服从接入单位的管理，遵守用户守则；不得擅自进入未经许可的计算机系统，篡改他人信息；不得在网络上散发恶意信息，冒用他人名义发出信息，侵犯他人隐私；不得制造、传播计算机病毒及从事其他侵犯网络和他人合法权益的活动。"

③ 《中华人民共和国网络安全法》的出台也使公民个人隐私保护得到了强有力的保障。

小　　结

随着计算机技术与网络技术的不断普及，人们的生活生产方式也在发生巨大的变化。我们要培养健康的计算机文化素养，加强网络道德的自律，注意个人隐私的保护，养成良好的职业道德，警惕计算机犯罪，保护知识产权，了解相应的法律法规。

习　　题

一、简答题

1. 什么是计算机文化？计算机文化的形成过程是怎样的？
2. 什么是网络文化？因特网对社会的影响是怎样的？
3. 计算机技术给我们的生活带来了哪些变化？

4. 什么是信息道德？信息道德有什么特点？
5. 什么是网络道德？
6. 什么是知识产权？计算机著作权的保护有哪些方式？

二、选择题

1. 下列关于计算机软件版权的说法，正确的是（　　）。
   A. 计算机软件受法律保护是多余的
   B. 正版软件太贵，软件能复制就不必购买
   C. 受法律保护的计算机软件不能随便复制
   D. 正版软件只要能解密就能随便复制
2. 下列行为违反计算机使用道德的是（　　）。
   A. 不随意删除他人的计算机信息　　B. 随意使用盗版软件
   C. 维护网络安全，抵制网络破坏　　D. 不浏览不良信息，不随意约会网友
3. 下列不是信息技术的消极影响的是（　　）。
   A. 信息泛滥　　B. 信息加速　　C. 信息污染　　D. 信息犯罪

三、填空题

1. 计算思维的概念是_____提出的。
2. 计算机思维的本质是_____和_____。
3. 计算机软件受著作权法保护的条件有_____、_____、_____。
4. 知识产权具有_____、_____、_____等特性。